机电专业"十三五"规划教材

机械设计基础

主　　编　蒋永敏　李秋芳

副 主 编　康予培　徐雁波

参　　编　翟爱霞　刘　英

主　　审　王海峰

兵器工业出版社

内容简介

  本书是根据教育部有关机械设计基础课程的教学基本要求以及新发布的有关国家标准修订而成的。本书内容分为常用机构、机械传动、机械连接、轴及轴承四个项目。本书在各个章节中都有许多经典的机械设计计算、分析和作图等的能力训练实例，以及典型零件工作图，并且摘录了部分机械设计常用的标准和规范。书后还附有常用滚动轴承参数表。

  本书可以作为应用型本科、职业院校机械设计与制造类和机电工程类专业课程的教材，也可供从事相关专业的读者和工程技术人员参考。

图书在版编目（CIP）数据

机械设计基础 / 蒋永敏，李秋芳主编. -- 北京：
兵器工业出版社，2017.1
 ISBN 978-7-5181-0295-2

 Ⅰ. ①机… Ⅱ. ①蒋… ②李… Ⅲ. ①机械设计
Ⅳ. ①TH122

 中国版本图书馆 CIP 数据核字（2017）第 014742 号

出版发行：兵器工业出版社   责任编辑：周琦
发行电话：010-68962596，68962591 封面设计：赵俊红
邮 编：100089   责任校对：郭 芳
社 址：北京市海淀区车道沟 10 号   责任印制：王京华
经 销：各地新华书店   开 本：787×1092 1/16
印 刷：三河市悦鑫印务有限公司   印 张：17.5
版 次：2020 年 1 月第 1 版第 2 次印刷 字 数：420 千字
印 数：3001 - 6000   定 价：48.00 元

前 言

随着工业化程度的不断深入，对从事工业生产与维护的技术人员提出了相应的要求，从而推动了大中专教育教学的全面改革。"机械设计基础"作为一门重要的专业技术基础课，该教什么、怎么教、教到什么程度才能最好地与现代工业生产接轨，这是作为讲授这门课程的教育工作者一直在思考与探索的问题。

结合我国教育教学的目标及要求，吸收了近年来走在教育改革前列的各大院校的教学改革方法和成果，通过总结多年的教学经验，同时考虑到对学生的创新知识和能力的培养，我们组织编写了在形式和内容上都有较大改革和改进的这本《机械设计基础》。与其他教材相比，其特点主要有以下几个方面：

（1）本书在教学过程的安排上采用了给出教学提示→制定教学目标→提出教学要求→指出教学重点、教学难点→设计教学过程这样一条主线，使教师和学生在上课时，每节课都能清楚本节课学什么、怎么学、学到什么程度，真正做到有的放矢。

（2）从整体上看，内容在呈现上采用机械概述→机构→机械传动→联接→支承零部件的顺序，力争在有限的学时内做到知识的连贯性和渐进性。

（3）本输在教学内容的布置上采用了任务导入→理论教学→技能知识→知识扩展这样一个教学次序，使各部分内容都由任务引领，并根据本课程理论性和实践性都较强的性质和特色，做到使理论和技能并重。由于学时的限制，有些内容在课堂上无法完成，但考虑到对学生的自学能力和创新能力的培养，所以采用知识扩展的方式补充到教材中，以满足学生的可持续发展的需要。

（4）本书对所涉及的内容尽量采用图文并茂，并竭力做到贴近生产和生活。一方面提高了学生学习的趣味性，另一方面也突显了本课程的特色。

本书由甘肃畜牧工程职业技术学院的蒋永敏和北京经济管理职业学院的李秋芳担任主编，郑州市商业技师学院的康予培和商丘工学院的徐雁波担任副主编，甘肃畜牧工程职业技术学院的翟爱霞、刘英参与了本书的编写工作。其中，蒋永敏编写了项目二，李秋芳编写了项目一，康予培编写了绪论和项目四中的任务一，徐雁波编写了项目三中的任务一和任务二，翟爱霞编写了项目三中的任务三和附录，刘英编写了项目四中的任务二和任务三。本书由王海峰担任主审，由蒋永敏编写了大纲并统稿。本书的相关资料和售后服务可扫本书封底的微信二维码或与QQ（2436472462）联系获得。

由于时间仓促及编者水平有限，本书难免存在不妥之处，敬请各位老师、专家和读者批评指正。

编 者

目 录

绪 论

一、本课程的研究对象

"机械设计基础"是工科类专业的一门重要的技术基础课，研究对象为机械。机械是人造的用来减轻或替代人类劳动的多个实物的组合体。任何机械都经历了由简单到复杂的发展过程。

人类为了满足生产和生活的需要，设计和制造了类型繁多、功能各异的机器。机器是执行机械运动的装置，用来变换或传递能量、物料或信息。例如图 0-1 所示的单缸四冲程内燃机，由汽缸体、活塞、进气门、排气门、连杆、曲轴、凸轮轴、推杆、和正时齿轮组成。工作时，燃料在燃烧室内燃烧产生高压燃气，推动活塞做往复直线移动，并由连杆传给曲轴，再由曲柄将活塞的往复直线移动转化为曲轴的旋转运动，从而向外输出机械功。又如金属切削机床是由电动机通过传动带驱动主轴箱（变速器）使主轴回转，从而达到切削的目的。从以上两个实例不难发现，各种机器都具有相同的基本特征：①人为的实物组合体；②各部分之间具有确定的相对运动；③能为减轻或代替人类劳动而做有用的机械功（如洗衣机、起重机、各种食品机械等）或实现能量的转换（电动机、内燃机等）。

若从运动的观点来研究机器，机器则是由若干机构组成。机构是能够用来传递运动和力或改变运动形式的多个实物的组合体。如：曲柄连杆机构、凸轮机构、齿轮机构等。一部机器可以包含一个机构（如电动机），也可以由若干个机构按一定规律组合而成。如图 0-1 所示的单缸四冲程内燃机包含由曲轴、连杆、活塞组成的曲柄滑块机构；包含由从动杆、凸轮组成的凸轮机构；包含由齿轮组成的齿轮机构等。可见，机构的共同特征为：①人为的实物组合体；②各部分有确定的相对运动。

由机器与机构的特征可知，机器与机构的根本区别在于机器能够做有用的机械功或实了 现能量的转换，而机构却不能。但两者在结构和运动方面并无区别（仅作用不同），故将机器与机构统称为机械。

若从结构来看，机器都是由许多机械零件组合而成。机械零件可分为两大类：一类是在各种机器中经常都能用到的零件，称为通用零件，如齿轮、链轮、蜗轮、螺栓、螺母等，另一类则是在特定类型的机器中才能用到的零件，称为专用零件，如内燃机的曲轴、汽轮机叶片等。根据机器功能、结构要求，某些零件需要固联成没有相对运动的刚性组合，成为机器中独立运动的单元，通常称为构件。构件与零件的区别在于：构件是运动的基本单元，而零件是加工制造单元。一个构件可能就是一个零件，如内燃机的曲轴（整体式），也可能是多个零件的组合体，如图 0-2 所示的内燃机的连杆，由连杆杆身、连杆螺栓、连杆螺母及连杆端盖 4 个零件组成，形成一个整体运动的构件。

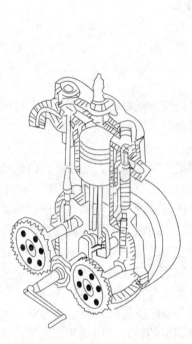
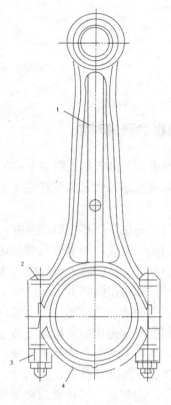

图 0-1　内燃机　　　　　　　图 0-2　内燃机的连杆

1—连杆体；2—螺栓；3—螺母；4—连杆盖

若从机器各部分的作用来看，机器一般由图 0-3 所示的五部分组成。

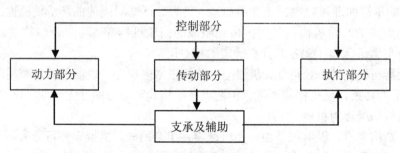

图 0-3　机器的组成

　　动力部分是机器的动力源，最常用的是电动机和内燃机；传动部分是机器中传递运动和动力的装置；执行部分是机器中直接完成工作任务的部分；控制部分包括机械控制装置、电力控制装置、气压或液压控制装置及计算机控制装置等；支承及辅助部分主要是指机器的机箱、润滑装置及照明系统等。

　　本课程主要介绍机械中的通用零件和常用机构的工作原理、结构特点、基本的设计理论和计算方法。项目一是机械原理部分，着重研究机械中常用机构的类型、特点、工作原理和相关的计算方法等。项目二～项目四是机械零件部分，着重研究机械传动、常用联接和轴系零部件。这些通用零件和常用机构的知识也将对专用机构和专用零件的研究有重要的指导意义。

二、本课程在教学中的地位和作用

本课程是各工科专业必修的一门很重要的技术基础课，是机械工程制图、汽车材料、理论力学、材料力学、金属工艺学及金工实习等理论知识和实践技能的综合运用。本课程通过课堂授课、课后作业、实验操作、课程设计及答辩等教学环节，使学生具有机械设计的基本知识和设计一般机械零部件的能力。同时，通过学习，可使学生掌握常用机构和通用零件的工作原理及结构特点，使学生具有设计机械传动装置和简单机械的能力；可为今后学习打下基础；可以培养学生查阅相关手册和资料、设计简单机械装备的能力，为今后操作、维护、管理、革新机械装备创造条件。

三、机械零件的失效形式

机械零件在预定的时间内和规定的条件下，不能完成正常的功能，称为失效。机械零件的失效形式主要有断裂、过大的残余应变、表面磨损、腐蚀、零件表面的接触疲劳和共振等。机械零件的失效形式与许多因素有关，具体取决于该零件的工作条件、材质、受载状态及其所产生的应力性质等多种因素。即使是同一种零件，由于材质及工作情况不同，也可能出现各种不同的失效形式。如轴工作时，由于受载情况不同，可能出现断裂、过大塑性变形、磨损等失效形式。

四、机械设计的基本要求及程序

（一）机械设计的基本要求

虽然不同机械其功能和外形都不相同，但它们设计的基本要求大体是相同的。归纳起来，机械应满足的基本要求有以下四方面。

1．功能要求

满足机器预定的工作要求，如机器工作部分的运动形式、速度、运动精度和平稳性、需要传递的功率，以及某些使用上的特殊要求（如高温、防潮等）。

2．安全可靠性要求

（1）使整个技术系统和零件在规定的外载荷和规定的工作时间内，能正常工作而不发生断裂、过度变形、过度磨损，不丧失稳定性。

（2）能实现对操作人员的防护，保证人身安全和身体健康。

（3）对于技术系统的周围环境和人不致造成危害和污染，同时要保证机器对环境的适应性。

3．经济性要求

在产品整个设计周期中，必须把产品设计、销售及制造三方面作为一个系统工程来考虑，用价值工程理论指导产品设计，正确使用材料，采用合理的结构尺寸和工艺，以降低产品的成本。此外，在设计机械系统和零部件时，应尽可能满足标准化、通用化、系列化要求，以提高设计质量，降低制造成本。

4．其他要求

要求所设计的机械系统外形要美观，便于操作和维修。此外还必须考虑有些机械由于工作环境和工作要求不同，而对设计提出某些特殊要求，如食品卫生条件、耐腐蚀、高精度要求等。

（二）机械设计的一般过程

机械设计的一般过程如图 0-4 所示。

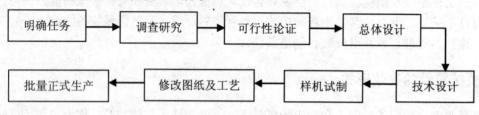

图 0-4 机械设计的一般过程

习　题

1．试述机械、机器、机构、零件、构件的概念及它们的联系和区别。

2．试述机械零件失效的含义、失效主要形式及机械零件设计要求。

3．试举出具有下述功能的机器（各两个实例）：

（1）传递机械能的机器；

（2）能将机械能变换成其他形式能量的机器；

（3）实现物料传递的机器；

（4）变换或传递信息的机器。

4．在汽车上各指出 3 种通用零件和专用零件．

5．在汽车上指出哪些是机构？哪些是构件？哪些既是零件又是构件？

项目一　常用机构

常用机构的基本功用是传递运动、动力及变换运动形式。例如，将回转运动变换为往复直线运动，将匀速转动变换为非匀速转动或间歇性运动等。本项目将介绍平面连杆机构、凸轮机构、间歇机构的基本形式与应用特点等。平面四杆机构是平面机构的基础，按其构件的运动形式不同，可分为铰链四杆机构和滑块四杆机构两大类，前者是平面四杆机构的基本形式，后者是由前者衍生而成的，所以是本项目学习的重点所在。通过本章的学习能够具备常用机构的基本知识。

【教学要求】

通过本项目的学习，使学生了解常见机构的类型、特点、组成和结构；掌握各种机构的工作原理和工作特性；了解几种机械机构的联系和区别以及它们在汽车上的应用情况。

【教学目标】

➢ 了解平面连杆机构、凸轮机构、间歇机构的特点、基本类型、工作原理及用途；
➢ 理解运动副的概念；
➢ 掌握机构运动简图的画法及机构自由度的计算；
➢ 掌握铰链四杆机构中曲柄存在的条件、机构类型的判别方法及其演化方法。

【教学重点】

➢ 平面连杆机构、凸轮机构、间歇机构的特点及基本类型；
➢ 机构运动简图的画法及机构自由度的计算；
➢ 铰链四杆机构类型的判别与曲柄摇杆机构的三大特性。

【教学难点】

➢ 平面连杆机构、凸轮机构、间歇机构的工作原理；
➢ 机构运动简图的画法及机构自由度的计算；
➢ 曲柄摇杆机构的三大特性。

【教学过程】

各种机构的概念→各种机构的特点、类型→各种机构的工作原理→各种传动的参数、尺寸计算→各传动的设计方法。

任务一　平面连杆机构

【任务导入】

汽车上的哪些机构是平面机构？各是哪一种平面机构？它们各起什么作用？

【理论知识】

一、运动副

机构都是由若干个构件通过一定的方式联接起来而形成的。两构件直接接触所组成的具有某些相对运动的联接称为运动副，例如轴与轴承之间的联接，活塞与汽缸之间的联接，凸轮与推杆之间的联接，两齿轮的齿和齿之间的联接等。

在平面运动副中，由于两构件间的接触形式不同，运动副又分为低副和高副。

（一）低副

两构件通过面接触所构成的运动副称为低副。根据它们之间的相对运动是移动或转动，又可分为转动副和移动副。

（1）移动副。若组成运动副的两构件之间只能沿某一轴线方向做相对移动，则该运动副称为移动副，如图 1-1a 所示。汽车内燃机中气缸与活塞之间的联接就属于移动副。

（2）转动副。若组成运动副的两构件之间只能绕同一轴线做相对转动，则该运动副称为转动副，也称铰链副。图 1-1b 所示为轴与轴承联接所构成的转动副。

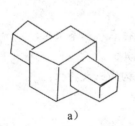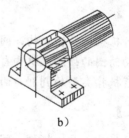

a)　　　　　　　　　　　　　　b)

图 1-1　低副

a）移动副；b）转动副

（二）高副

两构件之间以点或线相接触所组成的运动副称为高副。如图 1-2a 所示，两齿轮轮齿相啮合处构成高副，即齿轮副。如图 1-2b 所示，凸轮 1 与尖顶推杆 2 构成高副，即凸轮副。因低副是通过面接触而构成的运动副，故其接触处的面积大、压强小、承载能力高、耐磨性好、寿命长，且因其形状简单，容易制造。组成低副的两构件之间只能做相对滑动；而组成高副的两构件之间则可做相对滑动或滚动，或两者并存。

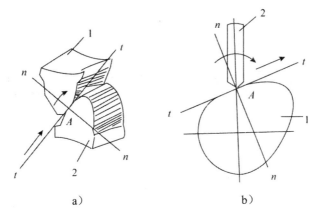

a）　　　　　　　　　　　b）

图 1-2　高副

a）齿轮副；b）凸轮副

1—凸轮；2—尖顶推杆

二、平面机构运动简图

实际构件的外形和结构往往很复杂，在研究机构运动时，为了突出与运动有关的因素，将那些与运动无关的因素去除掉，保留有关的外形，用规定的符号来代表构件和运动副，并按一定的比例表示各种运动副的相对位置。这种表示机构各构件之间相对运动的简化图形，称为机构运动简图。部分常用机构运动简图符号如表 1-1 所示，其他常用零部件的表示方法可参看 GB4460—84 "机构运动简图符号"。

表 1-1　部分常用机构运动简图符号（GB4460—84）

名称	符号	名称	符号
轴、杆、连杆等构件	——————— a)	棘轮机构	i)
轴、杆的固定支座（机架）	b)		
一个构件上有两个转动副	○——————○ c)	链传动	j)
一个构件上有 3 个转动副	d)		

续表

两个运动构件用转动副连接	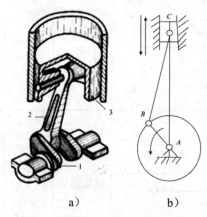e)	外啮合圆柱齿轮传动	k)
一个运动构件与一个固定构件用转动副连接	f)	内啮合圆柱齿轮传动	l)
两个运动构件用移动副连接	g)	齿轮齿条传动	m)
一个运动构件与一个固定构件用移动副连接	h)	在支架上的电机	n)

图 1-3a 所示内燃机曲柄滑块机构、图 1-4a 所示的活塞泵机构可用图 1-3b、图 1-4b 所示的机构运动简图表示。

图 1-3 内燃机中的曲柄滑块机构

a）机构示意图；b）机构简图

1—曲轴；2—连杆；3—活塞

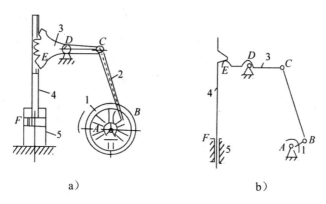

a）   b）

图 1-4 活塞泵及其机构简图

a）机构示意图；b）机构简图

三、平面机构的自由度

机构是由若干个构件通过运动副联接在一起所组成的。要使机构完成预定的运动形式，机构中的各构件之间就必须具有确定的相对运动。然而，把构件任意拼凑起来不一定能运动。那么构件应如何组合才能运动？在什么条件下才具有确定的相对运动？这对分析现有机构或创新机构很重要。

所有构件的运动平面都相互平行的机构称为平面机构，否则称为空间机构。一个机构是否具有确定的相对运动取决于该机构自由度的数目。因为在生活和生产中，平面机构应用最多，所以本章仅讨论平面机构的自由度。

自由度是构件可能出现的独立运动。任何一个构件在空间自由运动时皆有 6 个自由度。它可表示为在直角坐标系内沿着 3 个坐标轴的移动和绕 3 个坐标轴的转动。而对于一个做平面运动的构件，则只有 3 个自由度，如图 1-5 所示。即沿 x 轴和 y 轴移动，以及在 xOy 平面内的转动。

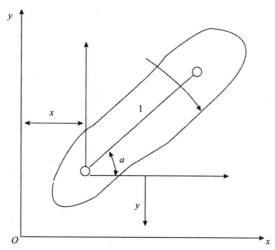

图 1-5 机构的自由度

平面机构的每个活动构件，在未用运动副联接之前，都有 3 个自由度。当两个构件组成运动副之后，它们的某些独立的相对运动受到限制。约束增多，自由度就相应减少。由于不同种类的运动副引入的约束不同，所以保留的自由度也不同。

如图 1-1a 所示，一个移动副约束了一个沿坐标轴方向的移动和一个在平面内的转动两个自由度，只保留了另一个沿坐标轴方向移动的自由度。

如图 1-1b 所示，一个转动副约束了两个沿坐标轴移动的自由度，只保留一个转动的自由度。所以，在平面机构中，每个低副引入两个约束，使机构失去两个自由度；每个高副引入一个约束，使机构失去一个自由度。如果一个平面机构中包含有 n 个活动构件（机架为参考坐标系，因相对固定，所以不计在内），其中有 P_L 个低副和 P_H 个高副。则这些活动构件在未用运动副联接之前，其自由度总数为 $3n$。当用 P_L 个低副和 P_H 个高副联接成机构之后，全部运动副所引入的约束为 $2P_L+P_H$。因此活动构件的自由度总数减去运动副引入的约束总数，就是该机构的自由度数，用 F 表示，有：

$$F = 3n - 2P_L - P_H \qquad (1\text{-}1)$$

式（1-1）就是平面机构自由度的计算公式。由式（1-1）可知，机构自由度 F 取决于活动构件的数目以及运动副的性质和数目。机构的自由度必须大于零，机构才能够运动，否则即成为桁架。

【例 1-1】计算图 1-4b 所示的活塞泵的自由度。

【解】除机架外，活塞泵有四个活动构件，$n=4$；4 个回转副和一个移动副共 5 个低副，$P_L=5$；一个高副，$P_H=1$。

由式（1-1)得：

$F = 3n - 2P_L - P_H = 3 \times 4 - 2 \times 5 - 1 \times 1 = 1$

该机构的自由度为 1。

四、机构具有确定运动的条件

机构的自由度也即是机构所具有的独立运动的个数。从动件是不能独立运动的，只有原动件才能独立运动。通常每个原动件只具有一个独立运动。因此，机构自由度必定与原动件的数目相等。

如图 1-6a 所示的五杆机构中，原动件数等于 1，两构件自由度 $F = 3 \times 4 - 2 \times 5 = 2$。由于原动件数小于机构的自由度数，显然，当只给定原动件 1 的位置角 φ_1 时，从动件 2、3、4 既可为实线所处的位置，也可为虚线所处的位置，因此其运动是不确定的。只有给出两个原动件，使构件 1、4 都处于给定位置，才能使从动件获得确定运动。

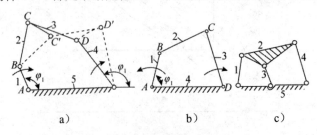

a) b) c)

图 1-6 不同自由度机构的运动

a) 两个自由度；b) 一个自由度；c) 0 个自由度

如图 1-6b 所示四杆机构中，由于原动件数（2 个）大于机构自由度数（$F=3\times3-2\times4=1$），因此原动件 1 和原动件 3 不可能同时按图中给定方式运动。

如图 1-6c 所示的五杆机构中，机构自由度等于 0（$F=3\times4-2\times6=0$），它的各杆件之间不可能产生相对运动。

综上所述，机构具有确定运动的条件是：机构自由度必须大于零、且原动件数与其自由度必须相等。

在应用式（1-1）计算平面机构自由度时应注意：

（1）复合铰链。两个以上构件组成两个或更多个共轴线的转动副，即为复合铰链，图 1-7a 所示为 3 个构件在 A 处铰接构成的复合铰链。由其侧视图 1-7b 可知，此三构件共组成两个共轴线转动副。当由 K 个构件组成复合铰链时，则应当组成（K-1）个共轴线转动副。

（2）局部自由度。机构中常出现一种与输出构件运动无关的自由度，称为局部自由度或多余自由度。在计算机构自由度时，可预先排除。如图 1-8a 所示的平面凸轮机构中，为了减少高副接触处的磨损，在从动件上安装一个滚子 3，使其与凸轮轮廓线滚动接触。显然，滚子绕其自身轴线转动与否并不影响凸轮与从动件间的相对运动。因此，滚子绕其自身轴线的转动为机构的局部自由度，在计算机构的自由度时，应预先将转动副 C 除去不计，或如图 1-8b 所示，设想将滚子 3 与从动件 2 固联在一起作为一个构件来考虑。这样在机构中，$n=2$，$P_L=2$，$P_H=1$，其自由度为 $F=3n-2P_L-P_H=3\times2-2\times2-1=1$。即，此凸轮机构中只有一个自由度。

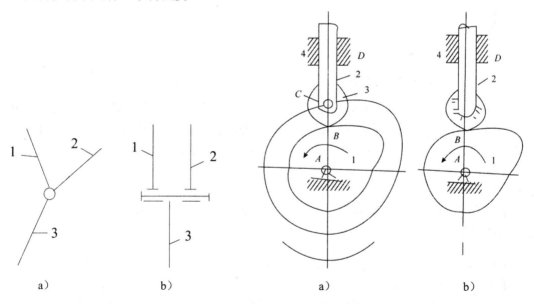

图 1-7　复合铰链　　　　　　图 1-8　局部自由度

（3）虚约束。在运动副引入的约束中，有些约束对机构自由度的影响是重复的。这些对机构运动不起限制作用的重复约束，称为消极约束或虚约束，在计算机构自由度时，应当除去不计。

平面机构中的虚约束常出现在下列场合：

（1）两个构件之间组成多个导路平行的移动副时，只有一个移动副起作用，其余都是虚约束。如图 1-9 所示，缝纫机引线机构中，装针杆 3 在 A、B 处分别与机架组成导路重合的移动副。计算机构自由度时只能算一个移动副，另一个为虚约束。

（2）两个构件之间组成多个轴线重合的回转副时，只有一个回转副起作用，其余都是虚约束。如图 1-10 所示，两个轴承支撑一根轴，只能看作一个回转副。

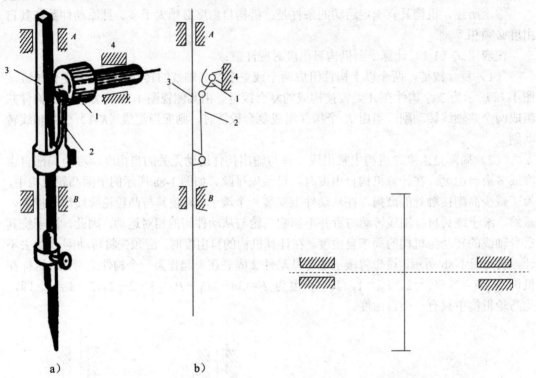

图 1-9　导路重合的虚约束　　　　　　　图 1-10　轴线重合的虚约束

（3）机构中对传递运动不起独立作用的对称部分，也为虚约束。如图 1-11 所示的轮系中，中心轮经过两个对称布置的小齿轮 2 和 2′ 驱动内齿轮 3，其中有一个小齿轮对传递运动不起独立作用。但由于第二个小齿轮的加入，使机构增加了一个虚约束。应当注意，对于虚约束，从机构的运动观点来看是多余的，但从增强构件刚度、改善机构受力状况等方面来看，都是必须的。

综上所述，在计算平面机构自由度时，必须考虑是否存在复合铰链，并应将局部自由度和虚约束除去不计，才能得到正确的结果。

【例 1-2】试计算图 1-12 中，发动机配气机构的自由度。

【解】此机构中，G，F 为导路重合的两移动副，其中一个是虚约束，P 处的滚子为局部自由度。除去虚约束及局部自由度后，该机构有：$n=6$、$P_L=8$、$P_H=1$。其自由度为：

$$F=3n-2P_L-P_H=3\times6-2\times8-1=1$$

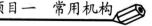

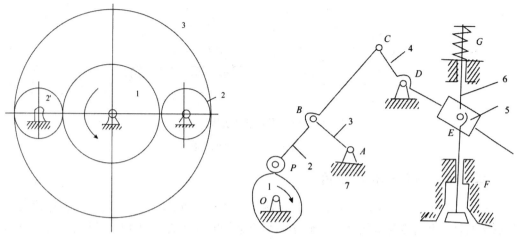

图 1-11　对称结构的虚约束　　　　图 1-12　发动机配气机构

【例 1-3】试计算图 1-13a 所示的大筛机构的自由度，并判断它是否有确定的运动。

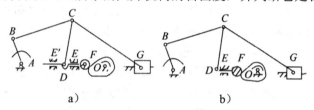

a）　　　　　　　　　　b）

图 1-13　大筛机构

【解】机构中的滚子有一个局部自由度。顶杆与机架在 E 和 E' 组成两个导路平行的移动副，其中之一为虚约束。C 处是复合铰链。今将滚子与顶杆焊成一体，去掉移动副 E'，并在 C 点注明回转副的个数，如图 1-13b 所示，由此得，$n=7$，$P_L=9$，$P_H=1$。其自由度为：

$$F=3n-2P_L-P_H=3\times7-2\times9-1=2。$$因为机构有两个原动件，其自由度等于 2，所以具有确定的运动。

五、平面连杆机构简介

平面机构是指机构中各构件的相对运动都在同一平面或互相平行的平面内的机构。平面连杆机构是指由若干构件用低副(转动副和移动副)连接组成的机构，所以也称为平面低副机构，其构件间的相对运动都在同一平面内或在相互平行的平面内。

（一）铰链四杆机构的类型

平面连杆机构的类型很多。最简单的是由 4 个构件组成的四杆机构。如果组成四杆机构的低副中含有移动副，这种四杆机构就称为滑块四杆机构，如图 1-14a 所示。如果组成四杆机构的低副均为转动副，这种四杆机构就称为铰链四杆机构，如图 1-14b 所示。

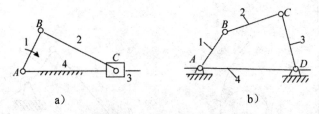

图 1-14　平面连杆机构

a）滑块四杆机构；b）铰链四杆机构

（二）铰链四杆机构的应用

如图 1-14b 所示的铰链四杆机构中，构件 4 是固定不动的，称为机架；与机架用转动副相联接的杆 1 和杆 3 称为连架杆；联接两个连架杆的杆件 2 称为连杆。若连架杆能绕与机架相联的固定铰链的中心做整周回转，则称该连架杆为曲柄，不能整周回转的连架杆称为摇杆。对于铰链四杆机构来说，机架和连杆总是存在的，因此可按照连架杆是曲柄还是摇杆，将铰链四杆机构分为 3 种基本型式：曲柄摇杆机构、双曲柄机构和双摇杆机构。

（1）曲柄摇杆机构。若铰链四杆机构的两个连架杆之一为曲柄，另一个为摇杆，则此铰链四杆机构称为曲柄摇杆机构。一般曲柄为主动件，可将曲柄的整周转动转换为摇杆的往复摆动，摇杆也可为主动件，将摇杆的往复摆动转换为曲柄的整周转动。图 1-15 所示为调整雷达天线俯仰角的曲柄摇杆机构。曲柄 1 缓慢地匀速转动，通过连杆 2 使摇杆 3 在一定的角度范围内摇动，从而调整天线俯仰角的大小。图 1-16 所示为缝纫机踏板机构。当动力从踏板（摇杆）CD 输入时，AB 轮（曲柄）即整周回转。

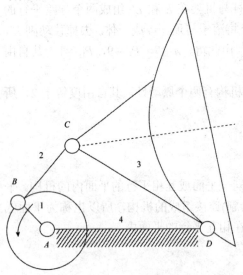

图 1-15　雷达天线俯仰角调整机构

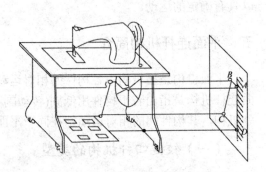

图 1-16　缝纫机踏板机构

另外，如图 1-17 所示的搅拌机的搅拌机构、如图 1-18 所示的牛头刨床的进给机构上都采用了曲柄摇杆机构。

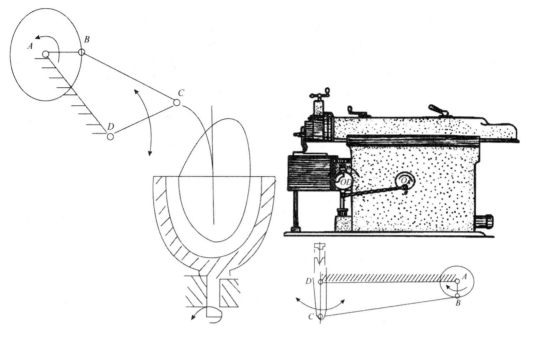

图 1-17　拌机的搅拌机构　　　　　　图 1-18　牛头刨床的进给机构

（2）双曲柄机构。若铰链四杆机构的两连架杆均为曲柄，则称为双曲柄机构。在双曲柄机构中，通常主动曲柄做等速转动，从动曲柄做变速转动。如图 1-19 所示的惯性筛的四杆机构就属于双曲柄机构。当曲柄 AB 和 CD 分别绕 A 点和 C 点整周转动时，使 CE 杆拖动筛子往复移动达到筛除杂质的目的。

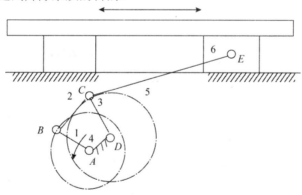

图 1-19　惯性筛的四杆机构

当双曲柄机构中的四个杆件满足相对两杆平行且长度相等时，称为平行双曲柄机构或平行四边形机构，如图 1-20a 所示。它的运动特点是：两曲柄以相同的角速度同向转动，而连杆做平移运动，如图 1-21 所示的火车联动机构和图 1-22 所示的摄影平台升降机构。如果两曲柄的转向相反，则该机构称为反向双曲柄机构或称反向平行四边形机构，如图 1-20b 所示。

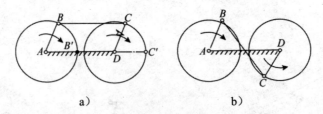

图 1-20 平行双曲柄机构和反向双曲柄机构

a）平行双曲柄机构；b）反向双曲柄机构

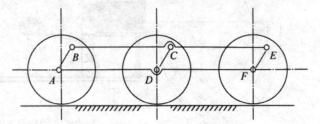

图 1-21 火车车轮的联动机构

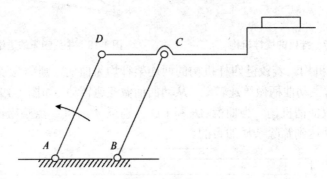

图 1-22 摄影平台升降机构

公共汽车车门开闭机构，如图 1-23 所示，就利用反向平行四边形机构的两曲柄转向相反的特点，使两车门同时打开或关闭。

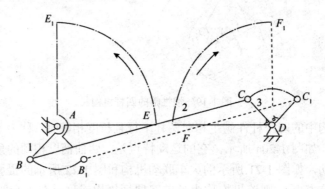

图 1-23 公共汽车车门开闭机构

（3）双摇杆机构。若铰链四杆机构的两个连架杆都是摇杆，则称为双摇杆机构。如图 1-24 所示的飞机起落架，图 1-25 所示的铸造翻箱机构，图 1-26 所示的汽车、拖拉机等的前轮转向机构（也称等腰梯形机构），图 1-27 所示的电风扇摇头机构，图 1-28 所示的港口起重机等都应用了双摇杆机构的工作原理。

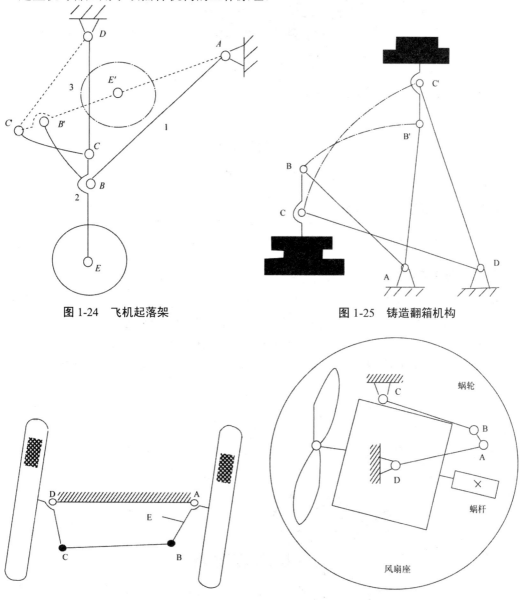

图 1-24　飞机起落架　　　　　　　　　图 1-25　铸造翻箱机构

图 1-26　汽车转向机构　　　　　　　　图 1-27　电风扇摇头机构

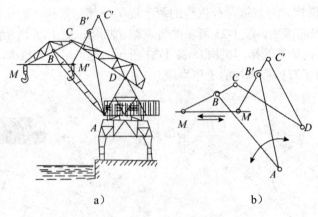

a) b)

图 1-28 港口起重机

a) 结构示意；b) 机构简图

六、铰链四杆机构的工作特性

下面详细讨论曲柄摇杆机构的一些主要工作特性。

（一）急回运动

图 1-29 所示为一曲柄摇杆机构，其曲柄 AB 在转动一周的过程中，有两次与连杆 BC 共线。在这两个位置，铰链中心 A 与 C 之间的距离 AC_1 和 AC_2 分别达最短和最长，因而摇杆 CD 的两个位置 C_1D 和 C_2D 分别为两个极限位置。机构在极位时，原动件 AB 所处的两个位置之间所夹的锐角 θ，称为极位夹角。摇杆 CD 在两极限位置间的夹角 φ 称为摇杆的摆角。

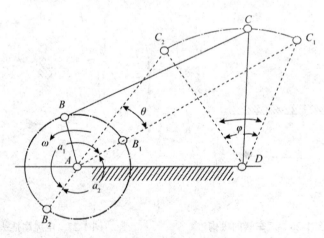

图 1-29 曲柄摇杆机构的急回特性

当曲柄以转速 ω 由位置 AB_1 逆时针匀速转到位置 AB_2 时，曲柄 AB 转过的角度 $a_1=180°+\theta$，这时摇杆由极限位置 C_1D 摆到极限位置 C_2D，摇杆摆角为 φ；而当曲柄从 AB_2 逆时针再转到 AB_1 时，曲柄 AB 转过的角度 $a_2=180°-\theta$，同时摇杆由极限位置 C_2D 摆动到极限位置 C_1D，摇杆摆角仍为 φ。虽然摇杆来回摆动的摆角相同，但对应的曲柄转角却不等，当 $\theta \ne 0$ 时，显然 $a_1 > a_2$。当曲柄匀速转动，转过 a_1 所用的时间为 t_1，转过 a_2 所用的时间为 t_2，也不等，$t_1 > t_2$。若令摇杆自 C_1D 摆到 C_2D 为工作行程，这时铰链 C 的平均速度是 $v_1 = C_1C_2/t_1$；摇杆自 C_2D 摆动到 C_1D 为空回行程，这时铰链 C 点的平均速度是 $v_2 = C_1C_2/t_2$，由于 $t_1 > t_2$，所以有 $v_1 < v_2$。这反映了摇杆往复摆动的快慢不同，回程速度大于工作速度，这种性质称为机构的急回特性。牛头刨床、往复式运输机等机械利用这种急回特性来缩短非生产时间，提高生产率。

急回运动特性可用行程速比系数 K 表示，即：

$$K = \frac{\text{从动件空回行程平均速度}}{\text{从动件工作行程平均速度}} = \frac{v_2}{v_1} = \frac{\overset{\frown}{C_1C_2}/t_2}{\overset{\frown}{C_1C_2}/t_1} = \frac{t_1}{t_2} = \frac{\alpha_1}{\alpha_2} = \frac{180° + \theta}{180° - \theta} \qquad (1\text{-}2)$$

将式（1-2）整理后，可得极位夹角的计算公式：

$$\theta = 180° \frac{K-1}{K+1} \qquad (1\text{-}3)$$

由以上分析可知：极位夹角 θ 越大，行程速比系数 K 就越大，机构的急回特性也越明显，但机构运动的平稳性也越差。机构具有急回特性的条件是：$\theta > 0$，$K > 1$。因此在设计时，应根据其工作要求，恰当地选择 K 值，在一般机械中，$1 < K < 2$。

需要指出的是，不只是曲柄摇杆机构具备急回特性，在其他一些机构中，如惯性筛等不等长双曲柄机构中也具有急回特性。

（二）传动特性

在生产实际中往往要求平面连杆机构不仅能实现预期的运动规律，而且希望运转轻便、传动性能好、效率高。

如图 1-30 所示的曲柄摇杆机构 $ABCD$，如不计各杆质量和运动副中的摩擦，则连杆 BC 为二力杆，它作用于从动摇杆 3 上的力 F 是沿 BC 方向的。作用在从动件上的驱动力 F 与该力作用点绝对速度 v_c 之间所夹的锐角 α 称为机构的压力角。

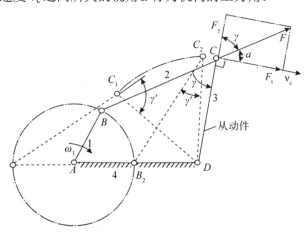

图 1-30　机构的压力角与传动角

由图 1-30 可见，力 F 在 v_c 方向上的有效分力为 $F_t = F\cos\alpha$，它可使从动件产生有效的回转力矩，显然 F_t 越大越好。而驱动力 F 在垂直于 v_c 方向的分力 $Fr = F\sin\alpha$ 则为无效分力，它不仅无助于从动件的转动，反而增加了从动件转动时的摩擦阻力矩。因此，希望 F_r 越小越好。总之，机构传力性能的好坏取决于压力角 α 的大小。压力角 α 越小，机构的传力性能越好，理想情况是 $\alpha = 0$，所以压力角是反映机构传力效果好坏的一个重要参数。一般设计机构时都必须注意控制最大压力角不超过许用值。

在实际应用中，为度量方便，常用压力角的余角 γ 来衡量机构传力性能的好坏，γ 称为传力角。显然 γ 值越大越好，理想情况是 $\gamma = 90°$。

机构在运动中，压力角和传动角的大小是随机构在工作中所处的位置不同而不断变化的。γ 角越大，则 α 越小，机构的传动性能越好，反之，传动性能越差。为了保证机构的正常传动，通常应使传动角的最小值 γ_{min} 大于或等于其许用值 $[\gamma]$。一般机械中，推荐 $[\gamma] = 40° \sim 50°$。对于传动功率较大的机构，如冲床、颚式破碎机中的主要执行机构，为使工作时得到更大的功率，取 $\gamma_{min} = [\gamma] \geqslant 50°$。对于非传动机构，如控制、仪表等机构，也可取 $[\gamma] < 40°$，但不能过小。

（三）死点位置

对于图 1-31 所示的曲柄摇杆机构，如果以摇杆 CD 为原动件，而曲柄 AB 为从动件，则当摇杆摆到极限位置 C_1D 和 C_2D 时，连杆 BC 与曲柄 AB 共线，若不计各杆的质量，则这时连杆加给曲柄的力将通过铰链中心 A，即机构处于压力角 $\alpha = 90°$（传力角 $\gamma = 0$）的位置，此时驱动力的有效分力为 $F_t = F\cos\alpha = 0$，即此力对 A 点不产生力矩，因此不能使曲柄继续转动，机构的这种位置称为死点位置。出现死点对传动机构来说是不利的，它会使机构的从动件出现卡死或运动不确定的现象。为了避免这种不利影响，可以对从动件施加外力，或利用飞轮的惯性带动从动件通过死点。如内燃机就是采用加装飞轮产生惯性来克服死点位置的。同理，家用缝纫机的脚踏机构，也是借助安装在主轴上的皮带轮（相当于飞轮）的惯性作用，使机构顺利通过死点位置。在工程上有的采用多套同样机构错位排列，使各套机构的死点位置互相错开，靠位置差通过死点位置。

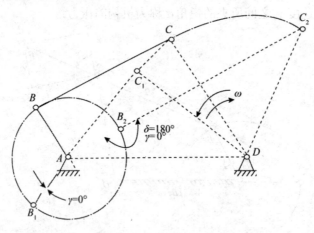

图 1-31 机构的死点位置

对于传动机构来说，死点位置是有害的，应设法消除其影响。但在实际应用中也常常利用机构的死点位置这一特性来实现一定的工作要求，如图 1-32 所示的工件夹紧装置，当工件 5 需要被夹紧时，就是利用连杆 BC 与摇杆 CD 形成的死点位置，这时工件经杆 EB、

杆 BC 传给杆 CD 的力，通过杆 CD 的传动中心 D，对 D 点的转动力矩为 0，不能绕 D 点转动。故当撤去主动外力 F 后，在工作反力 F_N 的作用下，机构不会反转，工件依然被可靠地夹紧。

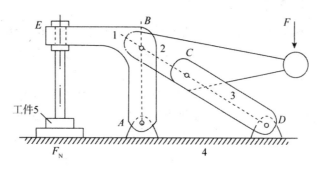

图 1-32　工件夹具

七、铰链四杆机构的演化

在实际机械中，平面连杆机构的形式是多种多样的，但其中绝大多数是在铰链四杆机构的基础上发展和演化而成的，如通过改变运动副的形式、选不同构件作机架、扩大运动副的尺寸等，就可演化派生出一些新机构。

（一）转动副转变为移动副

如图 1-33a 所示的曲柄摇杆机构中，摇杆 3 上 C 点的轨迹是以 D 为圆心，杆 3 的长度 L_3 为半径的圆弧。

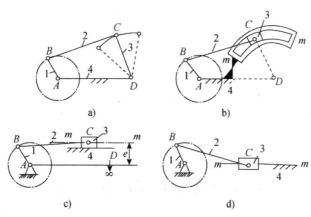

图 1-33　曲柄滑块机构的演化

如将转动副 D 扩大，使其半径等于 L_3，并在机架上按 C 点的近似轨迹做成一弧形槽，摇杆 3 做成与弧形槽相配的弧形块，如图 1-33b 所示。此时虽然转动副 D 的外形改变了，但机构的运动特性并没有改变。将弧形槽的半径增至无穷大，则转动副 D 的中心移至无穷远处，弧形槽变为直槽，转动副 D 即转化为移动副，构件 3 由摇杆变成了滑块，于是曲柄摇杆机构就演化为曲柄滑块机构，如图 1-33c 所示。此时移动方位线不通过曲柄回转中心 A，故称为偏置曲柄滑块机构，曲柄转动中心至其移动方位线的垂直距离称为偏距 e；

当移动方位线通过曲柄转动中心 A 时（即 $e=0$），则称为对心曲柄滑块机构，如图 1-33d 所示。曲柄滑块机构广泛应用于内燃机、空气压缩机及冲床设备中。

（二）取不同构件作机架

用低副联接的两构件之间的相对运动关系，不因选取哪个构件为相对固定的构件而改变，这种特性称为低副的运动可逆性。选取不同构件为机架实现机构的演化，是以低副运动的可逆性为基础的。

如图 1-34a 所示的曲柄摇杆机构，若选取构件 1 为机架，便演化为双曲柄机构，如图 1-34b 所示。若选取构件 2 为机架，便演化为另一曲柄摇杆机构，如图 1-34c 所示。若选取构件 3 为机架，便演化为双摇杆机构，如图 1-34d 所示。

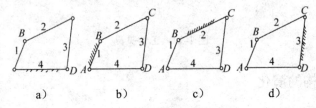

图 1-34 铰链四杆机构的相互演化

a）曲柄摇杆机构；b）双曲柄机构；c）另一曲柄摇杆机构；d）双摇杆机构

另外，如图 1-35a 所示的曲柄滑块机构，如将其中的曲柄 1 作为机架，连杆 2 作为主动件，则连杆 2 和构件 4 将分别绕铰链 B 和 A 做转动，如图 1-35b 所示。若 $AB<BC$，则杆 2 和杆 4 均可做整周回转，故称为转动导杆机构。若 $AB<BC$，则杆 4 只能做往复摆动，故称为摆动导杆机构。

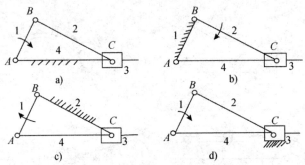

图 1-35 曲柄滑块机构向导杆机构的演化

图 1-36a 所示为牛头刨床的摆动导杆机构。又如图 1-36b 所示为牛头刨床回转导杆机构，当 BC 杆绕 B 点做等速转动时，AD 杆绕 A 点做变速转动，DE 杆驱动刨刀作变速往返运动。

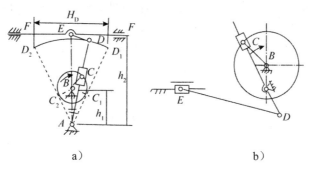

图 1-36 牛头刨床中的导杆机构

a）牛头刨床的摆动导杆机构；b）牛头刨床回转导杆机构

在图 1-35a 的曲柄滑块机构中，若取杆 2 为机架，即可得图 1-35c 所示的摆动滑块机构，或称摇块机构。这种机构广泛应用于摆动式内燃机和液压驱动装置内。图 1-37 所示自卸卡车翻斗机构及其运动简图。在该机构中，因为液压油缸 3 绕铰链 C 摆动，故是摇块。

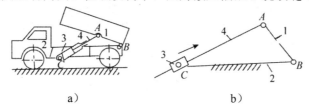

图 1-37 自卸卡车翻斗机构及其运动简图

a）自卸卡车翻斗机构；b）运动简图

在图 1-35a 曲柄滑块机构中，若取杆 3 为机架，即可得图 1-35d 所示的固定滑块机构，也称定块机构。这种机构常用于图 1-38 所示的抽水唧筒等机构中。

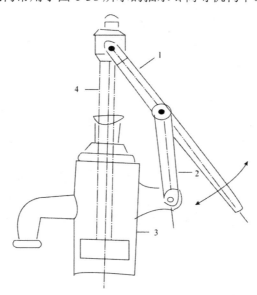

图 1-38 抽水唧筒机构

（三）扩大转动副尺寸

如图 1-39a 所示的曲柄滑块机构，当曲柄的尺寸很小时，由于结构和强度的需要，常

通过扩大转动副 B 的尺寸，将曲柄改作成为一个如图 1-39b 所示的几何中心与回转中心不重合的圆盘，此圆盘称为偏心轮，这种机构称为偏心轮机构。A、B 之间的距离 e 称为偏心距。由图 1-39 可知，偏心轮是由回转副 B 扩大到包括回转副 A 后而形成的，偏心距 e 即是曲柄的长度。

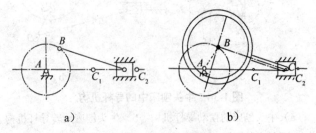

a)   b)

图 1-39　偏心轮机构

a）曲柄滑块机构；　b）偏小轮机构

在工程上，当曲柄长度很小时，通常都把曲柄做成偏心轮，这样不仅增大了轴颈的尺寸，提高了偏心轴的强度和刚度，而且当轴颈位于中部时，还可以安装整体式连杆，使结构简化。因此，偏心轮广泛应用于传力较大的剪床、冲床、颚式破碎机、内燃机等机械中。

【技能知识】

1. 曲柄存在的条件

在铰链四杆机构中若存在一个曲柄，则机构为曲柄摇杆机构；若存在两个曲柄，则为双曲柄机构；若没有曲柄，则为双摇杆机构。由此可见，是否存在曲柄，存在几个曲柄，是判别铰链四杆机构基本形式的关键。而曲柄的存在情况取决于机构中各杆的相对长度及机架的选择，即铰链四杆机构中若要存在曲柄，就必须要满足以下条件：

（1）连架杆和机架中必有一杆是最短杆。

（2）最短杆与最长杆长度之和小于或等于其余两杆长度之和（简称为杆长和条件）。

上述两个条件必须同时满足，否则机构不存在曲柄。

2. 基本形式的判别

当机构满足杆长和条件时，一般有以下三种情况：

（1）取与最短杆相邻的任一杆为机架，且最短杆为曲柄，则此机构为曲柄摇杆机构，如图 1-40a 所示。

（2）取最短杆为机架时，此机构为双曲柄机构，如图 1-40b 所示。

（3）取最短杆对面的杆为机架时，此机构为双摇杆机构，如图 1-40c 所示。

但当铰链四杆机构不满足杆长和条件时，则不论取哪一个杆件为机架，都只能构成双摇杆机构。

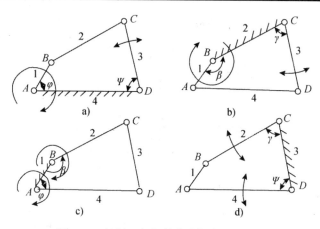

图 1-40 铰链四杆机构中曲柄存在的条件

a) 曲柄摇杆机构；b）双曲柄机构；c）双摇杆机构

由上述可知，当机构满足了杆长和条件，该机构中就可能有曲柄，这是曲柄存在的必要条件。但具体有几个曲柄，还要看是哪个杆件作了机架而具体确定。

【例1-4】如图 1-41 所示的铰链四杆机构中，已知 $l_{BC}=100\mathrm{mm}$，$l_{CD}=70\mathrm{mm}$，$l_{AD}=50\mathrm{mm}$，AD 为固定件。

（1）如果该机构能成为曲柄摇杆机构，且 AB 为曲柄，求 l_{AB} 的值。

（2）如果该机构能成为双曲柄机构，求 l_{AB} 的值。

（3）如果该机构能成为双摇杆机构，求 l_{AB} 的值。

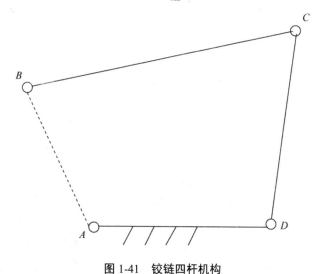

图 1-41 铰链四杆机构

【解】

（1）如果能成为曲柄摇杆机构，则机构必须满足"杆长和条件，且 AB 为最短杆"。则有：

$$l_{AB}+l_{BC}\leq l_{CD}+l_{AD}$$

代入各杆长度值，得：$l_{AB}\leq20\mathrm{mm}$

（2）如果能成为双曲柄机构，则应满足"杆长和条件，且杆 AD 为最短杆"。则：

① 若 BC 为最长杆，即 $l_{AB} \leqslant 10$ mm，则：

$$l_{BC} + l_{AD} \leqslant l_{AB} + l_{CD}$$

$l_{AB} \geqslant 80$ mm，所以 80 mm $\leqslant l_{AB} \leqslant 100$ mm

② 若 AB 为最长杆，即 $l_{AB} \geqslant 100$ mm，则：

$$l_{AB} + l_{AD} \leqslant l_{BC} + l_{CD}$$

$l_{AB} \leqslant 120$ mm，所以 100 mm $\leqslant l_{AB} \leqslant 120$ mm

将以上两种情况进行分析综合后，l_{AB} 的值应在以下范围内选取，即：

$$80 \text{ mm} \leqslant l_{AB} \leqslant 120 \text{ mm}$$

（3）若能成为双摇杆机构，则应分两种情况分析。第一种情况：机构各杆件长度满足"杆长和条件"，但以最短杆的对边为机架；第二种情况：机构各杆件长度不满足"杆长之和条件"。在本题目中，AD 已选定为固定件，则第一种情况不存在。下面就第二种情况进行分析。

① 当 $l_{AB} < 50$mm，AB 为最短杆，BC 为最长杆：

$$l_{AB} + l_{BC} > l_{CD} + l_{AD}$$

$l_{AB} > 20$mm，即 20mm $< l_{AB} < 50$mm

② 当 $l_{AB} \in [50, 70]$ 以及 $l_{AB} \in [70, 100]$ 时，AD 为最短杆，BC 为最长杆，则：

$$l_{AD} + l_{BC} > l_{AB} + l_{CD}$$

$l_{AB} < 80$mm，即 50mm $\leqslant l_{AB} < 80$mm

③ 当 $l_{AB} > 100$ 时，AB 为最长杆，AD 为最短杆，则：

$$l_{AB} + l_{AD} > + l_{CD}$$

$l_{AB} > 120$mm

另外，AB 增大时，还应考虑到 BC 与 CD 呈伸直共线时，需构成三角形的边长关系，即：

$$l_{AB} < l_{BC} + l_{CD} + l_{AD}$$

$l_{AB} < 220$mm

则 120mm $< l_{AB} < 220$mm

综合以上情况，可得 l_{AB} 的取值范围为：

$$20 \text{ mm} < l_{AB} < 80 \text{ mm}$$

$$120 \text{ mm} < l_{AB} < 220 \text{ mm}$$

除以上分析方法外，机构成为双摇杆机构时，l_{AB} 的取值范围亦可用以下方法得到：对于以上给定的杆长，若能构成一个铰链四杆机构，则它只有三种类型，曲柄摇杆机构、双曲柄机构、双摇杆机构。故分析出机构为曲柄摇杆机构、双曲柄机构时 l_{AB} 的取值范围后，在 0～220mm 之内的其余值即为双摇杆机构时 l_{AB} 的取值范围。

【知识扩展】

在生产实践中，平面连杆机构设计的基本问题可归纳为两大类：

（1）实现给定从动件的运动规律。即当原动件运动规律已知时，设计一个机构使其从动件（连杆或连架杆）能按给定的运动规律运动。如要求从动件按照某种速度运动，或具有一定的急回特性，或占据几个预定位置等。

（2）实现给定的运动轨迹。即要求机构在运动过程中连杆上某一点能实现给定的运动轨迹。如要求起重机中吊钩的轨迹为一条直线,搅拌机中搅拌杆端能按预定轨迹运动等。

常用的设计方法有作图法、解析法和实验法。作图法比较直观,解析法比较精确,实验法常需多次尝试。这里只介绍图解法。

1.按给定的行程速比系数设计

设计具有急回特性的四杆机构,一般要根据对机构的运动要求选定行程速比系数 K,然后再根据机构极位的几何特点,结合其他辅助条件进行设计。

【**例1-5**】设已知行程速比系数 K,摇杆长度 l_{CD},最大摆角 ψ,试用图解法设计一曲柄摇杆机构。

【**解**】设计过程如图1-42所示,具体设计步骤如下:

$$\theta = 180°\frac{K-1}{K+1}$$

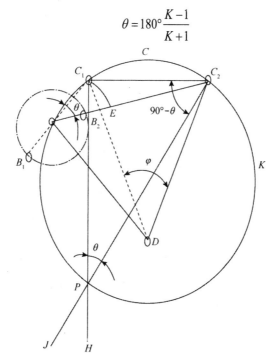

图1-42 按给定的行程速比系数设计曲柄摇杆机构

(1)先按照公式,计算极位夹角 θ。

(2)选取适当的比例尺 μ_1,作图求摇杆的极限位置。取摇杆的长度 l_{CD} 除以比例尺 μ_1 得图1-42所示摇杆长度 CD。任取一点 D 点为圆心,以 CD 为半径,以 C_1 为起点作弧 C,使弧 C 所对应的圆心角大于或等于最大摆角 ψ,连接 D 点和 C_1 点的线段 C_1D 即为摇杆的一个极限位置。过 D 点作与 C_1D 夹角等于最大摆角 ψ 的射线交圆弧于 C_2 点,则 C_2D 为摇杆的另一个极限位置。

(3)求曲柄的铰链中心。过 C_1 点在 D 点同侧作 C_1C_2 的垂线 H,过 C_2 点作与 D 点同侧且与直线段 C_1C_2 夹角为(90°−θ)的直线 J,交直线 H 于 P 点,连接 C_2P,在直线段 C_2P 上截取 $C_2P/2$ 得点 O,以 O 点为圆心,OP 为半径,画圆 K,在 C_1C_2 弧段以外的圆 K 上任取一点 A 为铰链中心。

(4)求曲柄和连杆的铰链中心。连接 A、C_2 点得直线段 AC_2 为曲柄和连杆长度之和。

以 A 点为圆心，AC_1 作弧，交 AC_2 于 E 点，可以证明曲柄长度 $AB = C_2E/2$，于是以 A 点为圆心，$C_2E/2$ 为半径画弧，交 AC_2 于 B_2 点，则点 B_2 即为曲柄与连杆的铰链中心。

（5）计算各杆的实际长度。分别量取图中 AB_2，AD，B_2C_2 的长度，计算得：

曲柄长 $l_{AB} = \mu_1 AB_2$，连杆长 $l_{BC} = \mu_1 B_2 C_2$，机架长 $l_{AD} = \mu_1 AD$

2. 按给定连杆位置设计

【例 1-6】 如图 1-43 所示的翻转机构，设已知连杆的长度 l_{BC} 及机构在运动过程中要求占据的两个给定位置 B_1C_1、B_2C_2，试设计此铰链四杆机构。

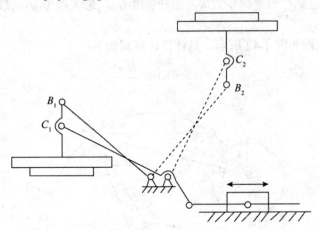

图 1-43　翻转机构

【分析】 设计这个机构的主要问题是，根据已知条件确定固定铰链中心 A、D 的位置。由于连杆上 B、C 两点的运动轨迹分别是以 A、D 为圆心，以 l_{AB}、l_{CD} 为半径的圆弧，所以 A 和 D 的位置必在线段 B_1B_2 和 C_1C_2 的垂直平分线 b_{12} 和 c_{12} 上，但由于 l_{AB} 和 l_{CD} 未知，故此题有无穷多解。实际在设计时，一般考虑辅助条件，如机架位置、两连架杆所允许的尺寸、最小传动角等则可得唯一解，如图 1-44 所示。

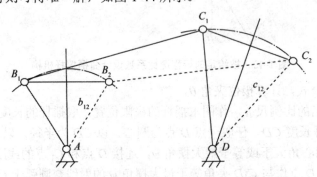

图 1-44　按连杆的两个给定位置图解设计四杆机构

【例 1-7】 如图 1-45 所示，设已知连杆的长度 l_{BC}，若要求连杆占据三个给定位置 B_1C_1、B_2C_2、B_3C_3，试设计此铰链四杆机构。

具体设计步骤如下：

（1）选取适当的比例尺 μ_1，按预定位置画出 B_1C_1、B_2C_2、B_3C_3。

（2）连接 B_1B_2、B_2B_3、C_1C_2、C_2C_3，并分别作它们的垂直平分线 b_{12}、b_{23}、c_{12}、c_{23}，b_{12} 和 b_{23} 的交点即为圆心 A，c_{12} 和 c_{23} 的交点即为圆心 D。

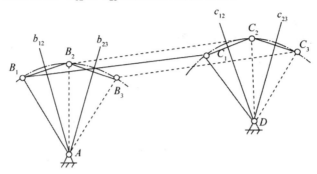

图 1-45　按连杆的三个给定位置图解设计四杆机构

（3）以点 A、D 作为两固定铰链的中心，连接 AB_1C_1D，则 AB_1C_1D 即为所要设计的四杆机构。

（4）按比例计算出各杆长度。

3．按给定点的运动轨迹设计

按给定点的运动轨迹设计四杆机构通常采用实验法，这里介绍工程上常用的图谱法。四杆机构在运转时，作平面运动的连杆上任一点都将在平面内描绘出一条复杂的封闭曲线，称为连杆曲线。连杆曲线的形状随连杆上点的位置以及各杆相对尺寸的不同而变化。如图 1-46 所示，为连杆平面上与 BC 平行的某一排上 11 个点的连杆曲线。为便于设计，工程上已通过实验方法，将不同比例的四杆机构上的连杆曲线整理成册，即成连杆曲线图谱。

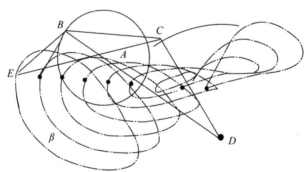

图 1-46　连杆曲线

$$\frac{a}{a}=1；\quad \frac{b}{a}=2.5；\quad \frac{c}{a}=2；\quad \frac{d}{a}=3$$

按给定点的运动轨迹设计四杆机构，可先从图谱中查找出与要求实现的轨迹形状相同或极其相似的连杆曲线，以及相应的四杆机构各杆长度的比值。

习　题

1. 绘出习题图 1-1 中机构的运动简图。

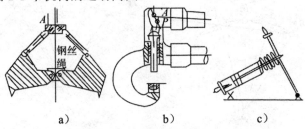

a)　　　　　　　　b)　　　　　　　　c)

习题图 1-1

2. 指出习题图 1-2 中运动机构的复合铰链、局部自由度和虚约束，计算这些机构自由度，并判断它们是否具有确定的运动（其中箭头所示的为原动件）。

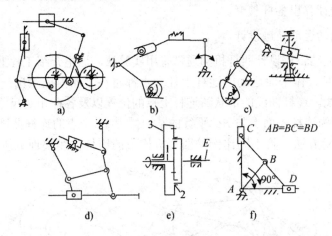

a)　　　　　　　　b)　　　　　　　　c)

d)　　　　　　　　e)　　　　　　　　f)

习题图 1-2

3. 试判断习题图 1-3 中的铰链四杆机构是曲柄摇杆机构还是双曲柄机构或双摇杆机构。

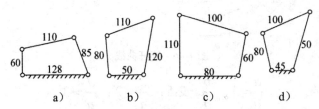

a)　　　　　　　　b)　　　　　　　　c)　　　　　　　　d)

习题图 1-3

4. 什么是曲柄摇杆机构的急回特性?急回特性对生产有什么实际意义?

5. 对于具有急回特性的平面四杆机构，当改变其曲柄的回转方向时，其急回特性有无改变?

6. 曲柄滑块机构是否具有急回特性?又在何种情况下出现死点位置?

7. 什么是曲柄摇杆机构的行程速比系数? 什么是传动角?

8. 什么是机构的压力角和传动角?它们之间有何关系?如何求出曲柄摇杆机构和曲柄滑块机构的最大压力角或最小传动角?

9. 何谓机构的死点位置?如何求机构的死点位置?试举例说明死点的利弊。

10. 曲柄滑块机构主要用于什么场合?试举出一些应用例子。

11. 铰链四杆机构具有双曲柄的条件是什么?双曲柄铰链四杆机构有无急回特性,为什么?

12. 曲柄摇杆机构在何位置上压力角最大,在何位置上传动角最大（分别以曲柄或以摇杆为原动件等两种情况讨论）?

任务二 凸轮机构

【任务导入】

在农机、汽车、补鞋机及其他常用机械上有哪些是凸轮机构？按凸轮的形状分是什么类型的凸轮机构？按从动件的形状分是什么类型的凸轮机构？它们在整个机械中起什么作用？

【理论知识】

凸轮机构是机械中的一种常用机构。凸轮机构能将主动件的连续等速运动变为从动件的往复变速运动或间歇运动。在自动机械、半自动机械中应用非常广泛。

一、凸轮机构的组成与特点

1. 凸轮机构的组成

图 1-47 所示为内燃机配气凸轮机构。当凸轮 1 以等角速度回转时，它的外轮廓驱动推杆 2 按预期的运动规律定时地开启或关闭进排气门。由于推杆 2 是在凸轮推动作用下运动的，所以称为从动件。凸轮机构主要由凸轮、从动件和机架组成。

2. 凸轮机构的特点

凸轮机构是借助于凸轮本身的轮廓曲线或凹槽迫使从动件做一定规律的运动，即从动件的运动规律取决于凸轮轮廓曲线或凹槽曲线的形状。所以，只要作出适当的凸轮轮廓，就可以使从动杆得到任意预定的运动规律，并且结构比较简单、紧凑、设计方便。但凸轮轮廓与从动件之间为点接触或线接触，易于磨损，且凸轮轮廓加工比较困难。所以，通常多用于传力不大的控制机构。

二、凸轮机构的分类

凸轮机构的类型很多，但总体看可归纳为凸轮和从动件的外形不同两种情况。

（一）按凸轮的形状分类

（1）盘形凸轮。盘形凸轮是凸轮的最基本形式。这种凸轮是一个绕固定轴转动并且具有变化半径的盘形零件。图 1-48 所示为绕线机中用于排线的凸轮机构。当绕线轴 3 快速转动时，绕线轴上的齿轮带动凸轮 1 缓慢地转动，通过凸轮轮廓与尖顶 A 之间的作用，驱使从动件 2 往复摇动，因而使线均匀地绕在绕线轴上。

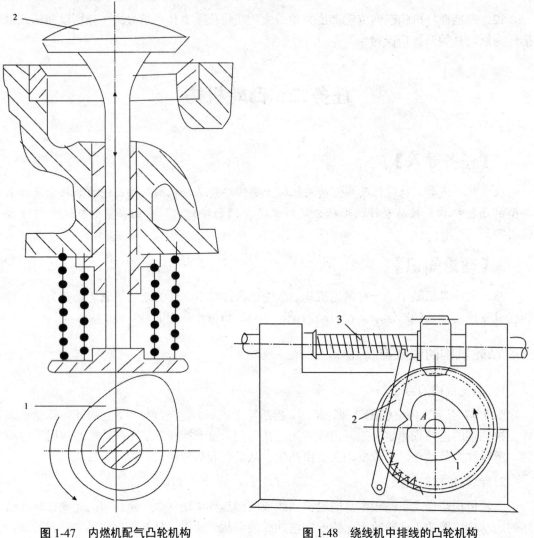

图 1-47　内燃机配气凸轮机构　　　　图 1-48　绕线机中排线的凸轮机构

1—凸轮；2—外轮廓驱动推杆

（2）移动凸轮。当盘形凸轮的回转中心趋于无穷远时，凸轮相对机架做直线运动，如图 1-49 所示，这种凸轮称为移动凸轮。图 1-50 所示为应用于冲床上的凸轮机构的示意图。凸轮 1 固定在冲头上，当冲头上下往复运动时，凸轮驱使从动件 2 以一定的规律做水平往复运动，从而带动机械手装卸工件。

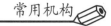

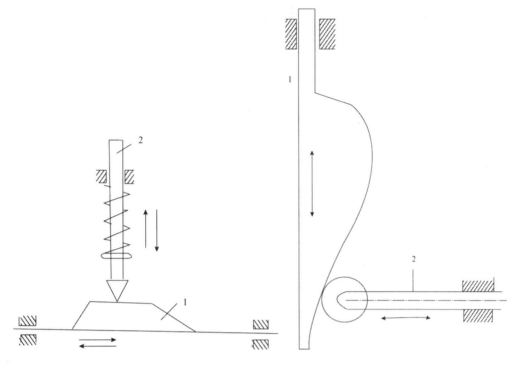

图 1-49　移动凸轮机构示意图　　　　图 1-50　冲床上的移动凸轮机构

（3）圆柱凸轮。将移动凸轮卷成圆柱体即成为如图 1-51 所示的圆柱凸轮。图 1-52 所示为驱动动力头在机架上移动的凸轮机构。圆柱凸轮 1 与动力头联接在一起，它们可以在机架 3 上做往复移动。滚子 2 的轴固定在机架 3 上，滚子 2 放在圆柱凸轮的凹槽中。凸轮转动时，由于滚子 2 的轴是固定在机架上的，故凸轮转动时带动动力头在机架 3 上做往复移动，以实现对工件的钻削。动力头的快速引进—等速进给—快速退回—静止等动作均取决于凸轮上凹槽的曲线形状。又如图 1-53b 所示为缝纫机图 1-53a 的挑线机构，也是圆柱凸轮机构。

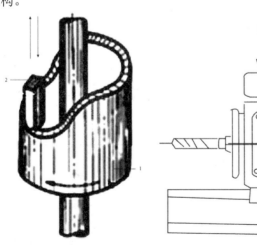

图 1-51　圆柱凸轮机构　　　　　　图 1-52　驱动动力移动的凸轮机构

1—圆柱凸轮；2—从动杆　　　　　　1—圆柱凸轮；2—滚子；3—机架

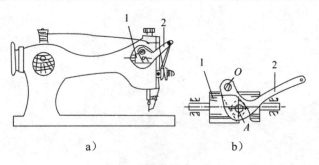

图 1-53　缝纫机挑线机构

a）总体外观；b）机构示意

（二）按从动件的形状分类

凸轮机构按从动件的形状分类如表 1-2 所示。

表 1-2　按从动件的形状分类的凸轮机构

从动件类型	尖顶	滚子	平底	曲线
对心移动从动件				
偏置移动从动件				
摆动从动件				

（1）尖顶从动件。这种从动件结构最简单，尖顶能与任意复杂的凸轮轮廓保持接触，

以实现从动件的任意运动规律。但因尖顶易磨损，仅适用于作用力很小的低速凸轮机构。

（2）滚子从动件。从动件的一端装有可自由转动的滚子，滚子与凸轮之间为滚动摩擦，磨损小，可以承受较大的载荷。因此，应用最普遍。

（3）平底从动件。从动件的一端为一平面，直接与凸轮轮廓相接触。若不考虑摩擦，凸轮对从动件的作用力始终垂直于端平面，传动效率高，且接触面间容易形成油膜，利于润滑，故常用于高速凸轮机构中。它的缺点是不能用于凸轮轮廓有凹曲线的凸轮机构中。

（4）曲面从动件。这是尖顶从动件的改进形式，较尖端从动件不易磨损。

（三）按从动件的运动形式分类

（1）移动从动件。从动件相对机架做往复直线运动。
（2）偏移放置移动从动件。即不对心放置的移动从动件，相对机架做往复直线运动。
（3）摆动从动件。从动件相对机架做往复摆动。

为了使凸轮与从动件始终保持接触，可以利用重力、弹簧力或靠凸轮上的凹槽来实现。

（四）按锁合方式分类

（1）形锁合。如图1-54所示，采用特殊几何形状实现从动件端部与凸轮相接触的方式称为形锁合，如沟槽凸轮、等径及等宽凸轮、共轭凸轮等。

（2）力锁合。如图1-55所示，凸轮机构中，采用重力、弹簧力使从动件端部与凸轮始终相接触的方式称为力锁合。

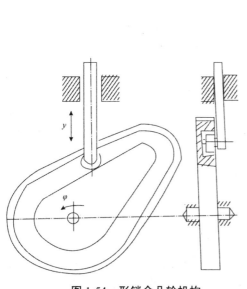

图1-54　形锁合凸轮机构

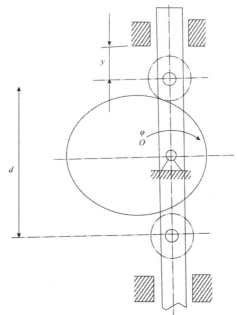

图1-55　力锁合凸轮机构

【知识扩展】

1. 从动件的常用运动规律

从动件的运动规律即是从动件的位移s、速度v和加速度a随时间t变化的规律。当凸轮做匀速转动时，其转角 δ 与时间 t 成正比（$\delta=\omega t$），所以从动件运动规律也可以用从动件的运动参数随凸轮转角的变化规律来表示，即 $s=s(\delta)$，$v=v(\delta)$，$a=a(\delta)$。通常用如图 1-56 所示的从动件运动线图直观地表述这些关系。

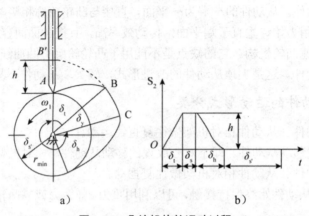

图 1-56 凸轮机构的运动过程

a）从动件盘形凸轮机构；b）从动件位移曲线

现以对心移动尖顶从动件盘形凸轮机构为例，说明凸轮与从动件的运动关系，如图 1-56a 所示，以凸轮轮廓曲线的最小向径 r_{min} 为半径所作的圆称为凸轮的基圆，r_{min} 称为基圆半径。点 A 为凸轮轮廓曲线的起始点。当凸轮与从动件在 A 点接触时，从动件处于最低位置（即从动件处于距凸轮轴心 O 最近位置）。当凸轮以匀角速 ω_1 顺时针转动 δ_t 时，凸轮轮廓 AB 段的向径逐渐增加，推动从动件以一定的运动规律到达最高位置 B'（此时从动件处于距凸轮轴心 O 最远位置），这个过程称为推程。这时从动件移动的距离 h 称为升程，对应的凸轮转角 δ_t 称为推程运动角。当凸轮继续转动 δ_s 时，凸轮轮廓 BC 段向径不变，此时从动件处于最远位置停留不动，相应的凸轮转角 δ_s 称为远休止角。当凸轮继续转动 δ_h 时，凸轮轮廓 CD 段的向径逐渐减小，从动件在重力或弹簧力的作用下，以一定的运动规律回到起始位置，这个过程称为回程。对应的凸轮转角 δ_h 称为回程运动角。当凸轮继续转动 δ_s 时，凸轮轮廓 DA 段的向径不变，此时从动件在最近位置停留不动，相应的凸轮转角 δ_s 称为近休止角。当凸轮再继续转动时，从动件重复上述运动循环。如果以直角坐标系的纵坐标代表从动件的位移 s_2，横坐标代表凸轮的转角 δ，则可以画出从动件位移 s_2 与凸轮转角 δ 之间的关系线图，如图 1-56b 所示，它简称为从动件位移曲线。

2. 移动从动杆盘形凸轮轮廓曲线的绘制

（1）尖顶从动杆盘形凸轮轮廓曲线的绘制。已知某尖顶从动杆盘形凸轮机构的凸轮按顺时针方向回转，从动杆中心线通过凸轮回转中心，从动杆尖顶距凸轮回转中心的最小距离为30mm。当凸轮转动时，在 0°～90°范围内从动杆匀速上升 20 mm，在 90°～180°范围内从动杆停止不动，在 180°～360°范围内从动杆匀速下降至原处。试绘制此凸轮轮廓曲线。作图步骤如下：

① 绘制从动杆的位移曲线，如图 1-57a 所示。

② 按区间等分位移曲线横坐标轴，确定从动杆的相应位移量，如图 1-57a 所示。

③ 作基圆，作各区间的相应等分角线，如图 1-57b 所示。

④ 绘制凸轮轮廓曲线，如图 1-57b 所示。

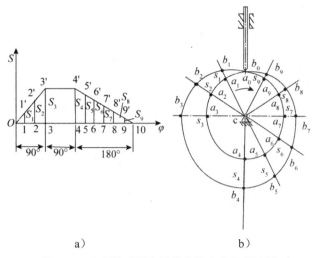

a）　　　　　　　　　　　b）

图 1-57　尖顶从动杆盘形凸轮轮廓曲线的绘制

a）从动杆位移曲线；b）凸轮轮廓曲线

（2）滚子从动杆盘形凸轮轮廓曲线的绘制。

① 把从动杆滚子中心作为从动杆的尖顶，按照尖顶从动杆盘形凸轮轮廓曲线的绘制方法，绘制一凸轮轮廓曲线Ⅰ，该曲线称为理论轮廓曲线，如图 1-58 所示。

② 以理论轮廓曲线上的各点为圆心，以已知滚子半径为半径作一系列的圆，再作这些圆的光滑内切曲线Ⅱ，即得该滚子从动杆盘形凸轮的实际轮廓曲线，如图 1-58 所示。

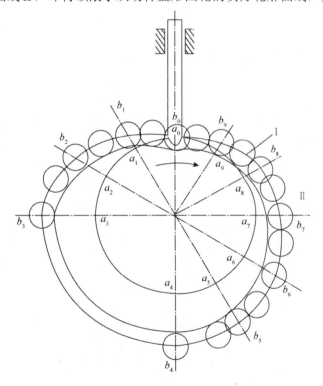

图 1-58　滚子从动杆盘形凸轮轮廓曲线的绘制

Ⅰ—理论轮廓曲线；Ⅱ—实际轮廓曲线

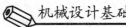

习 题

1. 试述凸轮机构的组成、分类及特点。
2. 连杆机构和凸轮机构在组成方面有何不同，各有什么优缺点？
3. 为什么不能为了机构紧凑而任意减小盘形凸轮的基圆半径？
4. 凸轮机构中的力锁合与形锁合各有什么优缺点？

任务三　间歇运动机构

【任务导入】

观察汽车、农机、补鞋机及其他常用机械上有哪些是间歇运动机构？哪些是棘轮机构？电影放映机的卷片机构是哪种间歇运动机构？它是怎样完成卷片工作的？

【理论知识】

间歇运动机构的种类有很多，常见的有棘轮机构和槽轮机构两种。

一、棘轮机构

1. 棘轮机构的基本结构和工作原理

图 1-59 所示为棘轮机构。它由摆杆、棘爪、棘轮、止回爪和机架组成。通常以摆杆为主动件，棘轮为从动件。主动摆杆 1 空套在与棘轮 3 固联的从动轴上，驱动棘爪 2 与主动摆杆 1 用转动副相联，止动棘爪 4 与机架 5 用转动副联接，保证棘爪与棘轮啮合。当主动摆杆 1 连同棘爪 2 顺时针转动时，棘爪进入棘轮的相应齿槽，并推动棘轮转过相应的角度；当摆杆逆时针转动时，棘爪在棘轮齿顶上滑过。为了防止棘轮跟随摆杆反转，设置止回爪 4。这样，摆杆不断地做往复摆动，棘轮便得到单向的间歇运动。

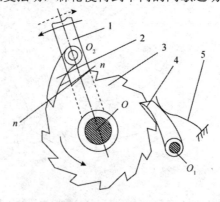

图 1-59　棘轮机构

1—主动摆杆；2—驱动棘爪；3—棘轮；4—止动棘爪；5—机架

2. 棘轮机构的类型

棘轮机构按啮合方式可分为外啮合式（图 1-60）和内啮合式（图 1-61）。按运动方式分为转动棘轮机构和移动棘轮（即棘条）机构（图 1-62）。按工作原理分可分为轮齿式棘轮机构和摩擦式棘轮机构。

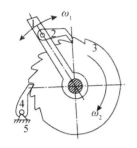

图 1-60　外啮合棘轮机构

图 1-61　内啮合棘轮机构

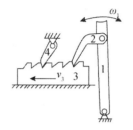

图 1-62　移动棘轮（即棘条）机构

图 1-63 所示为摩擦式棘轮机构。当摆杆 1 做逆时针转动时，利用楔块 2 与摩擦轮 3 之间的摩擦产生自锁，从而带动摩擦轮 3 和摆杆一起转动。当摆杆做顺时针转动时，楔块 2 与摩擦轮 3 之间产生滑动。这时由于楔块 4 的自锁作用能阻止摩擦轮反转。这样，在摆杆不断做往复运动时，摩擦轮 3 便做单向的间歇运动。

轮齿式棘轮机构结构简单，运动可靠，棘轮转角可实现有级调整（这种有齿的棘轮其进程的变化最少是 1 个齿距），但棘爪在齿面滑过会引起噪声和冲击，常用在低速、轻载、做间歇运动的机械中。摩擦式棘轮机构运动平稳，无噪声，棘轮转角可做无级调整，但有打滑现象，因此运动的准确性较差，不适合用于精确传递运动的场合。

棘轮机构除了常用于实现间歇运动外，还能实现超越运动。图 1-64 所示为自行车后轮轴上的棘轮机构。

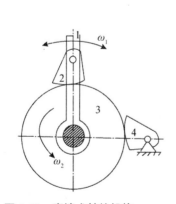

图 1-63　摩擦式棘轮机构

1—摆杆；2—楔块；3—摩擦轮

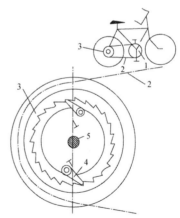

图 1-64　超越式棘轮机构

1—链轮；2—链条；3—有棘齿的链轮；
4—棘爪；5—后轮轴

当脚蹬踏板时，经链轮 1 和链条 2 带动内圈具有棘齿的链轮 3 顺时针转动，再通过棘爪 4 的作用，使后轮轴 5 顺时针转动，从而驱使自行车前进。当自行车前进时，如果踏板不动，后轮轴 5 便会超越链轮 3 而转动，让棘爪 4 在棘轮齿背上划过，从而实现不蹬踏板的自由滑行。

二、槽轮机构

1. 槽轮机构的组成及工作原理

槽轮机构又称马耳他机构，如图 1-65 所示，它由带圆销 A 的主动拨盘、具有径向槽的从动槽轮 2 和机架组成。拨盘做匀速转动时，驱动槽轮做时转时停的单向间歇运动。当拨盘上圆销 A 未进入槽轮径向槽时，由于槽轮的内凹锁止弧 β 被拨盘的外凸圆弧 α 卡住，故槽轮静止。图 1-65a 所示位置是圆销 A 刚开始进入槽轮径向槽时的情况，这时锁止弧刚被松开，因此槽轮受圆销 A 的驱动开始沿顺时针方向转动；当圆销 A 离开径向槽时，槽轮的下一个内凹锁止槽又被拨盘的外锁止槽卡住，致使槽轮静止，直到圆销 A 在进入槽轮另一径向槽时，两者又重复上述的运动循环。

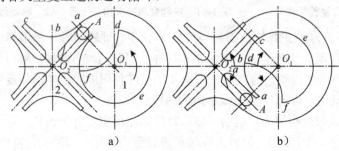

a)   b)

图 1-65 槽轮机构

1—拨盘；2—槽轮

a）槽轮转动开始；b）槽轮转动结束

槽轮机构有两种基本形式：一种是外啮合槽轮机构，如图 1-66 所示。另一种是内啮合槽轮机构，如图 1-67 所示。

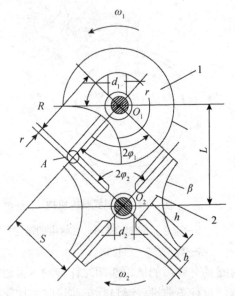

图 1-66 外啮合槽轮机构，

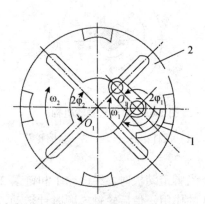

图 1-67 内啮合槽轮机构

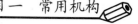

2. 槽轮机构的特点及应用

槽轮机构结构简单，工作可靠，能准确控制转动的角度，机械效率高，并且运动平稳。因此常用于要求恒定旋转角的分度机构及自动机床转位机构、电影放映机卷片机构等自动机械中。它的缺点在于：对一个已定的槽轮机构来说，其转角不能调节；在转动始、末，加速度变化较大，有冲击。

3. 槽轮机构的主要参数

槽轮机构的主要参数是槽数 z 和拨盘圆销数 K。

如图 1-65 所示，为了使槽轮 2 在开始和终止转动时的瞬时角速度为零，以避免圆销 A 与槽轮发生撞击，圆销进入或脱出径向槽的瞬时，径向槽的中线应与圆销中心相切，即 O_2A 应与 O_1A 垂直。设 z 为均匀分布的径向槽数，当槽轮 2 转过 $2\pi/z$ 弧度时，拨盘 1 相应转过的转角为：$2\alpha_1 = (\pi - 2\pi)/z$。

在一个运动循环内，槽轮 2 的运动时间 t' 与主动拨盘转一周的总时间 t 之比，称为槽轮机构的运动系数。用 τ 表示。槽轮停止时间 t'' 与主动拨盘转一周的总时间 t 之比，称为槽轮的静止系数，用 τ'' 表示。当拨盘匀速转动时，时间之比可用槽轮与拨盘相应的转角之比来表示。如图 1-65 所示，只有一个圆销的槽轮机构，t'、t''、t 分别对应于拨盘的转角为 $2\alpha_1$、$(2\pi - 2\alpha_1)$、2π。因此，该槽轮机构的运动系数和静止系数分别为：

$$\tau = \frac{t'}{t} = \frac{2\alpha_1}{2\pi} = \frac{\pi - \dfrac{2\pi}{z}}{2\pi} = \frac{z-2}{2z} = \frac{1}{2} - \frac{1}{z} \tag{1-4}$$

$$\tau'' = \frac{t''}{t} = \frac{t - t'}{t} = 1 - \tau = \frac{z+2}{2z} = \frac{1}{2} + \frac{1}{z} \tag{1-5}$$

为保证槽轮运动，其运动系数应大于零。由式（1-4）可知，槽轮的径向槽数 z 应等于或大于 3。由式（1-5）还可以看出，这种槽轮机构的运动系数 τ 恒小于 0.5，即槽轮的运动时间 t' 总小于静止时间 t''。欲使槽轮机构的运动系数 τ 大于 0.5，可在拨盘上装数个圆销。设拨盘上均匀分布的圆销数为 K，当拨盘转一整周时，槽轮将被拨动 K 次。因此，槽轮的运动时间为单圆销时的 K 倍。即：

$$\tau = \frac{K(z-2)}{2z} \tag{1-6}$$

运动系数 τ 还应当小于 1（$\tau = 1$ 表示槽轮 2 与拨盘 1 一样做连续转动，不能实现间歇运动），故由式（1-6）得：

$$\frac{K(z-2)}{2z} < 1$$

即：

$$K < \frac{2z}{z-2} \tag{1-7}$$

由式（1-7）可知，当 $z = 3$ 时，圆销的数目可为 1～5，当 $z = 4$ 或 5 时，圆销数目可为 1～3，而当 $z > 6$ 时，圆销的数目为 1 或 2。从提高生产效率观点看，希望槽数 z 小些为好，因为此时 τ 也相应减小，槽轮静止时间（一般为工作行程时间）增大，故可提高生产效率。但从动力特性考虑，槽数 z 适当增大较好，因为此时槽轮角速度减小，可减小振动和冲击，有利于机构正常工作。但槽数 $z > 9$ 的槽轮机构比较少见。因为槽数过多，则槽轮机构尺寸较大，且转动时惯性力矩也增大。另外，由式（1-4）可知，当 $z>9$ 时，槽数虽增加，运动系数 τ 的变化却不大，故 z 常取为 $4\sim8$。

习　题

1．试述棘轮机构的工作原理、应用特点、棘齿的偏斜角。

2．槽轮机构由哪几部分组成？各起什么作用？

3．试述槽轮机构的工作原理、应用特点、圆柱销个数、运动系数。

4．何谓运动系数 τ？为什么 τ 必须大于零小于 1？

5．试述轮机构的槽数 z 和圆销数 n 的关系？

6．轮机构的槽数 $z=6$，圆销数 $n=1$，若主动转臂的转速为 $n_1=60\text{r/min}$，求槽轮的运动时间和静止时间及运动系数 τ 的大小。

项目二　机械传动

【教学提示】

机械传动是各种机器上不可缺少的重要部分,是机器动力和运动的传递和输送部分。这部分包括带传动、链传动、齿轮传动、间歇传动等。汽车上的机械传动部分是非常重要的,只有弄清各传动部分的结构和原理,才能掌握各种机械传动的使用、维修、保养方法。因此在教学中应尽量突出结构和维护使用知识的教学,培养学生对各种机械传动的应用维护技能。

【教学要求】

要求学生了解各种机械传动的结构和组成;掌握各种机械传动的工作原理和基本术语;重点掌握各种机械传动的应用和维修维护方法;了解各种传动的相关标准;熟悉汽车机械传动的主要性能指标。

【教学目标】

➢ 认识带传动、链传动、齿轮传动、间歇传动的结构原理;
➢ 掌握带传动、链传动、齿轮传动、间歇传动的使用、维修、维护方法;
➢ 掌握带传动、齿轮传动设计计算方法;
➢ 了解汽车机械传动的主要性能指标;
➢ 掌握轮系传动比计算方法。

【教学重点】

➢ 带传动、齿轮传动的结构、工作原理、参数及使用维护方法;
➢ 带传动、齿轮传动的设计计算方法。

【教学难点】

带传动、齿轮传动的设计计算方法。

【教学过程】

各种传动的概念→各种传动的结构、类型→各种传动的工作原理→各种传动的参数、尺寸计算→各种传动的设计方法→轮系传动比计算。

任务一　带 传 动

【任务导入】

（1）汽车上有哪些部分采用了带传动？是什么类型的带传动？型号是什么？

（2）V带传动如何进行更换、保养？在使用中应该注意什么？

【理论知识】

一、带及带传动的主要类型、特点和应用

1. 带传动的主要类型

（1）带传动按工作原理可分为摩擦传动型（图2-1）和啮合传动型（图2-2）两大类。

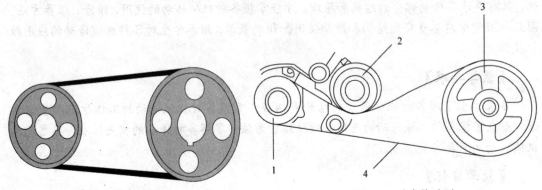

图2-1 摩擦传动型

图2-2 啮合传动型

1—小带轮；2—张紧轮；3—大带轮；4—传动带

摩擦传动型是依靠带和带轮之间的摩擦力传递运动和动力的。摩擦传动型结构简单、传动平稳、超载可打滑，起到自动保护传动件的作用，但有弹性滑动，因而传动比不恒定。

啮合传动型指同步齿形带传动，是靠带上的齿与同步带轮上的轮齿相啮合作用来传递运动和动力的，可以保证传动同步而无相对滑移。汽车上的正时带通常就是同步齿形带。

（2）摩擦带按带的截面形状可分为平型带、V带（三角带）、圆带、多楔带等（图2-3）。

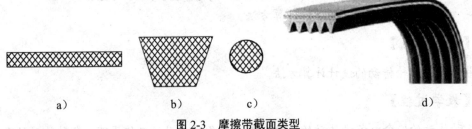

图2-3 摩擦带截面类型

a) 平型带；b) V带；c) 圆带；d) 多楔带

平型带截面多为扁平矩形，带的工作面是带的内面。有普通平带、编织平带、高速环型平带等。按材料分有帆布带、编织带、复合绵纶带、高速绳芯带。结构简单，制造方便，质量轻且挠曲性好，常用于高速和中心距较大的传动中。

V带的横截面为等腰梯形，两侧面为工作面。V带传动所产生的摩擦力要比平型带大，且结构紧凑。故其在一般机械传动中得到了广泛应用，尤其是在传动比较大和中心距较小的场合。V带有普通V带、汽车V带、齿形V带、接头V带、大楔角V带、多楔带、窄

V带等。本节主要介绍普通V带传动。

圆带的截面呈圆形。圆带只用于载荷较小的传动中，如缝纫机和牙科医疗器械中。

多楔带是在线绳结构平型带的基体下接有若干纵向三角形楔的环形带。工作面为楔的侧面。兼有平带挠曲性好和V带摩擦阻力较大的优点，适用于传递功率较大且要求结构紧凑的传动中，特别是要求V带根数较多或轮轴垂直于地面的传动中。

2．带传动的特点和应用

摩擦型带传动为具有中间挠性体的摩擦传动。特点是：带富有弹性，能缓和冲击，吸收振动，传动平稳，无噪声。传动中超载时带会在带轮上打滑，可以防止其他零件损坏，有超载保护作用；结构简单，维护方便，无须润滑，且制造和安装方便。单级能实现较大距离的传动。但传动比不准确，传动效率较低（0.90～0.94），带的寿命较短；外廓尺寸和作用于轴的压力较大，不适宜高温、易燃及有油和水的场合。

摩擦型带传动一般用于功率不大和无须保证准确传动比的场合。带传动一般置于高速级。

二、V带及带轮

（一）V带的结构和标准

1．V带的结构

V带是无接头的环形，其结构如图2-4所示。它由包布层、伸张层、强力层和压缩层4个部分组成。包布层多由胶帆布制成，它是V带的保护层。伸张层和压缩层主要由橡胶组成，当胶带在带轮上弯曲时可分别伸张和压缩。强力层由几层棉帘布或一层线绳制成，用来承受拉力。根据强力层的结构不同，V带分为帘布芯结构和绳芯结构两种。帘布芯结构的V带制造较为方便，生产中采用较多，型号齐全。绳芯结构的V带比较柔软，适用于直径较小的带轮，但抗拉强度较低。

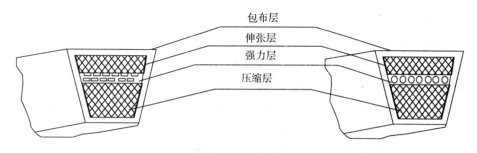

图2-4　V带的结构

2．V带的标准

V带是标准件，由专业工厂生产。对于普通V带，按其截面尺寸的大小，分为Y、Z、A、B、C、D、E 7种型号，其截面尺寸依次增大。窄V带有SPZ、SPA、SPB、SPC 4种型号。

我国普通V带的截面尺寸和基准带长度系列如表2-1所示。

表2-1　普通V带截面尺寸、长度和单位长度质量（摘自GB/T11544—1997）

截面	Y	Z	A	B	C	D	E
顶宽 b/mm	6.0	10.0	13.0	17.0	22.0	32.0	38.0
节宽 b_p/mm	5.3	8.5	11.0	14.0	19.0	27.0	32.0
高度 h/mm	4.0	6.0	8.0	11.0	14.0	19.0	23.0
楔角 α(°)	40						
基准长度 L_d/mm	200 ~ 500	400 ~ 1600	630 ~ 2800	900 ~ 5600	1800 ~ 10000	2800 ~ 14000	4500 ~ 16000
单位长度质量 q/(kg/m)	0.04	0.06	0.10	0.17	0.30	0.60	0.87

注：① 节宽 b_p 为带的截面宽度，当带垂直且其底边弯曲时，在带中保持原长度不变的任意一条周线称为节线，由全部节线构成的面称为节面（GB6931.—86）。

② 基准长度 L_d 为 V 带在规定的张紧力下，位于测量带轮基准直径（与所配用 V 带的节宽 b_p 相对应的带轮直径）上的圆周长度（GB6931.2—86），普通 V 带的标记由带型、带长和标准号组成。例如：A—1400　GB/T 11544—1997（A 型普通 V 带，基准长度为 1 400 mm）。

（二）V 带带轮的结构和标准

1. 带轮的设计要求和带轮材料

带轮应有足够的强度，便于制造，质量轻、分布均匀，并避免铸造产生过大的内应力。带轮工作表面要光滑，以减小对带的磨损。当线速度 $v > 5$ m/s 时，要进行静平衡，当线速度 $v > 25$ m/s 时，则需进行动平衡。

带轮材料常采用灰铸铁、钢、铝合金或工程塑料等，灰铸铁应用最广。当 $v \leq 30$ m/s 时用 HT200，25 m/s $\leq v \leq 40$ m/s 时宜采用球墨铸铁或铸钢，也可用锻钢、钢板冲压或焊接带轮。小功率传动可用铸铝或塑料。

2. 带轮的结构

带轮结构一般由轮缘、轮毂、轮辐三部分组成。

（1）轮缘是带轮上具有轮槽的部分。轮槽的截面形状和尺寸都与带的截面尺寸相适应。轮槽数和传动带的根数应相同。带轮上的梯形轮槽的槽角 φ 有 32°、34°、36°、38° 4 种，它们都小于传动带两侧面所夹的楔角 α（40°）。这是为了让 V 带包在带轮上弯曲后，其工作侧面能与带轮的两个工作侧面紧贴。

（2）轮毂是带轮与轴配合的部分。它的外径及长度可根据经验公式计算（详细内容可参阅有关资料）。

（3）轮辐是轮缘和轮毂的联接部分。根据带轮直径的不同，带轮可制成实心式、腹板式、孔板式和轮辐式 4 种（图 2-5）。

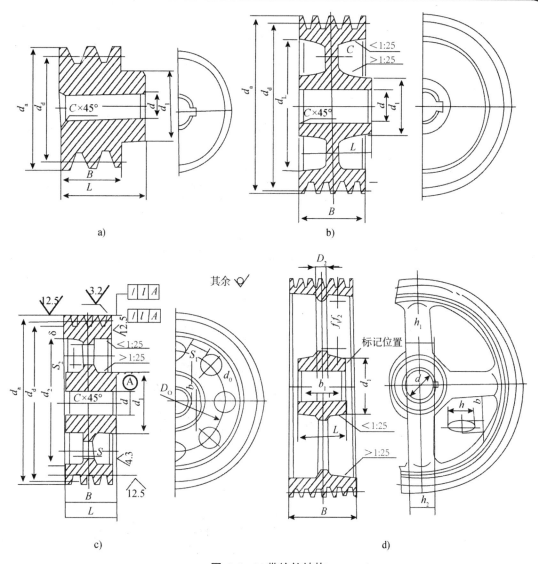

图 2-5 V 带轮的结构

a）实心式；b）腹板式 c）孔板式；d）轮辐式

实心式（S 型）：带轮基准直径小于 3d（d 为轴的直径）时采用实心轮，轮毂与轮缘作成一体，如图 2-5a 所示。

腹板式（P 型）：带轮基准直径小于 250～300 mm 时，采用腹板轮，如图 2-5b 所示。

孔板式（H 型）：带轮基准直径在 250～400 mm，且轮缘与轮毂间的距离大于等于 100 mm 时可在腹板上制出 4～6 个均布孔，以减轻质量、加工时便于装加，如图 2-5c 所示。

轮辐式（E 型）：带轮基准直径大于 300～350 mm 时制造成轮辐式，如图 2-5d 所示。

尺寸较大的腹板轮，为了便于加工、安装和减轻质量，常在腹板均匀分布 4～6 个直径大小一样的圆孔。辐式带轮的辐条截面常作成椭圆形，称为椭圆辐轮。为了减轻带轮回转时的空气阻力，椭圆形截面的长轴应在带轮的回转平面内。

$$d_0 = (0.2 \sim 0.3)(d_2 - d_1)$$

$$h_1 = 290\sqrt[3]{\frac{P}{nz_a}}$$

$$d_1 = (1.8\sim2)\,d,\quad s = (0.2\sim0.3)\,B$$

式中，P 为传递的功率（kW）；n 为带轮的转速；

$s_1 \geqslant 1.5s$，$s_2 \geqslant 0.5s$，$D_0 = 0.5\,(d_1 + d_2)$（r/min）；z_a 为轮辐数。

$L = (1.5\sim2)\,d$，当 $B < 1.5d$ 时，$h_2 = 0.8h_1$

取 $L = B$ $\qquad\qquad b_1 = 0.4h_1$，$b_2 = 0.8b_1$

$$f_1 = 0.2h_1,\quad f_2 = 0.2h_2$$

V 带轮结构型式可从 GB10412—89 和 GB10413—89 中查得。V 带轮尺寸标准如表 2-2 所示。

表 2-2　V 带轮的轮槽尺寸

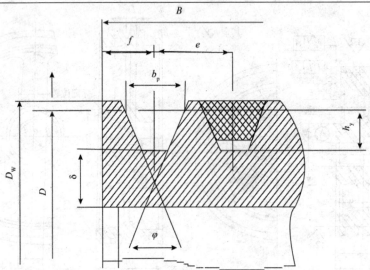

项目	符号	槽型						
		Y	Z SPZ	A SPA	B SPB	C SPC	D	F
节宽	b_p	5.3	8.5	11.0	14.0	19.0	27.0	32.0
基准线至槽顶高度	h_{amin}	1.6	2.0	2.75	3.5	4.8	8.1	9.6
基准线至槽底深度	h_{fmin}	4.7	7.0 9.0	8.7 11	10.8 14	14.3 19	19.9	23.4
槽间距	e	8±0.3	12±0.3	15±0.3	19±0.4	25.5±0.5	37±0.6	44.5±0.7
第一槽对称面至端面的距离	f	7±1	8±1	10^{+2}_{-1}	12.5^{+2}_{-1}	17^{+2}_{-1}	23^{+3}_{-1}	29^{+4}_{-1}
最小轮缘厚	δ_{min}	5	5.5	6	7.5	10	12	15
带轮宽	B	$B = (z-1)\,e + 2f$，z—轮槽数						

续表

外径		d_a	$d_a = d_d + 2h_a$					
轮槽角 φ	32°	相应的基准直径 d_d	≤60	—	—	—	—	—
	34°		—	≤80	≤118	≤190	≤315	—
	36°		>60	—	—	—	≤475	≤600
	38°		—	>80	>118	>190	>315	>600
极限偏差			±1°				±30°	

三、V带传动的设计

1. 主要失效形式

（1）打滑。当传递的圆周力 F 超过了带与带轮之间摩擦力的总和极限时，发生超载打滑，使传动失效。

（2）疲劳破坏。带在交变应力的长期作用下，因疲劳而发生裂纹、脱层、松散，直至断裂。

2. 设计准则

带传动的设计准则是：既要保证带在工作时不打滑，又要使带具有足够的疲劳强度和寿命，且带速 v 不能过高或过低。

3. V带传动的设计步骤和方法

原始条件：P、n_1、n_2（i）、用途、载荷性质及工作条件等。

设计内容：确定带型号、带长及根数，选择带轮的材料及结构尺寸，设计张紧装置。

（1）确定设计功率 P_c：

$$P_c = K_A P \tag{2-1}$$

式中，K_A 为工况系数（由表2-3查取）；P 为所需传递的功率（kW）。

表2-3 工况系数 K_A

工作情况		K_A					
		空、轻载起动			重载起动		
		每天工作小时数/h					
		<10	10~16	>16	<10	10~16	>16
载荷变动最小	液体搅拌机、通风机和鼓风机（≤7.5kW）、离心式水泵和压缩机、轻载荷输送机	1.0	1.1	1.2	1.1	1.2	1.3
载荷变动小	带式输送机（不均匀载荷）、通风机（>7.5kW）、旋转式水泵和压缩机（非离心式）、发动机、金牌切削机床、印刷机、旋转筛、锯木机和木工机械	1.1	1.2	1.3	1.2	1.3	1.4

续表

| 载荷变动较大 | 制砖机、斗式提升机、往复式水泵和压缩机、起重机、磨粉机、冲剪机床、橡胶机械、振动筛、纺织机械、重载输送机 | 1.2 | 1.3 | 1.4 | 1.4 | 1.5 | 1.6 |
| 载荷变动很大 | 破碎机（旋转式、颚式等）、磨碎机（球磨、棒磨、管磨） | 1.3 | 1.4 | 1.5 | 1.5 | 1.6 | 1.8 |

注：① 空轻载启动—电动机（交流启动、三角启动、直流并励）、四缸以上的内燃机。

② 重载启动—电动机（联机交流启动、直流复励或串励）、四缸以下的内燃机。

③ 在反复起动、正反转频繁、工作条件恶劣等场合 K_A 应乘以 1.2。

（2）初选带的型号。根据带传动的设计功率 Pc 及小带轮转速 n_1，按图 2-6 初选带的型号，确定带轮基准直径 d_{d1}、d_{d2}。

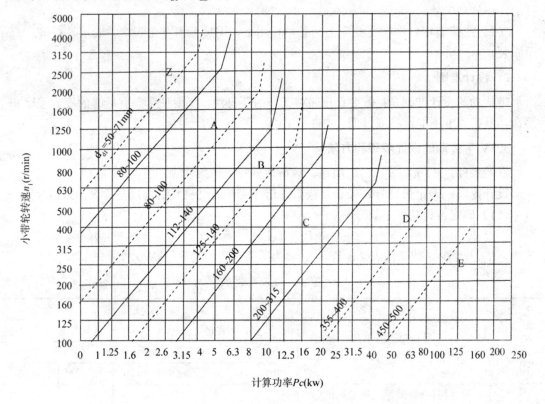

图 2-6 普通 V 带选型图

国家标准规定，普通 V 带传动中带轮的最小基准直径和带轮的基准直径系列如表 2-4 所示。

表 2-4 普通 V 带轮的最小基准直径 d_{dmin}　　　　　　单位：mm

型号	Y	Z	A	B	C	D	E
d_{dmin}	20	50	75	125	200	355	500

注：带轮直径系列为 20，22.4，25，28，31.5，35.5，40，45，50，56，63，71，75，80，85，90，95，100，106，112，118，125，132，140，150，160，170，180，200，212，224，236，250，265，280，

300，315，335，355，375，400，425，450，475，500，530，560，600，630，670，710，750，800，900，1000，1060，1120，1250，1400，1500，1600，1800，2000，2240，2500。

当其他条件不变时，带轮基准直径越小，带传动越紧凑，但带内的弯曲应力越大，导致带的疲劳强度下降，传动效率下降。选择小带轮基准直径时，应使 $d_{d1} \geqslant d_{dmin}$，并取标准直径。若传动比要求较精确时，大带轮基准直径 d_{d2} 由下式确定：

$$d_{d2} = i d_{d1}(1-\varepsilon) = \frac{n_1}{n_2} d_{d1}(1-\varepsilon) \qquad (2\text{-}2)$$

ε 是带传动的滑移率，一般为 1%～2%，粗略计算时，可忽略滑动率 ε 的影响，则有

$$d_{d2} = i d_{d1} = \frac{n_1}{n_2} d_{d1} \qquad (2\text{-}3)$$

d_{d1}、d_{d2} 按表 2-4 取标准值。

（3）验算带速 v。带速的计算公式为：

$$v = \frac{\pi d_{d1} n_1}{60 \times 1\,000} \qquad (2\text{-}4)$$

带速 v 不能太高，否则离心力大，使带与带轮间的正压力减小，传动能力下降，易打滑。同时离心应力大，带易疲劳破坏。带速 v 也不能太低，否则要求有效拉力 F 过大，使带的根数过多。一般要求 v 在 5～25 m/s 之间。当 v 在 10～20 m/s 时，传动效能可得到充分利用。若 v 过高或过低，可调整 d_{d1}。

（4）中心距 a、带长 L 和包角 α。带传动的中心距 a、带轮直径 d、带长 L 和包角 α 等如图 2-7 所示。

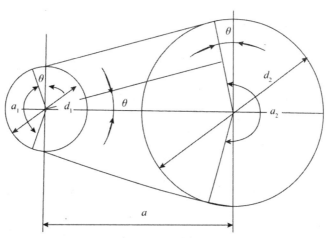

图 2-7 带轮包角

中心距 a 的大小，直接关系到传动尺寸和带在单位时间内的绕转次数。中心距 a 大，则传动尺寸大，但在单位时间内的绕转次数减少，可增加带的疲劳寿命，同时使包角 α_1 增大，提高传动能力。一般可按下式初选中心距 a_0：

$$0.7(d_{d1} + d_{d2}) \leqslant a_0 \leqslant 2(d_{d1} + d_{d2}) \qquad (2\text{-}5)$$

带长根据带轮的基准直径和初选的中心距 a_0 计算：

$$L_{d0} = 2a_0 + \frac{\pi}{2}(d_{d1} + d_{d2}) + \frac{(d_{d2} - d_{d1})^2}{4a_0} \qquad (2\text{-}6)$$

根据初算的带长 L_{d0}，由表 2—1 选取相近的基准长度 L_d。

传动的实际中心距 a 用下式计算

$$a = A + \sqrt{A^2 - B} \qquad (2\text{-}7)$$

其中：$A = \dfrac{L_d}{4} - \dfrac{\pi(d_{d1} + d_{d2})}{8}$，$B = \dfrac{\pi(d_{d2} - d_{d1})}{8}$

小带轮包角按下式计算：

$$\alpha_1 = 180° - \frac{d_{d2} - d_{d1}}{\alpha} \qquad (2\text{-}8)$$

一般要求 $\alpha_1 \geqslant 90° \sim 120°$。

（5）确定带的根数 z。

$$z \geqslant \frac{P_c}{[P]} = \frac{P_c}{(P_0 + \Delta P_0)K_\alpha K_L} \qquad (2\text{-}9)$$

式中，P_0 为单根带能传递的最大功率（表 2-5）；

ΔP 为功率增量（见表 2-6）；

K_L 为长度系数（见表 2-7）；

K_α 为小带轮包角系数（见表 2-8）。

表 2-5　单根 V 带的基本额定功率 P_0 　　　　　　　　单位：kW

带型	小带轮基准直径 d_{d1}（mm）	小带轮转速 n_1 /（r/min）					
		400	730	800	980	1200	1460
Z	50	0.06	0.09	0.10	0.12	0.14	0.16
	63	0.08	0.13	0.15	0.18	0.22	0.25
	71	0.09	0.17	0.20	0.23	0.27	0.31
	80	0.14	0.20	0.22	0.26	0.30	0.36
A	75	0.27	0.42	0.45	0.52	0.60	0.68
	90	0.39	0.63	0.68	0.79	0.93	1.07
	100	0.47	0.77	0.83	0.97	1.14	1.32
	112	0.56	0.93	1.00	1.18	1.39	1.62
	125	0.67	1.11	1.19	1.40	1.66	1.93

续表

B	125	0.84	1.34	1.44	1.67	1.93	2.20
	140	1.05	1.69	1.82	2.13	2.47	2.83
	160	1.32	2.16	2.32	2.72	3.17	3.64
	180	1.59	2.61	2.81	3.30	3.85	4.41
	200	1.85	3.05	3.30	3.86	4.50	5.15
C	200	2.41	3.80	4.07	4.66	5.29	5.86
	224	2.99	4.78	5.12	5.89	6.71	7.47
	250	3.62	5.82	6.23	7.18	8.21	9.06
	280	4.32	6.99	7.52	8.65	9.81	10.74
	315	5.14	8.34	8.92	10.23	11.53	12.48
	400	7.06	11.52	12.10	13.67	15.04	15.51

表 2-6　单根普通 V 带 $i \neq 1$ 时额定功率的增量 ΔP_0　　　　单位：kW

带型	小带轮转速 $n_1 /(\text{r} \cdot \text{min}^{-1})$	传动比 i									
		1.00 ～ 1.01	1.02 ～ 1.04	1.05 ～ 1.08	1.09 ～ 1.12	1.13 ～ 1.18	1.19 ～ 1.24	1.25 ～ 1.34	1.35 ～ 1.51	1.52 ～ 1.99	≥2.0
Z	400	0.00	0.00	0.00	0.00	0.00	0.00	0.00	0.00	0.01	0.01
	730	0.00	0.00	0.00	0.00	0.00	0.00	0.01	0.01	0.01	0.02
	800	0.00	0.00	0.00	0.00	0.01	0.01	0.01	0.01	0.02	0.02
	980	0.00	0.00	0.00	0.01	0.01	0.01	0.01	0.02	0.02	0.02
	1200	0.00	0.00	0.01	0.01	0.01	0.01	0.02	0.02	0.02	0.03
	1460	0.00	0.00	0.01	0.01	0.01	0.02	0.02	0.02	0.02	0.03
	2800	0.00	0.01	0.02	0.02	0.03	0.03	0.03	0.04	0.04	0.04
A	400	0.00	0.01	0.01	0.02	0.02	0.03	0.03	0.04	0.04	0.05
	730	0.00	0.01	0.02	0.03	0.04	0.05	0.06	0.07	0.08	0.09
	800	0.00	0.01	0.02	0.03	0.04	0.05	0.06	0.08	0.09	0.10
	980	0.00	0.01	0.03	0.04	0.05	0.06	0.07	0.08	0.10	0.11
	1200	0.00	0.02	0.03	0.05	0.07	0.08	0.10	0.11	0.13	0.15
	1460	0.00	0.02	0.04	0.06	0.08	0.09	0.11	0.13	0.15	0.17
	2800	0.00	0.04	0.08	0.11	0.15	0.19	0.23	0.26	0.30	0.34
B	400	0.00	0.01	0.03	0.04	0.06	0.07	0.08	0.10	0.11	0.13
	730	0.00	0.02	0.05	0.07	0.10	0.12	0.15	0.17	0.20	0.22
	800	0.00	0.03	0.06	0.08	0.11	0.14	0.17	0.20	0.23	0.25
	980	0.00	0.03	0.07	0.10	0.13	0.17	0.20	0.23	0.26	0.30
	1200	0.00	0.04	0.08	0.13	0.17	0.21	0.25	0.30	0.34	0.38
	1460	0.00	0.05	0.10	0.15	0.20	0.25	0.31	0.36	0.40	0.46
	2800	0.00	0.10	0.20	0.29	0.39	0.49	0.59	0.69	0.79	0.89

续表

	400	0.00	0.04	0.08	0.12	0.16	0.20	0.23	0.27	0.31	0.35
	730	0.00	0.07	0.14	0.21	0.27	0.34	0.41	0.48	0.55	0.62
	800	0.00	0.08	0.16	0.23	0.31	0.39	0.47	0.55	0.63	0.71
C	980	0.00	0.09	0.19	0.27	0.37	0.47	0.56	0.65	0.74	0.83
	1200	0.00	0.12	0.24	0.35	0.47	0.59	0.70	0.82	0.94	1.06
	1460	0.00	0.14	0.28	0.42	0.58	0.71	0.85	0.99	1.14	1.27
	2800	0.00	0.27	0.55	0.82	1.10	1.37	1.64	1.92	2.19	2.47

表 2-7 普通 V 带长度系数 K_L

基准长度 L_d/mm	K_L					基准长度 L_d/mm	K_L			
	Y	Z	A	B	C		Z	A	B	C
200	0.81					2000	1.08	1.03	0.98	0.88
224	0.82					2240	1.10	1.06	1.00	0.91
250	0.84					2500	1.30	1.09	1.03	0.93
280	0.87					2800		1.11	1.05	0.97
315	0.89					3150		1.13	1.07	0.99
355	0.92					3550		1.17	1.09	1.02
400	0.96	0.79				4000		1.19	1.13	1.04
450	1.00	0.80				4500			1.15	1.07
500	1.02	0.81				5000			1.18	1.09
560		0.82				5600				1.12
630		0.84	0.81			6300				1.15
710		0.86	0.93			7100				1.18
800		0.90	0.85			8000				1.21
900		0.92	0.87	0.82		9000				1.23
1000		0.94	0.89	0.84		10 000				
1120		0.95	0.91	0.86		11 200				
1250		0.98	0.93	0.88		12 500				
1400		1.01	0.96	0.90		14 000				
1600		1.04	0.99	0.92	0.93	16 000				
1800		1.06	1.01	0.95	0.86					

表 2-8 小带轮包角系数 K_α

包角 α_1	180°	170°	160°	150°	140°	130°	120°	110°	100°	90°
K_α	1.00	0.98	0.95	0.92	0.89	0.86	0.82	0.78	0.74	0.69

z 应根据计算值圆整为整数,且不宜过多,否则各根带受力不均,一般 $z < 10$。当 z 过大时,应改选带轮基准直径或改选带型,重新设计。

(6)确定初拉力 F_0。初拉力 F_0 小,带传动的传动能力小,易出现打滑。F_0 过大,则带的寿命低,对轴及轴承的压力大。一般认为,既能发挥带的传动能力,又能保证带的寿命的单根 V 带的初拉力应为：

$$F_0 = 500 \times \frac{(2.5 - K_\alpha) P_c}{K_\alpha z v} + q v^2 \qquad (2\text{-}10)$$

（7）计算压轴力 F_r。为了设计轴和轴承，需计算 V 带对轴的压力 F_r。F_r 可近似地按带的两边的初拉力 F_0 合力计算，如图 2-8 所示。

$$F_r \approx 2 z F_0 \sin \frac{\alpha_1}{2} \qquad (2\text{-}11)$$

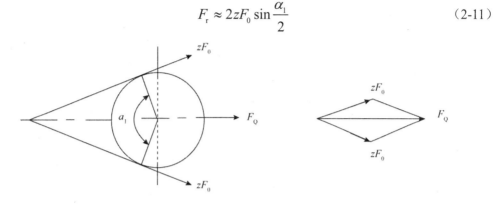

图 2-8　带轮对轴的作用力

【例 2-1】设计一带式运输机中的普通 V 带传动。原动机为 Y112M－4 异步电动机，其额定功率 $P = 5.5$ kW，满载转速 $n_1 = 1\,440$ r/min，传动比 $i = 1.92$，每天工作 16 h，要求两带轮中心距不大于 800 mm。

【解】

（1）计算设计功率 P_d，由表 2-3 查得：

$K_A = 1.2$，

故 $P_d = K_A P = 1.2 \times 5.5$ kW $= 6.6$ kW

（2）选择 V 带型号。根据 $P_d = 6.6$ kW，$n_1 = 1440$ r/min，由于 $P_d - n_1$ 坐标的交点落在图 2-6 中 A 型带区域内，故选择 A 型带。初步选用 A 型普通 V 带。

（3）确定小带轮基准直径 d_{d1}。$P_d - n_1$ 坐标的交点落在图 2-6 中 A 型带区域内虚线的下方，并靠近虚线，由表 2-4 取 $d_{d1} = 112$ mm。

（4）验算带速 v，由式 2-4 得：

$$v = \frac{\pi d_{d1} n_1}{60 \times 1\,000} = \frac{\pi \times 112 \times 1\,440}{60 \times 1\,000} \text{m/s} = 8.44 \text{m/s}$$

在 5～25 m/s 范围内，带速合适。

（5）确定大带轮基准直径 d_{d2} 取 $\varepsilon = 0.015$，由式（2-2）得：

$d_{d2} = i\, d_{d1} (1 - \varepsilon) = 1.92 \times 112 \times (1 - 0.015) = 211.81$（mm）

由表 2-4，取直径系列值 $d_{d2} = 212$ mm。

（6）确定中心距 a 和带的基准长度 L_d，初选中心距，根据题意取 $a_0 = 700$mm，符合 $0.7 (d_{d1} + d_{d2}) < a_0 < 2 (d_{d1} + d_{d2})$

由式（2-6）得带长：

$$L_{d0} = 2a_0 + \frac{\pi}{2}(d_{d1} + d_{d2}) + \frac{(d_{d2} - d_{d1})^2}{4a_0} = \left[2 \times 700 + \frac{\pi}{2}(112 + 212) + \frac{(212 - 112)^2}{4 \times 700} \right]$$

$$= 1\,912.5 \ (\text{mm})$$

由表 2-1 对 A 型带选用基准长度 $L_d = 2000$ mm（向较大的标准值圆整，对传动有利），然后计算实际中心距 a。

$$A = \frac{L_d}{4} - \frac{\pi(d_{d1} + d_{d2})}{8} = \frac{2\,000}{4} = \frac{\pi(112 + 212)}{8} = 372.77 \ (\text{mm})$$

$$B = \frac{(d_{d2} - d_{d1})^2}{8} = \left[\frac{(212 - 112)^2}{8} \right] = 1\,250 \ (\text{mm})$$

$$a = A + \sqrt{(A^2 = B)} = \left[372.77 + \sqrt{(372.77^2 - 1\,250)} \right] = 744 \ (\text{mm})$$

安装时所需的最小中心距：

$$a_{\min} = a - 0.015L_d = (744 - 0.015 \times 2\,000) = 714 \ (\text{mm})$$

张紧或补偿带伸长所需的最大中心距：

$$a_{\min} = a + 0.03L_d = (744 - 0.03 \times 2\,000) = 804 \ (\text{mm})$$

（7）验算小带轮包角：

$$\alpha_1 = 180° - \frac{d_{d2} - d_{d1}}{\alpha} \times 57.3°$$

$$\alpha_1 = 180° - 57.3° \times \frac{d_{d2} - d_{d1}}{a} = 180° - 57.3° \times \frac{212 - 112}{744} = 172.3° > 120°$$

包角合适。

（8）确定 V 带的根数 z。查表 2-5 得：$P_0 = 1.31$ kW，查表 2-6 得：$\Delta P_0 = 0.1$ kW，因 $\alpha_1 = 153.22°$，查表 2-8 得：$K_\alpha = 0.926$，因 $L_d = 1\,600$ mm，查表 2-7 得：$K_L = 0.99$，将各值代入式（2-9）：

$$z \geqslant \frac{P_c}{[P]} = \frac{P_c}{(P_0 + \Delta P_0)K_\alpha K_L}$$

$$= \frac{6.6}{(1.60 + 0.15) \times 0.985 \times 1.03} = 3.72，取 \ z = 4 \ 根。$$

（9）确定初拉力 F_0。单根普通 V 带的初拉力：

$$F_0 = 500 \frac{(2.5 - K_\alpha)P_d}{K_\alpha z v} + qv^2 = 500 \times \frac{(2.5 - 0.985) \times 6.6}{0.985 \times 4 \times 8.44} + 0.1 \times 8.44^2 = 157 \ (\text{N})$$

（10）计算压轴力 F_r：

$$F_r \approx 2zF_0 \sin\frac{\alpha_1}{2} = 2 \times 4 \times 157 \times \sin\frac{172.3°}{2} = 1253 \ (\text{N})$$

（11）设计带轮结构。小带轮基准直径 $d_{d1}=112$ mm，采用实心式结构，大带轮基准直径 $d_{d2}=212$ mm，采用孔板式结构。取轮缘宽度 $B=65$ mm，轮毂长度 $L=60$ mm。取轴孔径 $d=40$ mm。按表 $2-1$ 和图 2-5 中的公式确定结构尺寸。$h_{amin}=2.75$ mm，取 $h_a=3$ mm，轮缘外径 $d_{a2}=d_{d2}+2h_a=212+2\times3=218$ mm，取基准线至槽底深 $h_f=9$ mm；取轮缘厚度 $\delta=12$ mm，基准宽度 $b_d=11.0$ mm，槽楔角 $\varphi=38°$。腹板厚度 $s=18$ mm，大带轮的工作图如图 2-9 所示。

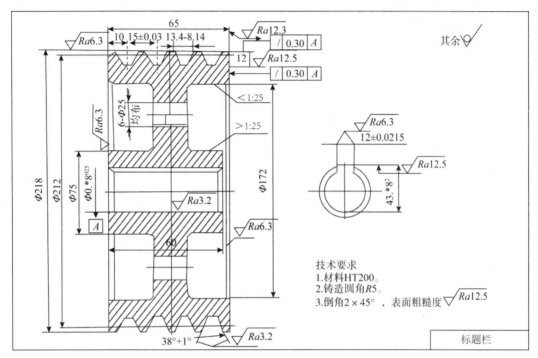

图 2-9　大带轮工作图

【技能知识】

1．V 带传动的张紧装置

V 带在工作前，必须以一定的初拉力 F_0 张紧在两带轮上，使带与带轮间产生足够的摩擦力，以传递运动和转矩。但 V 带并非完全弹性体，工作一段时间后，由于塑性变形会产生松弛，使初拉力 F_0 降低。为了保证带传动的正常工作，应定期检查初拉力，当发现初拉力 F_0 小于最小值时，必须重新张紧，所以必须设置带的张紧装置。常见的张紧装置有调整中心距和加装张紧轮。

（1）调整中心距。当两带轮的中心距可调时，加大中心距，使带张紧。张紧装置有两种。

① 定期张紧装置。这种张紧的方法有移动式（图 2-10a）和摆动式（图 2-10b）两种。移动式是将带轮装在可移动的底座上，调整时松开锁紧螺母 2，旋动调整螺栓 1，将电动机沿导轨 3 向右推动所需位置，再拧紧锁紧螺母 2 即可。移动式张紧装置适用与水平或倾斜不大的传动带。对于垂直或接近垂直的达倾斜度的传动，采用摆动式张紧装置。它是将电动机安装在摆架 1 上，通过调节螺钉 2 上螺母的位置来使摆架绕销钉 3 转到，从而调整

带的松紧度。图 2-10 所示情况下使摆架顺时针旋转，带将被张紧。

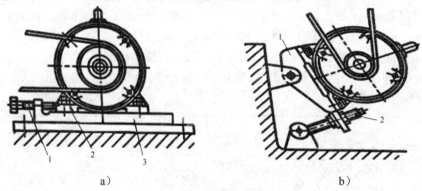

图 2-10 V 带调整中心距张紧

a）移动式；b）摆动式

1—调节螺钉；2—锁紧螺母；3—导轨   1—板架；2—螺杆

② 自动张紧装置。利用电动机和摆架的自重使摆架绕一定轴自行旋转，从而将带张紧，如图 2-11 所示。

（2）张紧轮张紧。中心距不可调时，可采用张紧轮装置，如图 2-12 所示。张紧轮应安装在松边内侧靠近大带轮处，以免使小带轮的包角减小过多而影响带的承载能力及因带反向弯曲而降低寿命。

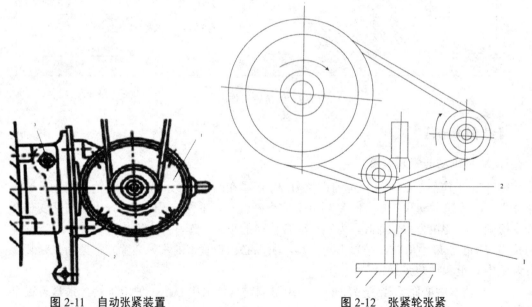

图 2-11 自动张紧装置   图 2-12 张紧轮张紧

1—电动机；2—摆架；3—定轴   1—张紧轮支架；2—张紧轮

2．V 带传动的安装与维护

带传动的正确安装、使用和维护可以使带传动发挥应有的传动能力，延长使用寿命。带传动在安装、使用与维护方面，应注意以下几点：

（1）安装时主动带轮与从动带轮的轮槽应该对正，两轮轴线应该尽量平行，如图

2-13a、图 2-13b 所示，轮宽对称平面位移度 $\Delta e \leqslant 0.0002a$（mm）（V 带传动）、$\Delta e \leqslant 0.0003a$（mm）（平带传动）。式中，$a$ 为中心距；轴线平行度 Δe 不要超出规定值。带轮装在轴上不应有摆动。轴外伸端应有足够的强度和刚度，不应有较大的变形。

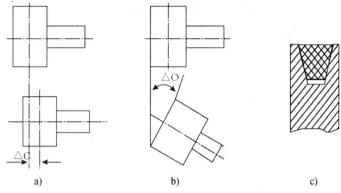

图 2-13　V 带的安装

（2）为了便于传动带的装拆，带轮应布置在轴的外伸端。

（3）带的型号应与带槽的型号相一致。

（4）安装在轮槽内的 V 带顶面不应超出带轮外圆顶面；带与槽底面应有间距，以保证带的工作面和轮槽的工作面全部贴合，如图 2-13c 所示。

（5）对重要的带传动，安装时还要测量带的初拉力 F_0，测量方法如图 2-14 所示。

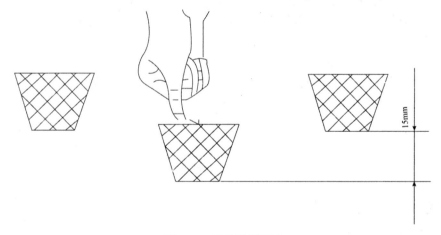

图 2-14　带的张紧测试

在 V 带与两轮切点的跨度中点施加规定的垂直于带顶面的力 G，使带沿跨距每 100mm 所产生的挠度 $y = 1.6$ mm（即转角为 1.8°），这时带中初拉力即符合要求。G 值由下式计算：

$$G = (XF_0 + \Delta F_0)/16$$

式中，X 为系数。新带安装时取 $X = 1.5$；使用过的带安装时取 $X = 1.3$；带使用一段时间后，当发现带工作时跳动较大，可取 $X = 1$；如测定挠度 $y > 1.6$ mm，则应更换新带重新安装。

ΔF_0 为初拉力增量。

（6）为了使各根传动带受载比较均匀，同一组的传动带不仅长度应该一样，而且还应具有相同的公差值。对带传动要进行定期检查，对不能使用的带应及时更换。换带时必须全部同时更换，不能新旧带混合使用。

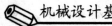

（7）套装带时不得强行撬入，应先缩小带轮的中心距，待 V 带装入带槽后再张紧到规定值。张紧时应在带的同一侧试试每根带的松紧程度是否一致，若不一致，可空转几圈，使一致后再张紧到规定值。

（8）带传动装置应有防护罩，以免发生意外事故和保护带传动的工作环境。

（9）带不能和酸、碱、油接触，工作温度不宜超过 60℃。存放时应悬挂或平放在货架上，以免受压变形。

（10）V 带在轮槽中露出的高度应符合表 2-9 中的规定。

表 2-9　V 带在轮槽中露出的高度

普通 V 带		露出高度/mm						
		Y 型	Z 型	A 型	B 型	C 型	D 型	E 型
露出	最大	+0.8	+1.6					
高度	最小	−0.8	−1.6			−2.0	−3.2	−3.4

3．V 带传动的工作能力分析

（1）带传动中的力分析。为保证带传动正常工作，传动带必须以一定的张紧力套在带轮上。当传动带静止时，带两边承受相等的拉力，称为初拉力，用 F_0 表示，如图 2-15 所示。当传动带传动时，由于带与带轮接触面之间摩擦力的作用，带两边的拉力不再相等，（见图 2-15）。一边被拉紧，拉力由 F_0 增大到 F_1，称为紧边；一边被放松，拉力由 F_0 减少到 F_2，称为松边。设环形带的总长度不变，则紧边拉力的增加量 $F_1 - F_0$ 应等于松边拉力的减少量 $F_0 - F_2$。

$$F_1 - F_0 = F_0 - F_2$$

传动的有效拉力 F 与总摩擦力相等，F 同时也是带传动所传递的圆周力，即：

$$F = F_1 - F_2 \tag{2-12}$$

带传动所传递的功率为：

$$P = \frac{Fv}{1\ 000}$$

式中，P 为传递功率（kW）；

F 为有效圆周力（N）；

v 为带的速度（m/s）。

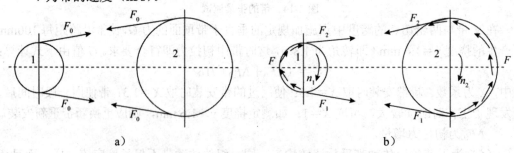

图 2-15　带的受力分析

a）不工作时；b）工作时

在一定的初拉力 F_0 的作用下，带与带轮接触面间摩擦力的总和有一极限值。当带所传递的圆周力超过带与带轮接触面间摩擦力总和的极限值时，带与带轮将发生明显的相对滑动，这种现象称为打滑。带打滑时从动轮转速急剧下降，使传动失效，同时也加剧了带的磨损，应避免打滑。

（2）带传动的应力分析。带传动工作时，带内将产生下列几种应力。

① 拉应力。

$$紧边拉应力：\sigma_1 = F_1/A（MPa）\tag{2-13}$$
$$松边拉应力：\sigma_2 = F_2/A（MPa）\tag{2-14}$$

式中，A 为带的横截面面积（mm²）。

② 离心拉应力。当带沿带轮轮缘做圆周运动时，带上每一质点都受离心力的作用，离心力所引起的带的拉力总和为 F_c，此力作用于整个传动带。因此，它产生的离心拉应力 σ_C 在带的所有横剖面上都是相等的。

$$离心力引起的拉力：F_c = qv^2$$

$$离心拉应力：\sigma_C = F_c / A = qv^2 / A（MPa）\tag{2-15}$$

式中，q 为传动带单位长度的质量（kg/m）（见表 2-1）；

v 为带速（m/s）。

③ 弯曲应力。带绕在带轮上时，由于弯曲而产生弯曲应力。根据材料力学公式有：

$$\sigma_b = \frac{2Eh_a}{d_d}（MPa）\tag{2-16}$$

式中，E 为带的弹性模量（MPa）；

d_d 为带轮的基准直径（mm）；

h_a 为带的基准线到带顶面的距离（mm）。

为防止过大的弯曲应力，对每种型号的 V 带，都规定了相应的最小带轮基准直径 d_{dmin}，（见表 2-4）。

由图 2-16 可以看出，V 带在交变应力下工作，带中的最大应力产生在带的紧边开始绕上带轮的切点处（图 2-16 中的 A 点处），带中的最大应力为：

$$\sigma_{max} = \sigma_1 + \sigma_c + \sigma_{b1}\tag{2-17}$$

（3）弹性滑动和传动比。传动带是弹性体，受到拉力后会产生弹性伸长，伸长量随拉力的大小变化而改变。带由紧边绕过主动轮进入松边时，带的拉力由 F_1 减小为 F_2，其弹性伸长量也由 δ_1 减小为 δ_2。这说明带在绕过带轮的过程中，相对于轮面向后收缩了（$\delta_1-\delta_2$），带与带轮的轮面间出现局部相对滑动，导致带的速度逐渐小于主动轮的圆周速度。同样，当带由松边绕过从动轮进入紧边时，拉力增加，带逐渐被拉长，沿轮面产生向前的弹性滑动，使带的速度逐渐大于从动轮的圆周速度。这种由于带的弹性变形而产生的带与带轮间的滑动称为弹性滑动。

弹性滑动和打滑是两个截然不同的概念。打滑是指超载引起的全面滑动，是可以避免的。而弹性滑动是由于拉力差引起的，只要传递圆周力，就必然会发生弹性滑动，所以弹性滑动是不可以避免的。从动轮圆周速度降低的相对值称为滑移率，用 ε 表示，即：

$$\varepsilon = \frac{v_1 - v_2}{v_1} = \frac{\pi d_1 n_1 - \pi d_2 n_2}{\pi d_1 n_1} , \quad i = \frac{n_1}{n_2} = \frac{d_2}{d_1(1-\varepsilon)} , \quad n_2 = \frac{n_1 d_1(1-\varepsilon)}{d_2} \tag{2-18}$$

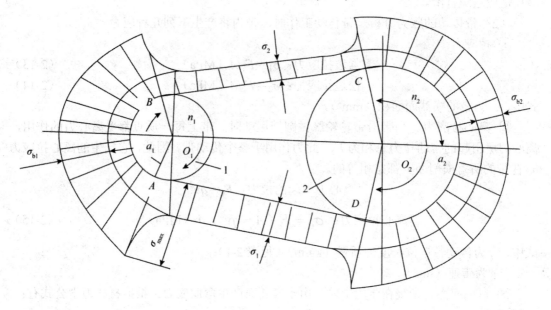

图 2-16　传动时带的内应力分布示意图

【知识扩展】

1. 同步带传动

同步齿形带传动也叫做啮合型的带传动，是靠带的齿与带轮上的齿相啮合来传动的，见图 2-2。此传动时无相对滑动，能保证准确的传动比。同步带用聚氨酯或氯丁橡胶为基体，以细钢丝绳或玻璃纤维绳为抗拉体，抗拉强度高，受载后变形小。同步带有梯形齿和圆弧齿两种齿形，后者承载能力较强。带轮齿廓一般采用渐开线。同步带传动兼有带传动和齿轮传动的特点，传动功率较大（可达几百千瓦），传动效率高（达 0.98），允许的线速度高（达 50 m/s），传动比较大（12～20），而且初拉力较小，轴及轴承的载荷小。其主要缺点是制造、安装精度较高，价格较贵。

同步带分为单面同步带（仅一面有齿）和双面同步带（两面都有齿）。双面同步带按齿的排列方式又分为对称齿双面同步带和交错齿双面同步带（两面上的齿相互交错）。同步带有 7 种型号（GB/T 11616—1989）：MXL、XXL、XL、L、H、XH、XXH，其节距逐渐增大。同步带传动带轮尺寸查 GB/T 11361—2008，同步带传动设计见 GB/T 11362—2008。

同步带主要用于要求传动比准确的中、小功率传动中，如电子计算机、录音机、数控机床、纺织机械等。

2. 高速带传动

带速 $v > 30$m/s、高速轴转速 $n_1 = 10\ 000 \sim 50\ 000$r/min 的带传动称为高速带传动。带速

$v \geqslant 100m/s$ 的称为超高速带传动。高速带传动主要用于增速，传动比为 $2\sim4$，加装张紧轮时可达 8。

高速带传动要求传动平稳、可靠和有一定寿命，故高速带都采用质量小、薄而均匀、挠曲性好的环形平带。高速带轮要求材质均匀、质量小，通常用钢或铝合金制造。各个面均应加工。轮缘工作面的表面粗糙度为 $R_a3.2$。为了防止掉带，主从动轮轮缘表面都应制成中凸形。为避免运转时带与轮缘表面间形成气垫，轮缘表面应开出间距为 $5\sim10$ mm 的环形槽。带轮须进行动平衡。高速带传动主要用于高速机床、离心机等设备中。

习　题

1．带传动主要类型有哪些？影响带传动工作能力的因素有哪些？

2．带速为什么不宜太高也不宜太低？

3．带传动中的弹性滑动和打滑是怎样产生的？对带传动有何影响？

4．为什么 V 带轮轮槽槽角要小于 $40°$？为什么 V 带轮的基准直径越小，轮槽槽角就越小？

5．试分析比较普通 V 带、窄 V 带、多楔带、同步齿形带和高速带传动的特点和应用范围。

6．一普通 V 带传动，已知带的型号为 A，两轮基准直径分别为 150 mm 和 400 mm，初定中心距 $a=4\,500mm$，小带轮转速为 1 460 r/min。试求：

（1）小带轮包角；

（2）选定带的基准长度 L_d；

（3）不考虑带传动的弹性滑动时大带轮的转速；

（4）滑移率 $\varepsilon=0.015$ 时大带轮的实际转速；

（5）确定实际中心距。

7．题 6 中的普通 V 带传动用于电动机与物料磨粉机之间，做减速传动，每天工作 8 h。已知电动机功率 $P=4$ kW，转速 $n_1=1\,460$ r/min，试求所需 A 型带的根数。

8．一普通 V 带传动传递功率为 $P=7.5kW$，带速为 10m/s，紧边拉力是松边拉力的两倍，即 $F_1=2F_2$，试求紧边拉力、松边拉力和有效拉力。

9．设计一破碎机用普通 V 带传动。已知电动机额定功率为 $P=5.5$ kW，转速 $n_1=1\,440$ r/min，从动轮为 $n_2=600r/min$，允许误差±5%，两班制工作，希望中心距不超过 650 mm。

任务二　链　传　动

【任务导入】

（1)）汽车、农机、日常生活工具中有哪些链传动？其类型和型号是什么？

（2）如何进行更换、保养？在使用中应该注意什么？

【理论知识】

链传动是在平行轴上的链轮之间以链条作为挠性曳引组件来传递运动和动力的一种啮合传动，如图 2-17 所示。

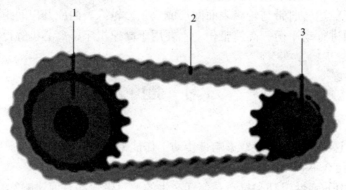

图 2-17　链传动

1—大链轮；2—链条；3—小链轮

一、链传动的类型和特点

（一）链传动的特点和应用

链传动属于具有中间挠性组件的啮合传动，它兼有齿轮传动和带传动的一些特点。与齿轮传动相比，其制造与安装精度要求较低，链轮齿受力情况较好，承载能力较大，有一定的缓冲与减振性能，中心距大且结构轻便。与摩擦型带传动相比，链传动的传动比准确，传动效率稍高，链条对轴的拉力较小。同样的使用条件下，结构尺寸更为紧凑，链条的磨损伸长比较缓慢，张紧调整工作量较小，并且能在恶劣环境下工作。

链传动的主要缺点是：不能保持瞬时传动比恒定，工作时有噪声（齿形链除外），磨损后易发生脱链，不适用于受空间限制要求中心距小及急速反向传动的场合。

链传动的应用范围很广。通常用于中心距大、多轴、转速比要求准确的传动，环境恶劣的开式传动，低速重载传动以及润滑良好的高速传动中。

在链条的生产和应用中，传动用的链主要是短节距精密滚子链（简称滚子链）。通常滚子链的功率在 100 kW 以下，链速在 15 m/s 以下，传动比 $i \leqslant 6$，中心距 $a \leqslant 5 \sim 6$ m。现代先进的链传动技术已能使滚子链的传动功率达 5 000 kW，速度可达 35 m/s；高速齿形链的速度可达 40 m/s。对于一般链传动，效率可达 $0.94 \sim 0.96$；对于用循环压力供油的精密链传动，效率可达 0.98。

（二）链传动的主要类型

按用途不同链可分为传动链、起重链和曳引链。传动链用于一般机械中传递运动和动力，输送链用于链式输送机中输送重物，起重链用于起重机械中提升重物。本节只介绍传动链。传动链又可分为滚子链（图 2-18a）和齿形链（图 2-18b）。齿形链比套筒滚子链工作平稳、噪声小，承受冲击载荷能力强，但结构较复杂、成本较高。滚子链应用最为广泛。

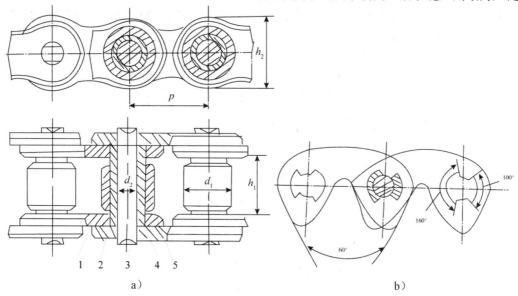

a）

图 2-18　滚子链和齿形链

a）滚子链；b）齿形链

二、滚子链

（一）滚子链的结构

滚子链由内链板 1、外链板 2、销轴 3、套筒 4 和滚子 5 组成（见图 2-18a）。销轴 3 与外链板 2、套筒 4 与内链板 1 分别用过盈配合联接。而销轴 3 与套筒 4、滚子 5 与套筒 4 之间则为间隙配合，所以，当链条与链轮轮齿啮合时，滚子与轮齿间基本上为滚动摩擦。套筒与销轴间、滚子与套筒间为滑动摩擦。链板一般作成"8"字形，以使各截面接近等强度，并可减轻质量和运动时的惯性。

为了形成链节首尾相接的环形链条，要用接头加以连接。滚子链有 3 种接头形式（图 2-19），当链的节数为偶数时，接头处可用开口销或弹簧卡来固定。通常前者用于大节距链，后者用于小节距链。当链的节数为奇数时，采用图 2-19c 所示的过渡链节联接。过渡链节在链条受拉时，其链板要产生附加弯曲，所以应尽量避免用奇数链节。

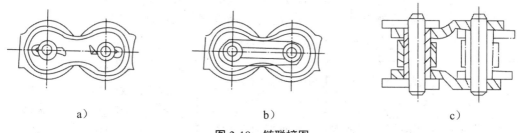

a）　　　　　　　　　　　　b）　　　　　　　　　　　　c）

图 2-19　链联接图

a）开口销；b）弹簧夹；c）过渡链节

滚子链分单排链、双排链（图 2-20）和多排链。当传递功率较大时，常采用小节距的

机械设计基础

双排链或多排链。排数越多承载能力越高，但排数不宜超过 4 排，因为排数越多，各排受力越不均匀，会大大降低多排链的使用寿命。链条各零件由碳钢或合金钢制成，并经热处理以提高强度和耐磨性。

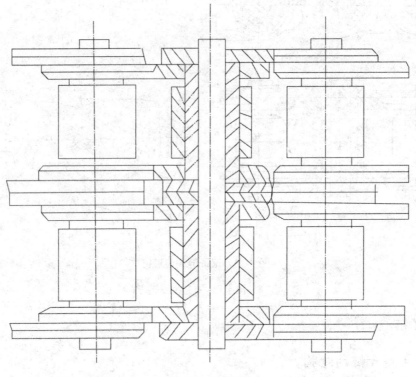

图 2-20　双排链

（二）滚子链的参数

滚子链是标准件，其主要参数是：链节距 p，它是指链条上相邻两销轴中心间的距离。

表 2-10 所示为 GB1243.1—83 规定的几种规格的滚子链。GB1243.1—83 规定滚子链分 A、B 两个系列。表中的链号数乘以 25.4/16 即为节距值，表中的链号与相应的国际标准一致。本章仅介绍最常用的 A 系列滚子链传动的设计。

滚子链的标记方法为：链号—排数×链节数，标准编号。例如 16A—1×80 GB1243.1—83，即为按本标准制造的 A 系列、节距 25.4 mm、单排、80 节的滚子链。

链条除了接头和链节外，各链节都是不可分离的。链的长度用链节数表示，为了使链条连成环形时，正好是外链板与内链板相连接，所以链节数最好为偶数。

表 2-10　滚子链的规格及主要参数（摘自 GB1243.1—83）

链号	节距 p/mm	排距 p_1/mm	滚子外径 d_1/mm	内链节链宽 b_1/mm	销轴直径 d_2/mm	内链板高度 h_2/mm	极限拉伸载荷（单排）Q/N	每米品质（单排）q/（kg/m）
05B	8.00	5.64	5.00	3.00	2.31	7.11	4400	0.18
06B	9.525	10.24	6.35	5.72	3.28	8.26	8900	0.40
08A	12.70	14.38	7.95	7.85	3.96	12.07	13800	0.60

续表

08B	12.70	13.92	8.51	7.75	4.45	11.81	17800	0.70
10A	15.875	18.11	10.16	9.40	5.08	15.09	21800	1.00
12A	19.05	22.78	11.91	12.57	5.94	18.08	31100	1.50
16A	25.40	29.29	15.88	15.75	7.92	24.13	55600	2.60
20A	31.75	35.76	19.05	18.90	9.53	30.18	86700	3.80
24A	38.10	45.44	22.23	25.22	11.10	36.20	124600	5.60
28A	44.45	48.87	25.40	25.22	12.70	42.24	169000	7.50
32A	50.80	58.55	28.58	31.55	14.27	48.26	224600	10.10
40A	63.50	71.55	39.68	37.85	19.24	60.33	347000	16.10
48A	76.20	87.93	47.63	47.35	23.80	72.39	500400	22.60

注：① 极限拉伸载荷也可用 kgf 表示，取 1 kgf=9.8 N；

② 过渡链节的极限拉伸载荷按 0.8 Q 计算。

（三）滚子链链轮

1. 链轮的材料

链轮的材料应满足强度和耐磨性要求。在低速、轻载或平稳传动中，链轮可采用低、中碳钢制造；中速、中载无剧烈冲击时，采用中碳钢淬火处理，其齿面硬度 HRC>40～45；高速、重载或连续工作的传动，采用低碳合金钢表面渗碳淬火（如用 15Cr、20Cr 等钢渗碳淬硬至 HRC=50～60）或中碳合金钢表面淬火（如用 40Cr、35CrMnSi、35CrMo 等钢淬硬到 HRC=40～50）。低速、轻载且齿数较多时（$z>50$），也允许用不低于 HT150 的铸铁链轮。

由于小链轮的啮合次数比大链轮多，因此对材料的要求也比大链轮高，当大链轮用铸铁时，小链轮通常用铸钢。

2. 链轮的结构与参数

图 2-21 所示为几种不同形式的链轮结构。链轮损坏主要是由于轮齿的磨损，所以尺寸较大的链轮最好采用齿圈可以更换的结构（见图 2-21c）。

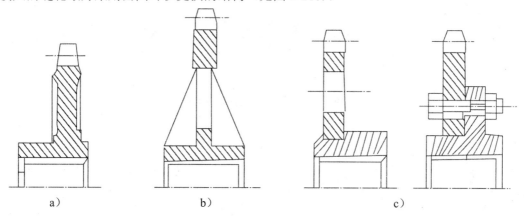

a)　　　　　　　　b)　　　　　　　　　　c)

图 2-21　链轮的结构形式

链轮轮齿的齿形应保证链节能自由地进入和退出啮合。在啮合时应保证良好的接触，有较大的适应链条节距因磨损而增长的能力，形状应尽可能简单，便于加工。图 2-22 所示为 GB1244—85 规定的滚子链链轮的齿形，其几何尺寸及计算公式如表 2-11 所示。轴向齿廓如图 2-23 所示。

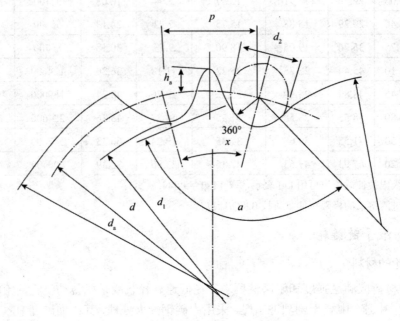

图 2-22　滚子链链轮的齿形

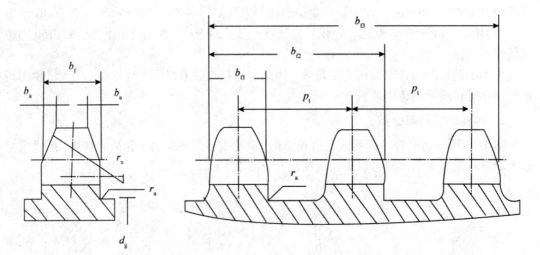

图 2-23　滚子链链轮的轴向齿形

表 2-11　滚子链链轮主要尺寸

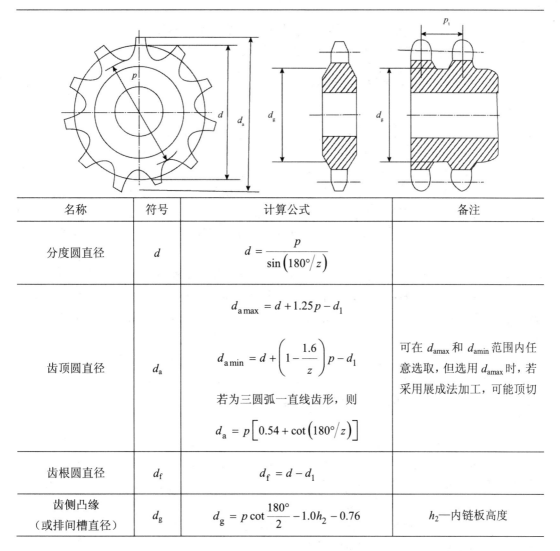

名称	符号	计算公式	备注
分度圆直径	d	$$d = \frac{p}{\sin\left(180°/z\right)}$$	
齿顶圆直径	d_a	$$d_{a\,max} = d + 1.25p - d_1$$ $$d_{a\,min} = d + \left(1 - \frac{1.6}{z}\right)p - d_1$$ 若为三圆弧一直线齿形，则 $$d_a = p\left[0.54 + \cot\left(180°/z\right)\right]$$	可在 d_{amax} 和 d_{amin} 范围内任意选取，但选用 d_{amax} 时，若采用展成法加工，可能顶切
齿根圆直径	d_f	$$d_f = d - d_1$$	
齿侧凸缘（或排间槽直径）	d_g	$$d_g = p\cot\frac{180°}{2} - 1.0h_2 - 0.76$$	h_2—内链板高度

三、滚子链的传动计算简介

（一）链传动特性

（1）平均链速和平均传动比。链传动中链绕在链轮上形成正多边形，多边形的边长就是链的节距 P，边数为链轮的齿数 z，链轮转一周，链条移动 zP。设两轮转速分别为 n_1、n_2，链的平均速度为 v，则：

$$v = \frac{z_1 n_1 p}{60 \times 1\,000} = \frac{z_2 n_2 p}{60 \times 1\,000} \tag{2-19}$$

平均传动比为：

$$i = \frac{n_1}{n_2} = \frac{z_2}{z_1} \tag{2-20}$$

链传动中链的瞬时速度和瞬时传动比都是变化的，因此链传动的运动不均匀，这是链的固有特性。

（2）链传动的动载荷。链传动由于链速和从动轮转速的周期性变化等原因会产生动载荷。链的质量相同，链轮的转速越高，节距越大、齿数越少，动载荷就越大。

（二）链传动的主要失效形式

链传动的主要失效形式有以下几种：

（1）铰链磨损。链节在进入啮合和退出啮合时，销轴与套筒之间存在相对滑动，在不能保证充分润滑的条件下，会引起铰链的磨损。磨损导致链轮节距增加，链与链轮的啮合点外移，最终将产生跳齿或脱链而使传动失效。由于磨损主要表现在外链节节距的变化上，内链节节距的变化很小，因而铰链节距的实际不均匀性增大，使传动更不平稳。它是开式链传动的主要失效形式。但是近几年来由于链轮的材料、热处理工艺、防护和润滑的状况等都有了很大的改进，因而在闭式传动中链因铰链磨损而失效已不再是限制链传动的主要因素。

（2）链的疲劳破坏。由于链在运动过程中所受的载荷不断变化，因而链在变应力状态下工作，经过一定的循环次数后，链板会产生疲劳断裂，滚子表面会产生疲劳点蚀和疲劳裂纹。在润滑条件良好和设计安装正确的情况下，疲劳强度是决定链传动工作能力的主要因素。

（3）多次冲击断裂。工作中由于链条反复启动、制动、反转或受重复冲击载荷时承受较大的动载荷，经过多次冲击，滚子、套筒和销轴最后产生冲击断裂。它的应力总循环次数一般在 10^4 以内，它的载荷一般较疲劳破坏允许的载荷要大，但比一次冲击破断的载荷要小。

（4）胶合。由于套筒和销轴间存在相对运动，在变载荷的作用下，润滑油膜难以形成，当转速很高时，使套筒与销轴间发生金属直接接触而产生很大摩擦力，产生的热量导致了套筒与销轴的胶合。在这种情况下，或者销轴被剪断，或者套筒、销轴与链板的过盈配合松动，从而造成链传动的失效。

（5）超载拉断。在低速重载的传动中或者链突然承受很大的超载时，链条静力拉断，承载能力受到链组件的静拉伸强度的限制。

（6）链轮轮齿的磨损或塑性变形。在滚子链传动中，链轮轮齿磨损或塑性变形超过一定量后，链的工作寿命将明显下降。可以采用适当的材料和热处理来降低其磨损量和塑性变形。通常链轮的寿命为链寿命的 2～3 倍以上，故链传动的承载能力以链的强度和寿命为依据。

四、链传动的设计计算

链传动设计需要确定的主要参数有：链节距、排数及链轮齿数、传动比、中心距、链节数等，下面就这些参数的选择进行分析。

（1）链的节距和排数。链的节距大小反映了链节和链轮齿的各部分尺寸的大小，在一定条件下，链的节距越大，承载能力越高，但传动不平稳性、动载荷和噪声越严重，传动尺寸也增大。因此设计时，在承载能力足够的条件下，尽量选取较小节距的单排链，高速重载时可采用小节距的多排链。一般载荷大、中心距小、传动比大时，选小节距多排链；中心距大、传动比小、而速度不太高时，选大节距单排链。

链条所能传递的功率 P_0 可由下式确定：

$$P_0 \geqslant \frac{P_c}{K_z K_L K_p} \qquad (2-21)$$

$$P_c = K_A P \qquad (2-22)$$

式中，P_0 为在特定条件下，单排链所能传递的功率（kW）（见图 2-21）；

P_c 为链传动的计算功率（kW）；

K_A 为工况系数（表 2-12），若工作情况特别恶劣时，K_A 值应比表值大得多。

K_Z 为小链轮齿数系数（表 2-13），当工作在如图 2-24 所示的曲线顶点左侧时（链板疲劳），查表中的 K_Z，当工作在右侧时（滚子套筒冲击疲劳），查表中的 K'_Z；

K_P 为多排链系数（表 2-14）；

K_L 为链长系数（见图 2-24），链板疲劳查曲线 1，滚子套筒冲击疲劳查曲线 2。

表 2-12　工况系数 K_A

载荷种类	工作机	动力机		
		内燃机—液力传动	电动机或汽轮机	内燃机—机械传动
平稳载荷	液体搅拌机；中小型离心式鼓风机；离心式压缩机；轻型输送机；离心泵；均匀荷一般机械	1.0	1.0	1.2
中等冲击	大型或不均匀载荷的输送机；中型起重机和提升机；农业机械；食品机械；木工机械；干燥机；粉碎机	1.2	1.3	1.4
较大冲击	工程机械；矿山机械；石油机械；石油钻井机械；锻压机械；冲床；剪床；重型起重机械；振动机械	1.4	1.5	1.7

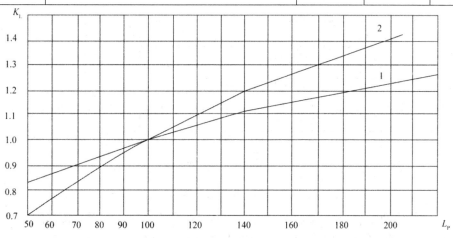

图 2-24　链长系数

根据公式（2-21）求出所需传递的功率，再由图 2-25 查出合适的链号和链节距。

表 2-13　小链轮齿数系数 K_z（K'_z）

z_1	9	11	13	15	17	19	21	23	25	27
K_z	0.446	0.554	0.664	0.775	0.887	1.00	1.11	1.23	1.34	1.46
K'_z	0.326	0.441	0.566	0.701	0.846	1.00	1.16	1.33	1.51	1.60

表 2-14　排链系数 K_p

排数	1	2	3	4	5	6
K_p	1	1.7	2.5	3.3	4.0	4.6

（2）传动比 i。链传动的传动比一般应小于 6，在低速和外廓尺寸不受限制的地方允许到 10，推荐 $i=2\sim3.5$。传动比过大将使链在小链轮上的包角过小，因而使同时啮合的齿数少，这将加速链条和轮齿的磨损，并使传动外廓尺寸增大。

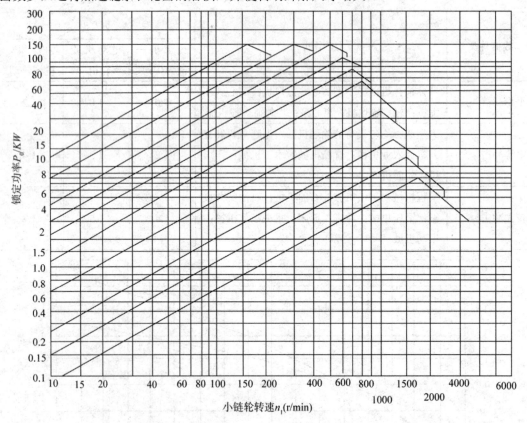

图 2-25　链的功率曲线

（3）链轮齿数 z。链轮齿数不宜过多或过少。齿数太少时：①增加传动的不均匀性和动载荷；②增加链节间的相对转角，从而增大功率消耗；③增加链的工作拉力（当小链轮转速 n_1、转矩 T_1 和节距 p 一定时，齿数少时链轮直径小，链的工作拉力增加），从而加速链和链轮的损坏。但链轮的齿数太多，除增大传动尺寸和质量外，还会因磨损而实际节距增长后发生跳齿或脱链现象机率增加，从而缩短链的使用寿命。通常限定最大齿数 $z_{max} \leqslant 120$。

从提高传动均匀性和减少动载荷考虑，建议在动力传动中，滚子链的小链轮齿数按表 2-15 选取。

表 2-15 滚子链小链轮齿数 z_1

链速 v（m/s）	0.6～3	3～8	>8
z_1	$\geqslant 17$	$\geqslant 21$	$\geqslant 25$

从限制大链轮齿数和减小传动尺寸考虑，传动比大、链速较低的链传动建议选取较少的链轮齿数。滚子链最少齿数为 $z_{min}=9$。

（4）链节数 L_P 和链轮中心距 a。在传动比 $i \neq 1$ 时，链轮中心距过小，则链在小链轮上的包角小，与小链轮啮合的链节数少。同时，因总的链节数减少，链速一定时，单位时间链节的应力变化次数增加，使链的寿命降低。但中心距太大时，除结构不紧凑外，还会使链的松边颤动。在不受机器结构的限制时，一般情况可初选中心距 $a_0 = (30 \sim 50)p$，最大可取 $a_{max}=80p$，当有张紧装置或托板时，a_0 可大于 $80p$。

最小中心距 a_{min} 可先按 i 初步确定。

当 $i \leqslant 3$ 时：
$$a_{min} = \frac{d_{a1}+d_{a2}}{2} + (30:50) \text{（mm）} \qquad (2\text{-}23)$$

当 $i > 3$ 时：
$$a_{min} = \frac{d_{a1}+d_{a2}}{2} g \frac{9+i}{10} \text{（mm）} \qquad (2\text{-}24)$$

式中，d_{a1}、d_{a2} 为两链轮齿顶圆直径。

链的长度常用链节数 L_P 表示，$L_P = L/p$，L 为链长。链节数的计算公式为：

$$L_p = \frac{2a_0}{p} + \frac{z_1+z_2}{2} + \frac{p}{a_0}\left(\frac{z_2-z_1}{2\pi}\right)^2 \qquad (2\text{-}25)$$

计算出的 L_P 值应圆整为相近的整数，而且最好为偶数，以免使用过渡链节。

根据链长就能计算最后中心距：

$$a = \frac{p}{4}\left[\left(L_p - \frac{z_1+z_2}{2}\right) + \sqrt{\left(L_p - \frac{z_1+z_2}{2}\right)^2 - 8\left(\frac{z_2-z_1}{2\pi}\right)^2}\right] \qquad (2\text{-}26)$$

为了便于链的安装以及使松边有合理的垂度，安装中心距应较计算中心距略小。当链条磨损后，链节增长，垂度过大时，将引起啮合不良和链的振动。为了在工作过程中能适当调整垂度，一般将中心距设计成可调，调整范围 $D_a \geqslant 2p$，松边垂度 $f = (0.01 \sim 0.02)a$。

【技能知识】

1. 链传动的布置和安装

（1）链传动布置是否合理，对链传动的工作质量和使用寿命影响较大。传动的布置和张紧如图 2-26 所示。

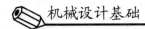

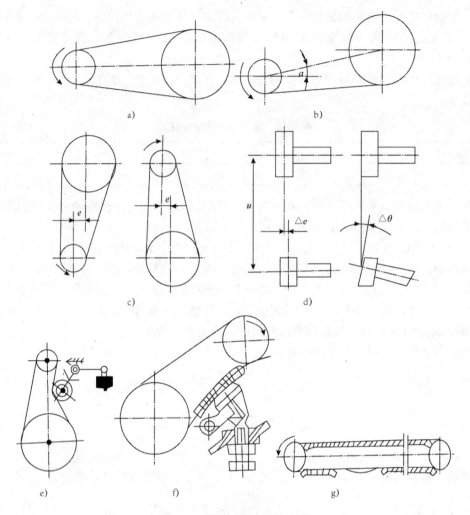

图 2-26　链传动的布置和张紧

①链传动一般应布置在铅垂平面内，尽可能避免布置在水平面或倾斜平面内（图 2-26a）。如确有必要，则应考虑加装托板或装紧轮装置，并选择较为紧凑的中心距。

②最好两轮轴线布置在同一水平面内，或两轮中心线与水平面成 45°以下的倾角（图 2-26b）。

③主动链轮的转向应使传动的紧边在上，若松边在上会由于垂度太大面造成链与链轮齿的干扰，甚至引起松边与紧边相碰，破坏正常啮合。

（2）链传动的安装一般应使两轮宽的中心平面轴线位移误差 $\triangle e \leqslant 0.002a$，两轮回转平面间的夹角误差 $\triangle \theta \leqslant 0.006$rad（图 2-26c）。

2．链传动的张紧

链条张紧的目的，主要是为了避免链的悬垂度太大，啮合时链条产生横向振动，同时也是为了增加啮合包角。常用的张紧方法有：

（1）调整中心距张紧。

（2）张紧装置张紧。中心距不可调时使用张紧轮，张紧轮一般压在松边靠近小轮处

（图 2-26d）。张紧轮可以是链轮，也可以是无齿的辊轮。张紧轮的直径应与小链轮的直径相近。辊轮的直径略小，宽度应比链约宽 5mm，并常用夹布胶木制造。张紧轮张紧装置有自动张紧式和定期张紧式两种。前者多用弹簧、吊重等自动张紧装置；后者用螺栓、偏心等调整装置。另外，还有用压板（图 2-26e）或托板（图 2-26f）张紧。

3．链传动的使用和维护

正确使用和维护链传动对减少链的磨损、提高链传动的使用寿命有决定性的影响。使用和维护应注意以下几点：

（1）合理地控制加工误差和装配误差。合理控制节距误差（规定节距与实际节距之差）应小于 2%；两链轮轮齿端面间的偏移（即链轮偏移）应小于中心距的 2%。两轴应平行，否则会导致链的滚子对齿面的歪斜，由此产生很高的单边压力，导致滚子超载或碎裂。

（2）合理的润滑。良好的润滑有利于减小磨损，降低摩擦损失，缓和冲击和延长链的使用寿命。

根据链速和链节距选择润滑方式。对于开式传动和不易润滑的链传动，可定期拆下链条，先用煤油清洗干净，干燥后再浸入 70℃～80℃润滑油中片刻（销轴垂直放入油中），尽量排尽铰链间隙中的空气，待吸满油后，取出冷却，擦去表面润滑油后，安装继续使用。

习 题

1．链传动的设计准则是什么？

2．设计链传动时，为减少速度不均匀性应从哪几方面考虑?如何合理选择参数?

3．链传动的合理布置有哪些要求?

4．试设计一链式输送机中的链传动。已知传递功率 $P=20$ kW，主动轮的转速 $n_1=230$ r/min，传动比 $i=2.5$，电动机驱动，三班制，有中等冲击，按推荐方式润滑。

5．已知一型号为 16A 的滚子链，主动轮齿数 $z_1=23$，转速 $n_1=960$ r/min，传动比 $i=2.8$，中心距 $a=800$mm，油浴润滑，中等冲击，电动机为原动机，试求该链传动所传递的功率。

6．自行车为什么采用链传动及升速传动?自行车的链传动采用什么方法张紧?全链罩和半链罩各起什么作用?

任务三　齿轮传动

【任务导入】

（1）在汽车、机床中哪些部分使用了齿轮传动?

（2）齿轮传动为什么应用如此广泛?

（3）某传动中有一对齿轮传动从动轮损坏，已知大齿轮齿数为 20，模数为 2.5，螺旋角为左旋 15°，要配从动轮，齿数、模数、螺旋角各应是多少？

【理论知识】

一、齿轮传动简介

（一）齿轮传动的特点和应用

与其他传动相比较，齿轮传动具有以下优点：

（1）传动的圆周速度和传递的功率范围大，可用于高速（$v > 40$ m/s）、中速和低速（$v < 25$ m/s）的传动；传递功率可介于 1 W～50 000 kW 或更大。

（2）传动效率高（一对高精度渐开线圆柱齿轮，传动效率可达 99% 以上），寿命长。

（3）传动比恒定，传动精度高。

（4）工作可靠。

（5）可实现平行轴、相交轴和交错轴之间的传动。

齿轮传动的缺点有以下两方面：

（1）制造和安装精度要求较高，成本高。

（2）不适于大中心距的传动。

（二）齿轮传动的分类

齿轮传动的类型很多，按照两啮合齿轮几何轴线的相对位置和齿向的不同，常用齿轮传动的分类方法如表 2-16、图 2-27 所示。齿轮也可按齿廓曲线不同，分为渐开线齿轮、摆线齿轮和圆弧齿轮 3 种，其中渐开线齿轮应用最广泛，因此本节主要介绍最基本、最普遍的外啮合渐开线直齿圆柱齿轮传动。

表 2-16　齿轮传动的分类

齿轮传动	平面齿轮运动　（相对运动为平面运动，传递平行轴间的运动）	直齿圆柱齿轮传动（轮齿与轴平行）
		斜齿圆柱齿轮传动（轮齿与轴不平行）
		人字齿轮传动（轮齿成人字形，见图 2-27e）
齿轮传动	空间齿轮运动　（相对运动为空间运动，传递不平行轴间的运动）	传递相交轴运动（锥齿轮传动）
		传递交错轴运动

外啮合（见图 2-27a）
内啮合（见图 2-27b）
齿轮齿条（见图 2-27c）
外啮合（见图 2-27d）
内啮合
齿轮齿条
直齿（见图 2-27f）
斜齿
斜齿
交错轴斜齿轮传动（见图 2-27h）
蜗轮蜗杆传动（见图 2-27i）
准双曲面齿轮传动（见图 2-27g）

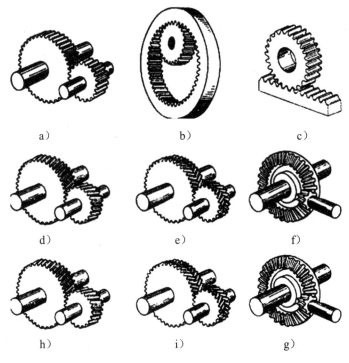

图 2-27　齿轮传动的类型

a）外啮合；b）内啮合；c）齿轮齿条；d）斜齿圆柱齿轮；e）人字齿轮；

f）直齿圆锥齿轮；h）准双曲面锥齿轮；i）交错轴斜齿轮；g）涡轮蜗杆

二、渐开线直齿圆柱齿轮各部分的名称、主要参数和几何尺寸

（一）渐开线的形成及其性质

渐开线齿轮的齿廓实际上是取用了渐开线上的一段。因此，我们有必要先了解一下渐开线的形成及其性质。

如图 2-28 所示，当一条动直线（发生线）n-n 绕着一固定的圆（基圆）做纯滚动时，该动直线上任一点 K 的轨迹就是该圆的渐开线。

渐开线具有以下性质：

（1）发生线沿基圆滚过的长度 $\overset{\frown}{KB}$ 等于基圆上被滚过的圆弧长 $\overset{\circ}{AB}$，即 r_{K}：

$$\overset{\frown}{KB} = \overset{\circ}{AB}$$

（2）渐开线上任一点 K 的法线也是该点基圆的切线。

（3）其切点就是渐开线在 K 点的曲率中心，线段是 K 点的曲率半径。可见，渐开线各点的曲率半径是不相等的，K 点越靠近基圆，则其曲率半径越小，即渐开线弯曲的程度越大。

（4）渐开线的形状取决于基圆的大小。基圆半径越小，渐开线越弯曲；基圆半径越大，渐开线越平直；基圆半径为无穷大时，渐开线为一条斜直线（即齿条齿廓）。

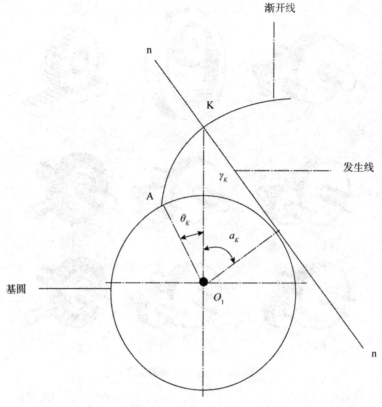

图 2-28　渐开线的形成

（5）基圆以内无渐开线。

（二）齿轮各部分的名称

图 2-29 所示为渐开线直齿圆柱齿轮（简称直齿轮）的一部分。

其各部分的名称和表示符号如下：

（1）齿槽：齿轮上相邻两齿之间的空间，称为齿槽。

（2）齿顶圆：过所有轮齿顶端的圆称为齿顶圆，其直径用 d_a 表示。

（3）齿根圆：过所有齿槽底边的圆称为齿根圆，其直径用 d_f 表示。

（4）齿厚：在任意直径 d_k 的圆周上，同一轮齿两侧齿廓间的弧长称为该圆上的齿厚，用 s_k 表示，

（5）齿槽宽：在任意直径 d_k 的圆周上，同一齿槽两侧齿廓间的弧长称为该圆周上的齿槽宽，用 e_k 表示。

（6）分度圆：为了设计、制造方便，在齿顶圆与齿根圆之间取个圆，作为计算、制造、测量齿轮尺寸的基准，该圆称为分度圆，其直径用 d 表示。在标准齿轮上分度圆的齿厚 s 与齿槽宽 e 相等，$s=e$。

（7）齿距 P_k：某圆周上两相邻同侧齿廓间的弧长称为齿距，分度圆上的齿距用 P 表示，$P=s+e$。

（8）齿高：齿顶圆与齿根圆之间的径向距离称为齿高，用 h 表示。

（9）齿顶高：齿顶圆与分度圆之间的径向距离称为齿顶高，用 h_a 表示。

（10）齿根高：齿根圆与分度圆之间的径向距离称为齿根高，用 h_f 表示。

（11）齿宽：轮齿沿分度圆柱母线方向的尺寸称为齿宽，用 b 表示。

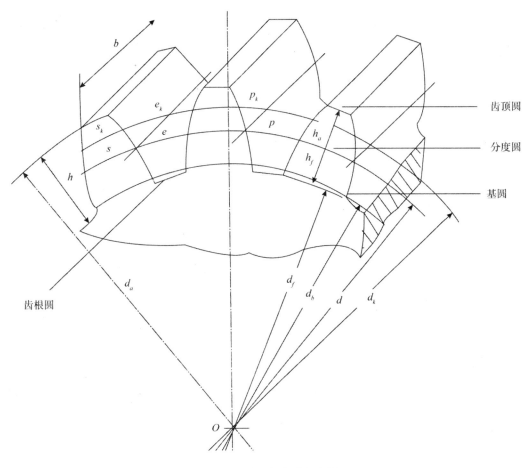

图 2-29　齿轮的名称和参数

（三）齿轮的主要参数

（1）模数：由分度圆周长 πd、齿数 z 可得：

$$zp = \pi d$$

分度圆的直径为：

$$d = \frac{zp}{\pi}$$

可知，当已知一直齿轮的齿距 p 和齿数 z，就可以求出分度圆直径 d。但 π 为无理数，这样求得的 d 也是无理数，将使计算烦琐而又不精确，而且也给齿轮制造和检验带来不方便。工程上为了设计、制造和检验方便起见，规定齿距 p 除以圆周率 π 所得的商称为模数，用 m 表示。即：

$$m = \frac{p}{\pi} \tag{2-27}$$

则

$$d = mz \tag{2-28}$$

我国已规定了标准模数系列，如表 2-17 所示。

表 2-17　标准模数系列　　　　　　　　　　　　　　　　　　　单位：mm

第一	1	1.25	1.5	2	2.5	3	4	5	6	8
系列	10	12	16	20	25	32	40	50		
第二	1.75	2.25	2.75	(3.25)	3.5	(3.75)	4.5	5.5	(6.5)	7
系列	9	(11)	14	18	28	28	36	45		

注：① 本表适用于渐开线圆柱齿轮,对斜齿轮是指法向模数。

② 优先选用第一系列，括号内数据尽量少用。

模数的单位是 mm，表示轮齿的承载能力，模数越大,轮齿的承载能力越强。

（2）压力角：渐开线齿廓上任一点的法线，与该点的线速度之间所夹的锐角，就称为该点的压力角（图 2-30 中的 α_k）。

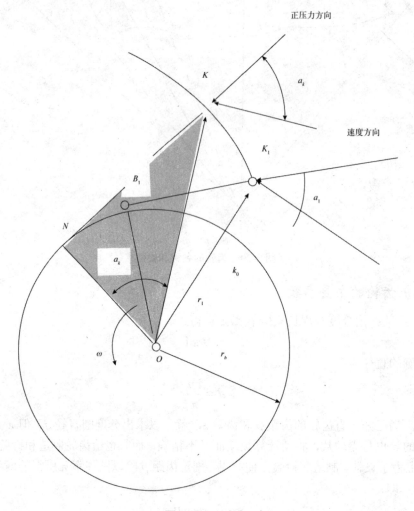

图 2-30　压力角

齿轮齿廓上各点的法线及线速度的方向是不相同的，故各点的压力角也是不同的。齿轮的压力角通常是指分度圆上的压力角，用 α 表示。我国规定，标准压力角 $\alpha=20°$，因此，分度圆就是齿轮取标准模数和标准压力角的圆。从图 2-30 中可得分度圆的压力角的计算公式为：

$$\cos_{\alpha_K} = \frac{r_b}{r_k}, \quad \cos_\alpha = \frac{r_b}{r} \tag{2-29}$$

式中，r_b 为基圆半径（mm）；

$\quad\quad r$ 为分度圆半径（mm）；

$\quad\quad r_k$ 为 k 点向径（mm）。

（四）标准直齿圆柱齿轮的几何尺寸

轮齿的齿顶高和齿根高规定用模数乘上某一系数来表示，即：

$$齿顶高：h_a = mh_a^* \tag{2-30}$$

$$齿根高：h_f = (h_a^* + c^*)m \tag{2-31}$$

$$全齿高：h = h_a + h_f = (2h_a^* + c^*)m \tag{2-32}$$

式中，h_a^* 为齿顶高系数；

$\quad\quad c^*$ 为顶隙系数。

一对齿轮啮合时，一个齿轮轮齿的齿顶到另一个齿轮轮齿的齿根之间的径向距离，称为顶隙，用 c 表示，$c=c^*m$。顶隙可以避免传动时轮齿互相干涉，且有利于贮存润滑油。我国标准规定：

$$正常齿：h_a^* = 1, c^* = 0.25 \tag{2-33}$$

$$短齿：h_a^* = 0.8, c^* = 0.30 \tag{2-34}$$

标准直齿轮的模数 m、压力角 α、齿顶高系数 h_a^*、顶隙系数 c^* 都是标准值，且分度圆上的齿厚等于齿槽宽（即 $s=e=p/2=\pi m/2$）。现将外啮合标准直齿圆柱齿轮的基本参数和几何尺寸的计算公式列于表 2-18 中。内齿轮和齿条的几何尺寸计算与外齿轮基本相同，可查阅相关数据。

表 2-18　标准渐开线直齿圆柱齿轮主要参数和尺寸计算公式

名称	代号	外齿轮公式与说明	内齿轮公式与说明
齿数	z	根据工作要求确定	
模数	m	由轮齿的承载能力确定，并按表 2－17 取标准值	
压力角	α	$\alpha=20°$	
齿顶高	h_a	$h_a = h_a^* m$	

续表

齿根高	h_f	$h_f = (h*_a + c^*)m$	
齿全高	h	$h = h_a + h_f = (2h_a^- + c^-)m$	
分度圆齿距	p	$p = \pi m$	
分度圆齿厚	s	$s = \pi m/2$	
分度圆齿槽宽	e	$e = \pi m/2$	
基圆齿距	p_b	$p_b = \pi m \cos\alpha$	
分度圆直径	d	$d = mz$	
基圆直径	d_b	$d_b = mz\cos\alpha$	
齿顶圆直径	d_a	$d_a = d + 2h_a$	$d_a = d - 2h_a$
齿根圆直径	d_f	$d_f = d - 2h_f$	$d_f = d + 2h_f$

【例 2-2】 为修配一残损的标准直齿圆柱外齿轮，实测齿高为 8.96 mm，齿顶圆直径为 135.90 mm，试确定该齿轮的主要尺寸。

【解】 由表 2-18 可知，$h = h_a + h_f = (2h_a^* + c^*)m$

设 $h_a^* = 1, c^* = 0.25$

$$m = \frac{h}{2h_a^* + c^*} = \frac{8.96}{2 \times 1 + 0.25} = 3.982 \text{ （mm）}$$

由表 2-17 查得 m 取 4 mm，
则

$$z = \frac{d_a - 2h_a^* m}{m} = \frac{135.90 - 2 \times 1 \times 4}{4} = 31.975$$

圆整取 $z=32$，
分度圆直径：

$$d = mz = 4 \times 32 = 128 \text{ （mm）}$$

齿顶圆直径：

$$d_a = d + 2h_a = d_1 + 2 \times h_a^* m = (128 + 2 \times 1 \times 4) = 136 \text{ （mm）}$$

齿根圆直径：

$$d_f = d - 2h_f = d - 2(h_a^* + c^*)m = [128 - 2 \times (1 + 0.25) \times 4] = 118 \text{ （mm）}$$

基圆直径：

$$d_b = d\cos\alpha = 128\cos 20^\circ = 120.281 \text{ （mm）}$$

三、渐开线直齿圆柱齿轮的啮合传动

（一）渐开线直齿圆柱齿轮传动的特点

（1）瞬时传动比恒定。如图 2-31 所示，一对互相啮合的渐开线齿轮，直线 N_1N_2 是两基圆的内公切线。设在某一瞬时，两轮齿在 K 点接触，由渐开线的性质可知，过 K 点的公法线必与两基圆相切，即 K 点的公法线与两基圆的内公切线 N_1N_2 相重合。当经过时间 Δt 后，主动轮转过 $\Delta\varphi_1$，从动轮转过 $\Delta\varphi_2$，其接触点由 K 点移到 k' 点。同理可知，k' 点的公法线也是与两基圆的内公切线 N_1N_2 相重合。由此可知，渐开线齿轮啮合时，各接触点始终沿着两基圆的内公切线 N_1N_2 移动。N_1N_2 就是接触点的轨迹，称为啮合线。因此，渐开线齿轮的啮合线为一直线。

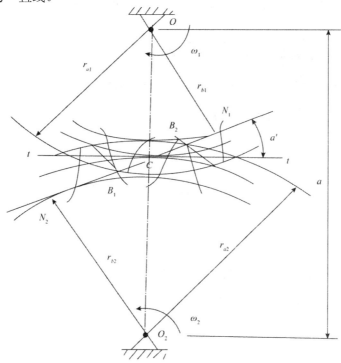

图 2-31　渐开线齿轮的外啮合传动

根据几何推导计算出传动比：

$$i = \frac{\omega_1}{\omega_2} = \frac{n_1}{n_2} = \frac{r_{b2}}{r_{b1}} = \frac{r_2'}{r_1'} = \frac{r_2}{r_1} \qquad (2\text{-}35)$$

式（2-35）说明两渐开线齿轮的瞬时传动比，等于其基圆半径的反比。对于已制造好的一对渐开线齿轮，基圆半径是固定不变的，所以一对渐开线齿轮的瞬时传动比为一常数，即能保证恒定的瞬时传动比。

一对渐开线标准齿轮传动时，两个分别以两轮中心为圆心，半径分别为 r_1 和 r_2 的圆如同摩擦轮一样做无滑动的纯滚动。这两个圆称为节圆，其半径称为节圆半径。公法线与连心线的交点称为节点。两节圆的公切线与啮合线 N_1N_2 间的夹角称为啮合角，用 α' 表示。

一对渐开线标准齿轮，如不计制造、安装等误差，则安装后两齿轮的分度圆分别和两轮的节圆相重合。此时，啮合角等于压力角 α，即 $\alpha' = \alpha$。要注意的是节圆只有两轮啮合时才有，而分度圆是齿轮上的定圆。

（2）渐开线齿轮具有中心距可分离性。由于制造和安装等误差，一对渐开线齿轮的实际中心距，与公式计算出来的中心距可能会不一致，即产生一定的中心距误差。当中心距有误差时，渐开线齿轮的瞬时传动比并不会改变，这个性质称为渐开线齿轮中心距的可分性。这是渐开线齿轮的一个重要优点。可以证明，中心距可分离性是渐开线齿轮机构所独有的特性，它给齿轮的制造和安装提供了很大方便。

（3）齿廓间正压力方向不变。可以证明，渐开线齿轮两齿廓在同一平面内的所有接触点都在两基圆的内公切线上，即接触点的轨迹为一直线，该直线称为啮合线。由于啮合线与公法线重合，所以齿廓间正压力方向不变。这对提高齿轮传动的平稳性是有利的。

（4）制造工艺性好。

（二）渐开线直齿圆柱齿轮正确啮合的条件

为了保证一对齿轮啮合时，前后两对轮齿能在啮合线接触而不发生干涉，就必须保证两轮在啮合线同侧齿廓间的距离相等 $p_{b1} = p_{b2}$，如图 2-32 所示。

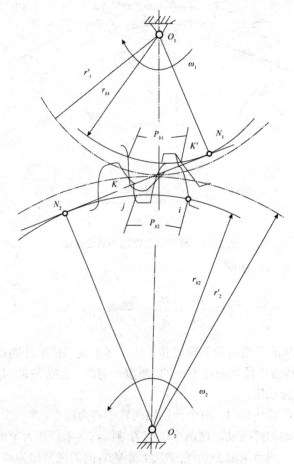

图 2-32　直齿圆柱齿轮正确啮合的条件

由于 $p_b = \pi m \cos\alpha$，于是：

$$\pi m_1 \cos\alpha_1 = \pi m \cos\alpha_2 \qquad (2\text{-}36)$$

由于模数和压力角都是标准值，所以式（2-36）成立的条件就是：

$$m_1 = m_2 = m$$
$$\alpha_1 = \alpha_2 = \alpha \qquad (2\text{-}37)$$

这就是标准渐开线直齿圆柱齿轮正确啮合的条件：两齿轮的模数和压力角分别相等。

（三）渐开线直齿圆柱齿轮连续传动的条件及重合度

为了使齿轮传动不至中断，在轮齿相互交替工作时，必须保证前一对轮齿尚未脱离啮合时，后一对轮齿就应进入啮合，如图 2-33 所示。

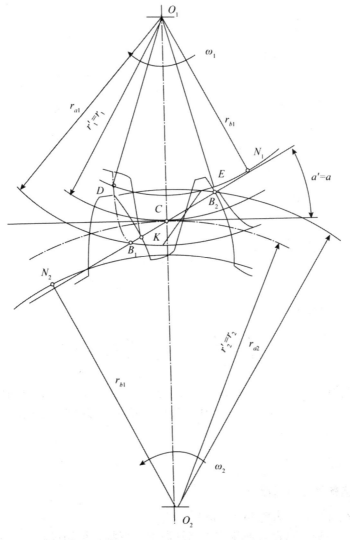

图 2-33 渐开–线直齿圆柱齿轮连续传动的条件

为了满足连续传动要求，前一对轮齿齿廓到达啮合终点 B_1，尚未脱离啮合时，后一对轮齿至少必须开始在 B_2 点啮合，此时线段 B_1B_2 恰好等于基圆的齿距 P_b，所以，连续传动的条件为：$B_1B_2 \geqslant P_b$ 也可表示为：$\varepsilon = \overline{B_2B_1}/p_b \geqslant 1$。$\varepsilon$ 即为齿轮传动的重合度，重合度越大，同时啮合的轮齿对数越多，齿轮的承载能力越高，传动也越平稳。一般取 $\varepsilon = 1.1 \sim 1.4$。

（四）渐开线直齿圆柱齿轮的正确安装

一对相互啮合的标准齿轮，其模数相等，故两轮分度圆上的齿厚和齿槽宽相等，因此，当分度圆与节圆重合时，可满足无齿侧间隙的条件。这种安装称为标准安装，如图 2-34a 所示。

一对齿轮传动时，一齿轮节圆上的齿厚与另一齿轮节圆上的齿槽宽之差称为齿侧间隙，如图 2-34b 所示。在机械设计中，正确安装的齿轮应无齿侧间隙。

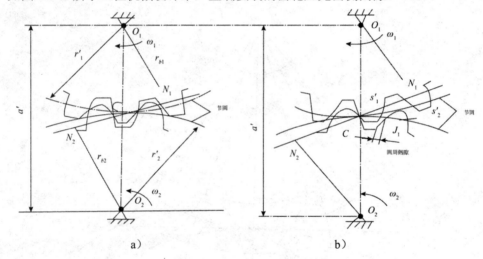

图 2-34 齿轮传动的正确安装

a）无齿侧间隙；b）齿侧间隙

标准安装时的中心距称为标准中心距，用"a"表示：

$$a = r_1' + r_2' = r_1 + r_2 = \frac{m}{2}(z_1 + z_2) \qquad (2\text{-}38)$$

标准齿轮机构正确安装时，两齿轮的节圆与分度圆重合。为了保证齿面润滑，避免轮齿因发热而卡死，补偿加工误差，齿轮应有很小的侧隙，此侧隙是由齿厚的负偏差来保证的。

【技能知识】

1. 渐开线齿轮加工原理简介

（1）渐开线直齿圆柱齿轮的加工原理。

① 仿形法。仿形法是在普通铣床上用轴向剖面形状与被切齿轮齿槽形状完全相同的

铣刀切制齿轮的方法，如图 2-35 所示。铣完一个齿槽后，分度头将齿坯转过 360°/z，再铣下一个齿槽，直到铣出所有的齿槽。

图 2-35 仿形法加工齿轮

仿形法加工简便易行，但精度难以保证。由于渐开线齿廓形状取决于基圆的大小，而基圆半径 $r_b = (mz\cos\alpha)/2$，故齿廓形状与 m、z、α 有关。欲加工精确齿廓，对模数和压力角相同的、齿数不同的齿轮，应采用不同的刀具，而这在实际中是不可能的。生产中通常用同一号铣刀切制模数相同、齿数不同的齿轮，故齿形通常是近似的。表 2-19 所示为 1～8 号圆盘铣刀加工齿轮的齿数范围。

表 2-19　圆盘铣刀加工齿数的范围

刀号	1	2	3	4	5	6	7	8
加工齿数范围	12—13	14—16	17—20	21—25	26—34	35—54	55—134	135 以上

② 展成法。展成法是利用一对齿轮无侧隙啮合时两轮的齿廓互为包络线的原理加工齿轮的。加工时刀具与齿坯的运动就像一对互相啮合的齿轮，最后刀具将齿坯切出渐开线齿廓。展成法切制齿轮常用的刀具有 3 种：

➤ 齿轮插刀是一个齿廓为刀刃的外齿轮（图 2-36）。
➤ 齿条插刀是一个齿廓为刀刃的齿条。
➤ 齿轮滚刀像梯形螺纹的螺杆，轴向剖面齿廓为精确的直线齿廓，滚刀转动时相当于齿条在移动。可以实现连续加工，生产率高。

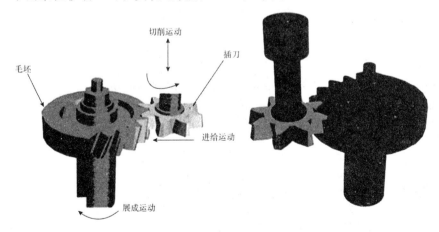

图 2-36 展成法加工齿轮

用展成法加工齿轮时，只要刀具与被切齿轮的模数和压力角相同，不论被加工齿轮的齿数是多少，都可以用同一把刀具来加工，这给生产带来了很大的方便，因此展成法得到了广泛的应用。

　　（2）渐开线齿轮的切齿干涉。用展成法加工齿轮时，若刀具的齿顶线（或齿顶圆）超过理论啮合线极限点 N 时，被加工齿轮齿根附近的渐开线齿廓将被切去一部分，这种现象称为根切（图 2-37）。根切使齿轮的抗弯强度削弱、承载能力降低、啮合过程缩短、传动平稳性变差，因此应避免根切。

图 2-37　根切

　　图 2-38 所示为齿条插刀加工标准外齿轮的情况，齿条插刀的分度线与齿轮的分度圆相切。

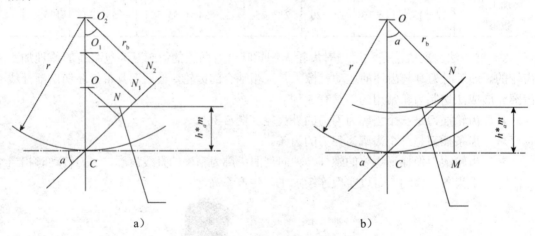

a）　　　　　　　　　　　　　　　　b）

图 2-38　不产生根切的齿数

a）基圆大小影响极限啮合点的位置；b）避免根切的条件

　　要使被切齿轮不产生根切，刀具的齿顶线不得超过极限啮合点 N，即：

$$h_a^* m \leqslant \overline{NM}$$

在 $\triangle CNM$ 中，　　　　　　　　$\overline{NM} = \overline{CN}\sin\alpha$

在 $\triangle OCN$ 中，　　　　　　　　$\overline{CN} = \overline{OC}\sin\alpha = r\sin\alpha$

故，

$$\overline{NM} = r\sin^2\alpha = \frac{mz}{2}\sin^2\alpha$$

$$h_a^* m \leqslant \frac{mz}{2}\sin^2\alpha$$

$$z \geqslant \frac{2h_a^*}{\sin^2\alpha}$$

当 $\alpha = 20^\circ$，$h_a^* = 1$ 时，$z_{min} = 17$，

即渐开线标准直齿圆柱齿轮不产生根切的最少齿数是 17 齿。

所以不产生根切的条件是

$$z_{min} \geqslant 17 \tag{2-39}$$

有时对传递功率较小的齿轮，为了使结构紧凑，齿数最小可以取到 14。

2．齿轮的测量尺寸

（1）公法线长度。为了控制齿轮尺寸精度，加工齿轮时要测量齿轮的公法线长度，公法线长度就是指若干个轮齿异侧齿面切面间的距离（图 2-39）。

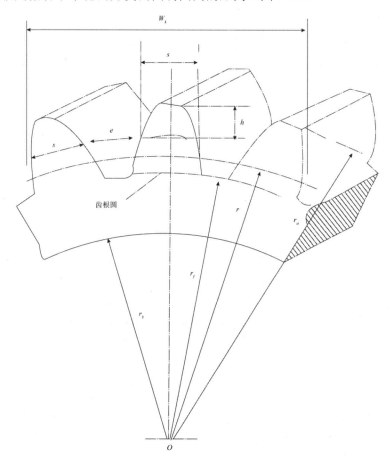

图 2-39　齿轮的测量尺寸

公法线也是在齿轮上用游标卡尺或公法线千分尺跨 k 个齿后测量出的长度。把跨过的

齿数 k 称为跨齿数。跨齿数太多会使卡尺卡脚与齿廓在齿顶接触，太少又会使卡尺卡脚与齿廓在齿根接触，这样测得的公法线都不准确，因此跨齿数的选择应尽量使卡尺的卡脚与齿廓在分度圆处接触（齿顶齿形容易变形，齿根不是渐开线）。可以推导出跨齿数和公法线长度的计算公式。

跨齿数：
$$k = \frac{\alpha}{180^o} z + 0.5 \qquad (2\text{-}40)$$

公法线长度：
$$W_k = m\cos\left[(k-0.5)\pi + zinv\alpha\right] \qquad (2\text{-}41)$$

式中，$inv\alpha$ 为渐开函数，可查相关数据。跨齿数 k 可四舍五入取整数。

（2）分度圆弦齿厚。对于大模数齿轮，测量公法线长度不方便，可测量分度圆弦齿厚。如图 2-39 所示，分度圆弦齿厚就是分度圆上同一齿异侧齿廓间弦的长度。用 $\overline{S}$ 表示。

$$\overline{S} = mz\sin\psi$$
$$\overline{h} = 0.5(d_a - mz\cos\psi) \qquad (2\text{-}42)$$

式中，$\overline{h}$ 为分度圆弦齿高，是测量 $\overline{S}$ 基准。

（3）变位齿轮的概念。为了改善齿轮传动的性能，出现了变位齿轮，如图 2-40 所示。

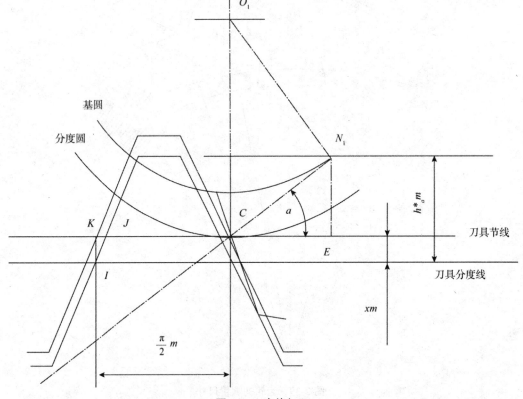

图 2-40　变位加工

当齿条插刀齿顶线超过极限啮合点 N_1，切出来的齿轮会发生根切。若将齿条插刀远离

轮心 O_1 一段距离（xm），齿顶线不再超过极限点 N_1，则切出来的齿轮不会发生根切，但此时齿条的分度线与齿轮的分度圆不再相切。这种改变刀具与齿坯相对位置后切制出来的齿轮称为变位齿轮，刀具移动的距离 xm 称为变位量，x 称为变位系数。刀具远离轮心的变位称为正变位，此时 $x>0$；刀具移近轮心的变位称为负变位，此时 $x<0$。标准齿轮就是变位系数 $x=0$ 的齿轮。变位系数的选择及变位齿轮的尺寸计算可查阅相关数据。

3. 渐开线直齿圆柱齿轮的设计方法简介

（1）齿轮的失效形式和材料选择。

1）齿轮的失效形式。齿轮传动的失效一般发生在轮齿上，因此其实是轮齿的失效。通常有轮齿折断和齿面损伤两种形式。后者又分为齿面点蚀、磨损、胶合和塑性变形等。

① 轮齿折断（图 2-41a）。一般发生在齿根部位，因为齿根有应力集中而且应力最大。轮齿折断可分为以下几种：

➢ 疲劳折断：轮齿受力后齿根部受弯曲应力的反复作用，当齿根过渡圆角处的交变应力超过了材料的疲劳极限时，受拉伸一侧会产生疲劳裂纹。裂纹不断扩展，最终造成轮齿的弯曲疲劳折断。

➢ 超载折断：若齿轮严重超载或受冲击载荷作用，或经严重磨损后齿厚过分减薄时，导致齿根危险截面上的应力超过极限值而发生突然折断。

选用合适的材料和热处理方法，使齿根芯部有足够的韧性；采用正变位齿轮，增大齿根圆角半径，对齿根处进行喷丸、辊压等强化处理，均可提高轮齿的抗折断能力。

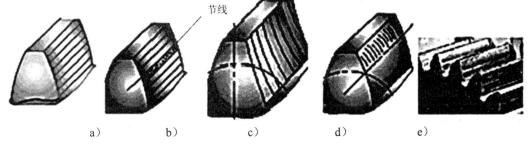

节线

a）　　　b）　　　c）　　　d）　　　e）

图 2-41　轮齿的失效形式

a）轮齿折断；b）齿面点蚀；c）齿面磨损；d）齿面胶合；e）塑性变形

② 齿面点蚀（图 2-41b）。

➢ 产生机理：轮齿受力后，齿面接触处将产生循环变化的接触应力，在接触应力反复作用下，轮齿表层或次表层出现不规则的细线状疲劳裂纹，疲劳裂纹扩展的结果，使齿面金属脱落而形成麻点状凹坑，称为齿面疲劳点蚀，简称为点蚀。

➢ 现象：一般多出现在节线附近的齿根表面上，然后再向其他部位扩展，这是因为在节线处同时啮合的轮齿对数少，接触应力大，且在节点处齿廓相对滑动速度小，油膜不易形成，摩擦力大。它可分为早期点蚀和破坏性点蚀。

开式齿轮传动中，齿面的点蚀还来不及出现或扩展就被磨去，因此一般不会出现点蚀。提高齿面硬度和润滑油的黏度，采用正角度变位传动等，可减缓或防止点蚀产生。

③ 齿面磨损（图 2-41c）。当齿面间落入砂粒、铁屑、非金属物等物质时，会加剧磨损。齿面磨损后，齿廓形状破坏，引起冲击、振动和噪声，且由于齿厚减薄而可能发生轮

齿折断。磨料磨损是开式齿轮传动的主要失效形式。改善密封和润滑条件、在油中加入减摩添加剂、保持油的清洁、提高齿面硬度等，均能提高抗磨料磨损能力。

④ 齿面胶合（图 2-41d）。互相啮合的轮齿，齿面在一定压力作用下因温度升高熔化而发生黏着，随着齿面的相对运动，使金属从齿面上撕落而引起严重的黏着磨损现象称为胶合。胶合发生在在重载高速齿轮传动和重载低速齿轮传动中，减小模数、降低齿高、采用角度变位齿轮以减小滑动系数，提高齿面硬度，采用抗胶合能力强的润滑油（极压油）等，均可减缓或防止齿面胶合。

⑤ 塑性变形（图 2-41e）。当轮齿材料较软，载荷及摩擦力又很大时，轮齿在啮合过程中，齿面表层的材料就会沿着摩擦力的方向产生塑性变形。主动轮齿上所受摩擦力是背离节线分别朝向齿顶及齿根作用的，故产生塑性变形后，齿面沿节线处变成凹沟。从动轮齿上所受的摩擦力方向则相反，塑性变形后，齿面沿节线处形成凸棱。

提高齿面硬度，采用黏度高的润滑油，可防止或减轻齿面产生塑性变形。

2）齿轮的材料选择。

① 锻钢。锻钢因具有强度高、韧性好、便于制造、便于热处理等优点，大多数齿轮都用锻钢制造，是软齿面齿轮和硬齿面齿轮常用的材料。软齿面齿轮的齿面硬度小于350HBS，常用中碳钢和中碳合金钢，如 45 钢、40Cr、35SiMn 等材料，进行调质或正火处理。这种齿轮适用于强度、精度要求不高的场合，轮坯经过热处理后进行插齿或滚齿加工，生产便利，成本较低。在确定大、小齿轮硬度时应注意使小齿轮的齿面硬度比大齿轮的齿面硬度高 30～50HBS，这是因为小齿轮受载荷次数比大齿轮多，且小齿轮齿根较薄。为使两齿轮的轮齿接近等强度，小齿轮的齿面要比大齿轮的齿面硬一些。

硬齿面齿轮的齿面硬度＞350HBS，常用的材料为中碳钢或中碳合金钢。

② 铸钢。当齿轮的尺寸较大（大于 400～600 mm）而不便于锻造时，可用铸造方法制成铸钢齿坯，再进行正火处理以细化晶粒。

③ 铸铁。低速、轻载场合的齿轮可以制成铸铁齿坯。当尺寸大于 500 mm 时可制成大齿圈，或制成轮辐式齿轮。

对于不重要的齿轮也可以用胶木和塑料等非金属材料制造。齿轮常用材料及其机械性能可从 2-20 表中查得。

表 2-20　齿轮常用材料及其机械性能

材料牌号	热处理方法	强度极限	屈服极限	硬度	
		b/MPa	B/MPa	HBS	HRC（齿面）
45	正火	588	294	169～217	
	调质	647	373	229～286	
	表面淬火	—			40～50
35SiMn	调质	785	510	229～286	
42SiMn	表面淬火				45～55
38SiMnMo	调质	735	588	229～286	
	表面淬火				45～55

续表

40Cr	调质	735	539	241～286	
	表面淬火				48～55
38CrMoA1A	调质	890	834	229	
	氮化				HV＞850
20Cr	渗碳淬火	637	392		56～62
20CrMnTi	渗碳淬火	1079	834		56～62
ZG310～570	正火	570	310	162～197	
ZG340～640	正火	640	340	179～207	
	调质	700	380	241～269	
HT300		250		169～255	
HT350		290		182～273	
QT500－7	正火	500	320	170～230	
QT600－3	正火	600	370	190～270	

（3）圆柱齿轮的结构及精度

1）齿轮传动的结构。齿轮由轮缘、轮毂和腹板（或轮辐）组成。根据腹板（或轮辐）的不同形式，齿轮分为轴齿轮（也叫齿轮轴）、实心式齿轮、腹板式齿轮和轮辐式齿轮四种结构。采用何种结构形式与齿轮直径大小、毛坯的类型、材料、制造方法、生产批量及经济性等因素有关。轮体各部分结构尺寸，通常按经验公式或经验值来确定。齿轮结构设计时，要考虑加工、装配、强度、实用等多项设计准则，通过对轮辐、轮毂的形状、尺寸进行变换，设计出符合要求的齿轮结构。圆柱齿轮常用的结构如表 2-21 所示。

① 齿轮轴。对于直径很小的齿轮，如果从键槽底面到齿根的距离过小（如圆柱齿轮 小于等于 $2.5m_n$，锥齿轮小于等于 $1.6m_n$），则此处的强度可能不足，易发生断裂，此时应将齿轮与轴做成一体，称为齿轮轴，齿轮与轴的材料相同。齿轮轴如图 2-42 所示。

值得注意的是，齿轮轴虽简化了装配，但整体长度大，给轮齿加工带来不便，而且，齿轮损坏后，轴也随之报废，不利于回用。故键槽底部到齿根的距离当大于 $2.5m_n$（圆柱齿轮）或大于 $1.6m$（锥齿轮）时，应将齿轮与轴分开制造。齿轮轴的适用条件是：$d_a＜2d_3$ 或 $\delta \leqslant 2.5m$，齿轮毛坯获得方式与轴相同。

② 实心式齿轮。当轮辐的宽度与齿宽相等时得到实心式齿轮结构，它的结构简单、制造方便。为便于装配和减少边缘应力集中，孔边及齿顶边缘应切制倒角。对于锥齿轮，轮毂的宽度应大于齿宽，以利于加工时装夹。实心式齿轮的适用条件：$d_a \leqslant 200\ mm$，对可靠性有特殊要求、高速转动时降低噪声。实心式齿轮如图 2-43 所示。

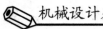

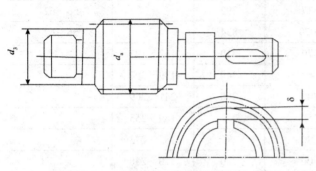

图 2-42　齿轮轴　　　　　　　　　图 2-43　实心式齿轮

③ 腹板式齿轮。考虑到加工时夹紧及搬运的需要，腹板上常对称地开出 4～6 个均布孔。直径较小时，腹板式齿轮的毛坯常用可锻材料通过锻造得到，批量小时采用自由锻，批量大时采用模锻。直径较大或结构复杂时，毛坯通常用铸铁、铸钢等材料铸造而成。对于模锻和铸造齿轮，为便于起模，应设计必要的拔模斜度和较大的过渡圆角。腹板式齿轮锻造和铸造的结构分别如图 2-44a 和图 2-44b 所示。腹板式齿轮锻造结构的适用条件：d_a ≤200～500 mm 的锻钢齿轮；$\delta_0 =$（2.5～4）m_n，但不小于 8mm；$d_0 = 0.25$（$D_2 - D_1$）；$D_0 = 0.5$（$D_2 + D_1$）；$C = 0.3b$（自由锻），$C = 0.2b$（模段），但 C 不小于 8 mm　r ≈ 0.5，n = 0.5m_n；腹板式齿轮铸造结构的适用条件：d_a ≤500 mm 的铸钢或铸铁齿轮；$D_1 = 1.6d$（铸钢），$D_1 = 1.8d$（铸铁），$\delta_0 =$（2.5～4）m_n 但不小于 8 mm；$C = 0.2b$ 但不小于 10 mm；r ≈ 0.5C，$d_0 =$（0.25～0.35）（$D_2 - D_1$），n = 0.5m_n

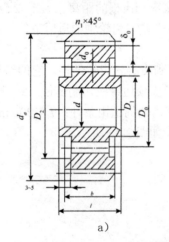

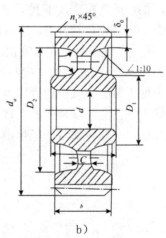

a)　　　　　　　　　　　　　　b)

图 2-44　腹板式齿轮

a）腹板式齿轮（锻造）；b）腹板式齿轮（铸造）

④ 轮辐式齿轮。当齿顶圆直径较大时，为减轻质量，可作成轮辐式铸造齿轮，轮辐剖面常为"＋"字形。受锻造设备的限制，轮辐式齿轮多为铸造齿轮。如图 2-45 所示。

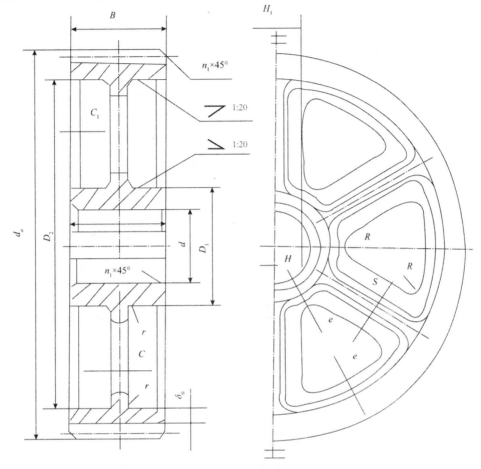

图 2-45　轮辐式齿轮

轮辐剖面形状可以采用椭圆形（轻载）、十字形（中载）、及工字形（重载）等。轮辐式齿轮的适用条件：$d_a > 400 \sim 1\,000$ mm。

2）齿轮传动的精度。

① 精度等级。GB 对齿轮精度规定了 1～12 个等级，1 级精度最高，12 级最低。其中 1、2 级为待发展级，3～5 级为最高精度级，6～8 级为中等精度级，9～12 级为低精度级。

② 公差组。按误差特性及对传动性能的主要功能影响，标准把检验项目分为 3 个公差组。第Ⅰ公差组主要影响传动准确性，第Ⅱ公差组主要影响传动平稳性，第Ⅲ公差组主要影响齿轮受载后的载荷分布均匀性。具体分组可查相关资料。

③ 精度等级选择。齿轮精度等级的选择应考虑齿轮的用途、使用条件、传递功率、圆周速度、传递运动的准确性和平稳性等。一般情况下由经验法确定精度等级，3 个公差组可选择相同的精度等级，也可根据情况选不同的等级。

④ 齿轮副的侧隙。GB 规定了 14 种齿厚极限偏差，分别用字母 C_a，D_a，E_a，F_a，$\cdots R_a$，S 表示，数值是齿距极限偏差的整数倍，通过齿轮副极限偏差的选择可保证最小齿侧间隙。齿厚上下极限偏差除了由计算法确定外，也可由经验法确定，表 2-22 所示为通用减速器行

业的企业标准（部分），供参考。

表 2-22　齿厚极限偏差参考值

1组精度		7						8					
分度圆直径/mm	偏差名称	法向模数/mm						法向模数/mm					
		≥1~3.5		>3.5~6.3		>6.3~10		≥1~3.5		>3.5~6.3		>6.3~10	
		偏差代号	偏差数值	偏差代号	偏差数值	偏差代号	偏差数值	偏差代号	偏差数值	偏差代号	偏差数值	偏差代号	偏差数值
≤80	E_{ss}	H	−112	G	−108	G	−120	G	−120	F	−100	F	−112
	E_{si}	K	−168	J	−180	J	−120	J	−200	H	−200	H	−244
>80~125	E_{ss}	H	−112	G	−108	G	−120	G	−120	G	−150	F	−112
	E_{si}	K	−168	J	−180	J	−200	J	−200	J	−250	H	−244
>125~180	E_{ss}	H	−128	G	−120	G	−132	G	−132	G	−168	F	−128
	E_{si}	K	−192	J	−200	J	−220	K	−264	J	−280	H	−256
>180~250	E_{ss}	H	−128	H	−160	G	−132	H	−176	G	−168	G	−192
	E_{si}	K	−192	K	−240	J	−220	L	−352	J	−280	J	−320
>250~315	E_{ss}	J	−160	H	−160	H	−176	H	−176	G	−168	G	−192
	E_{si}	M	−320	K	−240	K	−164	L	−352	J	−280	J	−320
>315~400	E_{ss}	K	−192	H	−160	H	−176	H	−176	G	−168	G	−192
	E_{si}	M	−320	K	−240	K	−164	L	−352	J	−280	J	−320

⑤ 齿轮精度的选择与标注。表 2-23 所示为若干精度等级齿轮的适用范围，供选择精度等级时参考。

表 2-23　齿轮传动精度等级适用的速度范围

齿的种类	传动种类	齿面硬度 HBS	齿轮精度等级/速度范围/（m/s）				
			3, 4, 5	6	7	8	9
直齿	圆柱齿轮	≤350	>12	≤18	≤18	≤12	≤4
		>350	>10	≤15	≤15	≤10	≤3
	圆锥齿轮	≤350	>7	≤10	≤10	≤7	≤3
		>350	>6	≤9	≤9	≤6	≤2.5
斜齿及曲齿	圆柱齿轮	≤350	>25	≤36	≤36	≤25	≤8
		>350	>20	≤30	≤30	≤20	≤6
	圆锥齿轮	≤350	>16	≤24	≤24	≤16	≤6
		>350	>13	≤19	≤19	13	≤6

在齿轮零件图上应标出齿轮的精度等级和齿厚极限偏差的字母代号。如：当齿轮 3 个公差组等级同为 7 级，齿厚上偏差为 F，下偏差为 L 时标注为：7FL GB10095—88；当齿轮三级公差分别为 7、6、6，齿厚上下偏差分别为 G、M 时标注为：7—6—6GM GB10095—85。

⑥ 齿坯要求。齿坯的加工误差对齿轮的加工、检验和安装精度影响很大。所以控制齿坯的质量是保证和提高齿轮加工精度的一项积极措施，设计时应对齿坯精度做相应要求。齿坯公差如表 2-24 所示。

表 2-24　齿坯公差

齿轮精度等级①			6	7、8	9	
孔	尺寸公差 形状公差		IT6	IT7	IT8	注：①当三个公差组的精度等级不同时，按最高的精度等级确定公差值；
轴	尺寸公差 形状公差		IT5	IT6	IT7	
齿顶圆直径②				IT8	IT9	②当齿顶圆不作为测量齿厚的基准时，尺寸公差按 IT11 给定，但不大于 0.1；
	分度圆直径/mm					
	大于	到				③当以齿顶圆作基准面时，本栏是指顶圆的径向跳动
基准面的径向圆跳动公差③	—	125	11	18	28	
	125	400	14	22	36	
基准面的端面圆跳动公差	400	800	20	32	50	
	800	1600	28	45	71	
	1600	2500	40	63	100	
	2500	4000	63	100	160	

【例 2-3】 某两级直齿圆柱齿轮减速器的低速级齿轮采用标准齿轮，已知 $z_1 = 34$ 齿，$z_2 = 106$ 齿，$m = 3mm$，转速 $n_1 = 300r/min$，齿宽 $b_1 = 110mm$，传递功率 $p = 12kW$，试确定小齿轮的结构和精度，并画出小齿轮的工作图（小齿轮材料 45 钢调质）。

【解】 ①计算小齿轮的主要尺寸：

$a' = a = m(z_1 + z_2)/2 = [3 \times (34 + 106)/2] = 210$（mm）

$d_1 = m z_1 = 3 \times 34 = 102$（mm）

$d_{a1} = d_1 + 2h_a^* m = (102 + 2 \times 1 \times 3) = 108$（mm）

$d_{f1} = d_1 - 2(h_a^* + c^*)m = 102 - 2(1 + 0.25) \times 3 = 94.5$（mm）

由式（2-40）求跨齿数 k：$k_1 = \dfrac{\alpha}{180°} z_1 + 0.5 \approx 0.111 \times 34 + 0.5 = 4.27$，取 $k_1 = 4$。

②确定小齿轮的结构形式。计算安装小齿轮处轴的直径。由材料力学所学的方法初步估算输入轴安装小齿轮处的最小直径。

$$d \geq A\sqrt[3]{\frac{p}{n}}$$

取 $A = 118$,
$$d \geq 118 \times \sqrt[3]{\frac{12}{300}} = 40.3 \ (\text{mm})$$

根据轴的结构设计,取安装小齿轮处轴的直径 $d_s = 50$ mm。考虑键槽尺寸后,选择小齿轮为实心式齿轮结构。

③选择齿轮精度等级和极限偏差。计算圆周速度:

$$v = \frac{\pi d_1 n_1}{60 \times 1\,000} = \frac{\pi \times 102 \times 300}{60 \times 1\,000} = 1.6 \ (\text{m/s})$$

考虑到减速器为一般设备,且速度不高,45 钢调质处理后,查表 2-20 知硬度为 129-286HBS<550HBS。参考表 2-23,取精度等级为 8 级。齿厚上偏差、下偏差,查齿厚偏差表 2-22,取上偏差代号为 G,下偏差代号为 J。

齿轮精度标注:8 GHK GB 10095—88

④齿轮工作图。小齿轮工作图如 2-46 所示。

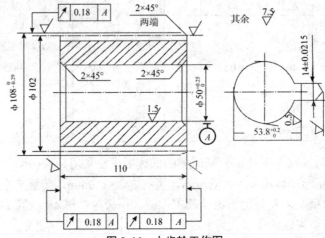

图 2-46　小齿轮工作图

其中有关尺寸和公差的标注说明见表 2-25,技术要求:调质 229~286HBS。

表 2-25　小齿轮工作图中有关尺寸和公差的标注说明

模数	m	3
齿数	z	34
压力角	a	20°
齿顶高系数	h_a^*	1
精度等级	8GJ GB10095—88	
齿轮副中心距及其极限偏差	$a \pm f_a$	210±0.036
配对齿轮	图号	
	齿数	106

公差组		代号	公差值
Ⅰ	齿圈径向圆跳动	F_r	0.045
	公法线长度变动公差	F_w	0.040
Ⅱ	齿距极限偏差	F_{pt}	±0.020
	齿形公差	f_f	0.014
Ⅲ	齿向公差	f_β	0.032
公法线平均长度及偏差		W	
跨齿数		k	4
标题栏			

齿坯公差查表 2-24。公法线平均长度偏差由齿厚极限偏差换算。由表 2-22 查知，$E_{ss} = -0.120\text{mm}$，$E_{si} = -0.200\text{mm}$。根据换算公式知：

公法线长度上偏差 E_{wms}

$E_{wms} = E_{ss}\cos\alpha - 0.72F_r\sin\alpha = -0.120\cos20° - 0.72 \times 0.045\sin20° = -0.124$（mm）

公法线长度下偏差 E_{wmi}

$E_{wmi} = E_{si}\cos\alpha - 0.72F_r\sin\alpha = -0.200\cos20° - 0.72 \times 0.045\sin20° = -0.177$（mm）

（4）齿轮的设计准则。齿轮的设计准则主要有以下方面：

① 闭式软齿面齿轮：失效形式主要是疲劳点蚀，其次是轮齿折断；应按接触疲劳强度计算，并校核弯曲疲劳强度。

② 闭式硬齿面齿轮：主要失效形式是轮齿折断，其次是齿面疲劳点蚀。按弯曲疲劳强度计算，并校核接触疲劳强度。

③ 开式齿轮：主要失效形式是齿面磨损和轮齿折断，因磨损尚无成熟的计算方法，只能按轮齿弯曲疲劳强度设计，并通过适当增大模数的方法来考虑磨损的影响。短期超载的齿轮传动，其主要失效形式是超载折断或塑性变形，其设计约束条件为静强度条件。

4. 直齿圆柱齿轮的轮齿受力分析及设计过程

（1）齿面接触疲劳强度计算。齿面点蚀与接触应力 σ_H 有关，为了使轮齿在一定的时限内不发生点蚀，必须使齿面的接触应力不能超过材料的许用接触应力$[\sigma_H]$。即：

$$\sigma_H \leqslant [\sigma_H]$$

钢制的标准直齿圆柱齿轮，接触疲劳强度的校核公式为式（2-43）设计公式 2-44

$$\sigma_H = Z_E Z_H \sqrt{\frac{2K_A T_1}{bd_1^2}g\frac{u \pm 1}{u}} \leqslant [\sigma_H] \qquad (2\text{-}43)$$

$$d \geqslant \sqrt[3]{\frac{2K_A T_1}{\varphi_d}g\frac{u \pm 1}{u}\left(\frac{Z_E Z_H}{[\sigma_H]}\right)^2} \qquad (2\text{-}44)$$

式中各参数确定如下：

① 材料的弹性系数 Z_E：考虑配对齿轮材料弹性模量和泊松比对接触应力的影响，由

表 2-26 查取。

表 2-26　材料弹性系数 Z_E

小齿轮材料	大齿轮材料			
	钢	铸钢	球墨铸铁	灰铸铁
钢	189.8	188.9	181.4	162.0
铸钢	—	188.0	180.5	161.4
球墨铸铁	—	—	173.9	156.6
灰铸铁	—	—	—	143.7

② 节点区域系数 Z_H：考虑节点处齿面形状对接触应力的影响，由图 2-47 查得。

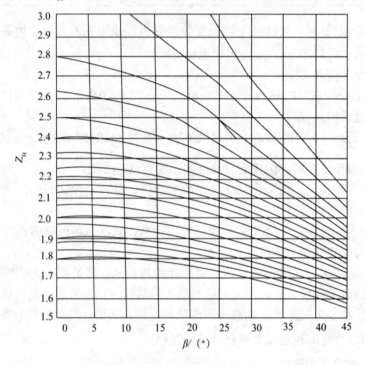

图 2-47　时的节点区域系数 Z_H

x_1 和 x_2 为小齿轮和大齿轮的变位系数；z_1 和 z_2 为小齿轮和大齿轮的齿数

③ 载荷系数 K_A：是考虑到齿轮实际工作时，载荷沿齿宽方向分布不均和附加动载荷的影响而引进的系数。由表 2-27 查取。

表 2-27　载荷系数 K_A

工作机的 工作特性	原动机的工作特性及其示例			
	均匀平稳 电动机	轻微冲击 汽轮机、液压马达	中等冲击 多缸内燃机	严重冲击 单缸内燃机
均匀平稳	1.00	1.10	1.25	1.50
轻微冲击	1.25	1.35	1.50	1.75
中等冲击	1.50	1.60	1.75	2.00

注：对于增速传动，根据经验建议取表中值的 1.1 倍。

④ 作用在主动齿轮上的转矩 T_1：根据齿轮传递的功率 P（kW）和主动轮的转速 n_1（r / min）求得：

$$T_1 = 9\,550\frac{P}{n_1}$$

⑤ 齿数比，$u = z_1/z_2$ 齿数比不宜过小，否则两轮尺寸相差悬殊，齿轮传动结构大，且小齿轮比大齿轮磨损严重，报废较快。为了结构紧凑，通常 $u \leq 7$。对于变速箱中的齿轮传动，取 $u \leq 4-5$。对于开式齿轮传动，允许取 $u = 8-12$。

⑥ 齿宽 b 由齿轮结构确定，单位为 mm。

⑦ 小齿轮直径 d_1，由强度条件确定，单位为 mm。

⑧ 齿宽系数 φ_d。$\varphi_d = b/d$ 齿宽系数越大，小齿轮直径和中心距越小，可降低传动的圆周速度。但齿宽系数越大，齿轮载荷分布越不均匀。所以应合理选择齿宽系数。一般闭式齿轮传动，$\varphi_d = 0.2 \sim 1.4$。φ_d 可查表 2-28。

表 2-28　圆柱齿轮的齿宽系数 φ_d

齿轮相对轴承的位置	大轮或两轮齿面硬度≤350HBS	两轮齿面硬度>350HBS
对称布置	0.8～1.4	0.4～0.9
不对称布置	0.6～1.2	0.8～0.6
悬臂布置	0.3～0.4	0.2～0.5

⑨ 许用接触应力 $[\sigma_H]$ 可按以下公式计算：

$$[\sigma_H] = \frac{\sigma_{H\lim}}{S_H} \tag{2-45}$$

式中，$\sigma_{H\lim}$ 为试验齿轮的接触疲劳极限，按图 2-48 或表 2-30 查取。当材料、工艺、热处理性能良好时，可取表中的最大值；反之，取最小值；一般取中间值。

S_H 为齿轮接触强度安全系数，按表 2-29 查取。

表 2-29　最小安全系数 S_H、S_F

安全系数	静强度		疲劳强度	
	一般传动	重要传动	一般传动	重要传动
接触强度 S_H	1.0	1.3	1.0～1.2	1.3～1.6
弯曲强度 S_F	1.4	1.8	1.4～1.5	1.6～3.0

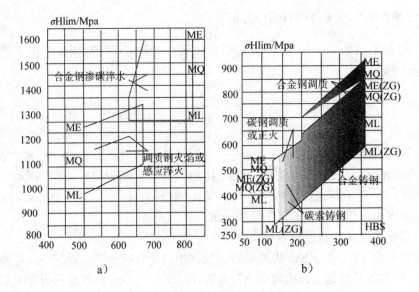

图 2-48　齿面接触极限接触应力 σ_{Hlim}

a）表面硬化钢；b）调质钢和铸钢

一对啮合轮齿工作时，接触应力必相等。但两齿轮材料和热处理方法一般不相同，因而两齿轮的许用接触应力 $[\sigma_{\mathrm{H1}}]$ 与 $[\sigma_{\mathrm{H2}}]$ 也就不一定相等。所以应用前面的强度校核公式及设计公式时，应代入 $[\sigma_{\mathrm{H1}}]$ 和 $[\sigma_{\mathrm{H2}}]$ 中的较小者。

（2）齿根弯曲疲劳强度计算。齿根弯曲疲劳强度计算的目的是防止轮齿折断。轮齿的折断，与齿轮的弯曲疲劳强度有关。轮齿的弯曲强度以齿根处最低，即齿根处弯曲应力最大。因此，弯曲强度的校核计算就是求出齿根处的弯曲应力 σ_{F} 与齿轮的许用弯曲应力 $[\sigma_{\mathrm{F}}]$ 进行比较，必须满足：

$$\sigma_{\mathrm{F}} \leqslant [\sigma_{\mathrm{F}}]$$

在计算弯曲应力时，可近似的将轮齿视为宽度为齿宽 b 的悬臂梁，如图 2-49 所示。

假设全部载荷作用在一个轮齿的齿顶，并认定危险截面是与轮齿齿廓对称线成 30° 角的两直线与齿根圆角相切点连线的齿根截面，经过推导，标准直齿圆柱齿轮弯曲疲劳强度校核公式如式（2-45），设计公式如式（2-46）为：

$$\sigma_{\mathrm{F}} = \frac{2KT_1}{bd_1 m} Y_{\mathrm{Fs}} \leqslant [\sigma_F] \tag{2-46}$$

$$m \geqslant \sqrt[3]{\frac{2KT_1}{\varphi_{\mathrm{d}} z_1^2} \frac{Y_{\mathrm{Fs}}}{[\sigma_{\mathrm{F}}]}} \tag{2-47}$$

式（2-47）各参数的选取如下：

① 复合齿形系数 Y_{Fs} 如图 2-50 所示。

② 许用弯曲应力 $[\sigma_{\mathrm{F}}]$ 按下列公式计算

$$[\sigma_{\mathrm{F}}] = \frac{\sigma_{\mathrm{Flim}}}{S_{\mathrm{F}}} \qquad (2\text{-}48)$$

式中， σ_{Flim} 为试验齿轮的弯曲疲劳极限，按图 2-51 或表 2-30 查取。

S_{F} 为齿轮弯曲强度安全系数，按表 2-29 查取。

其他参数与接触疲劳强度同。

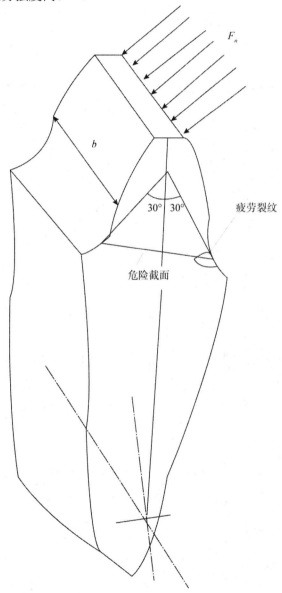

图 2-49 齿根弯曲应力计算简图

大小两齿轮的复合齿形系数 Y_{Fs2} 和 Y_{Fs1} 不等，齿根弯曲应力 σ_{F1} 和 σ_{F2} 也不等；两齿轮的材料一般不相同，许用弯曲应力 $[\sigma_{\mathrm{F1}}]$ 和 $[\sigma_{\mathrm{F2}}]$ 一般也不等。验算时两齿轮都必须满足强度条件。

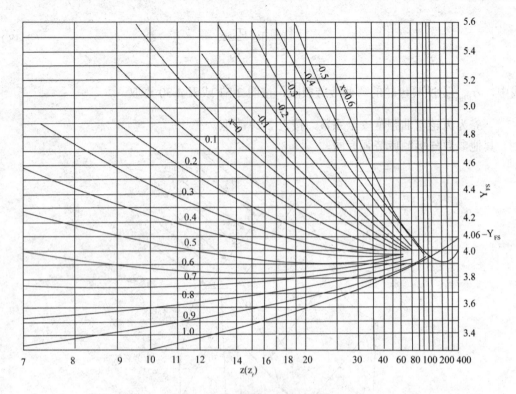

图 2-50　外齿轮的复合齿形系数 Y_{FS}

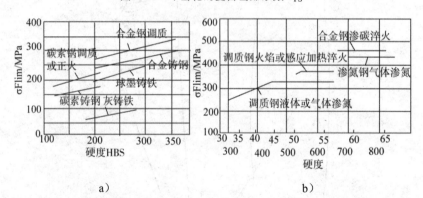

a）　　　　　　　　　　　　b）

图 2-51　齿根极限弯曲应力 σ_{FLim}

表 2-30　几种常用的齿轮材料的极限应力

牌　号	热处理方法	齿面硬度	σ_{Hlim}/MPa	σ_{Flim}/MPa
45 钢	正火	162～217HBS	$0.87 \cdot HBS + 380$	$0.7 \cdot HBS + 275$
	调质	217～286HBS		
	表面淬火	40～50HRC	$10 \cdot HRC + 670$	HRC<52, $10.5 \cdot HRC + 195$ HRC≥52 时, 740
40Cr	调质	240～285HBS	$1.4 \cdot HBS + 350$	$0.8 \cdot HBS + 380$
	表面淬火	48～55HRC	$10 \cdot HRC + 670$	HRC<52, $10.5 \cdot HRC + 195$ HRC≥52, 740

20Cr	渗碳淬火	56～62HRC	1500	860
ZG310－570	正火	163～207HBS	0.75·HBC＋320	0.6·HBS＋220
HT300	—	187～255HBS	HBS＋135	0.5·HBS＋20
QT500－5	—	147～241HRS	1.3·HBS＋240	0.8·HBS＋220

【例 2-4】 设计一带式运输机减速器的直齿圆柱齿轮传动，已知 $i=4$，$n_1=750$ r/min，传递功率 $P=5$ kW，工作平稳，单向传动，单班工作制，每班 8 h，工作期限 10 年。

【解】 计算过程和结果如下表所示。

计算与说明	计算过程和结果
（1）选择齿轮精度等级。运输机是一般工作机械，速度不高，故用 8 级精度	8 级精度
（2）选材与热处理。该齿轮传动无特殊要求，为制造方便，采用软齿面齿轮，大小齿轮均用 45 钢，小齿轮调质处理，由表 2-29 查得，齿面硬度：217～255HBS，大齿轮正火处理，齿面硬度：169～217HBS	小齿轮 45 钢调质处理，大齿轮 45 钢正火处理
（3）按齿面接触疲劳强度设计。该传动为闭式软齿面，主要失效形式为疲劳点蚀，故按齿面接触疲劳强度设计，再按齿根弯曲疲劳强度校核。 齿面接触疲劳强度条件： $$\sigma_H = Z_E Z_H \sqrt{\frac{2K_A T_1}{bd_1^2}\text{g}\frac{u\pm1}{u}} \le [\sigma_H]$$ 得：$$d \ge \sqrt[3]{\frac{2K_A T_1}{\varphi_d}\text{g}\frac{u\pm1}{u}\left(\frac{Z_E Z_H}{[\sigma_H]}\right)^2}$$ ② 使用系数 K_A，按表 2-27 取 $K_A=1.25$ ② 材料的弹性系数 Z_E，由表 2-29 查得 $Z_E=189.8$ ③ 节点区域系数 Z_H，由图 2-47 查得 $Z_H=2.38$ ④ 转矩 $T_1 = 9.55\times10^6\times\frac{p_1}{n_1} = 9.55\times10^6\times\frac{5}{750} = 63666.7(\text{N}\cdot\text{mm})$ ⑤ 疲劳许用应力 $[\sigma_H]=\frac{\sigma_{H\lim}}{S_H}$ 按齿面硬度中间值查图 2-44 查得 $\sigma_{H\lim1}=600\text{MPa}$	$T_1 = 63666.7\text{N M}$

$\sigma_{\text{Hlim2}} = 550\text{MPa}$，按一年工作 300 天计算，应力循环次数：

$$N_1 = 60njL_{\text{h}} = 60 \times 750 \times 1 \times 10 \times 300 \times 8 = 1.08 \times 10^9$$

$$N_2 = \frac{N_1}{i} = \frac{1.08 \times 10^9}{4} = 2.7 \times 10^8$$

按一般可靠性要求，取 $S_{\text{H}} = 1$ 则

$$\left[\sigma_{\text{H1}}\right] = \frac{600 \times 1}{1} = 600\text{MPa}$$

$$\left[\sigma_{\text{H2}}\right] = \frac{550 \times 1.08}{1} = 594\text{MPa}$$

取 $\left[\sigma_H\right] = 594\text{Mpa}$

⑥ 计算小齿轮分度圆直径 d_1。查表 2-27 按齿轮相对轴承对称布置取

$\phi_{\text{d}} = 1.08$，

将以上参数代入下式 $d \geq \sqrt[3]{\dfrac{2K_A T_1}{\varphi_{\text{d}}} g \dfrac{u \pm 1}{u} \left(\dfrac{Z_E Z_H}{\left[\sigma_H\right]}\right)^2}$

取 $d_1 = 50$ mm

⑦ 计算圆周速度

$$v = \frac{n_1 \pi d_1}{60 \times 100} = \frac{750 \times 3.14 \times 50}{60 \times 100} = 1.96(\text{m} / \text{s})$$

因 $v < 6$ m/s，故取 8 级精度合适。

	$\left[\sigma_H\right] = 594\text{MPa}$

$d_1 = 50\text{mm}$

八级精度合适

（4）确定主要参数。

① 齿数：取 $z_1 = 20$，则 $z_2 = z_1 i = 20 \times 40 = 80$

② 模数：

$m = d_1 / z_1 = 50 / 20 = 2.5(\text{mm})$，正好是标准模数第一系列的值。

分度圆直径：

$d_1 = mz_1 = 2.5 \times 20 = 50$（mm），$d_2 = mz_2 = 2.5 \times 80 = 200$（mm）

中心距：$a = (d_1 + d_2) / 2 = (50 + 200) / 2 = 125$（mm）

齿宽：$b = \varphi_{\text{d}} d_1 = 1.08 \times 50 = 54$（mm）

取 $b_2 = 60$（mm）

$B_1 = b_2 + 5$ mm $= 60 + 5$ mm $= 65$（mm）

$Z_1 = 20 \quad Z_2 = 80$

$m = 2.5$

$d_1 = 50\text{mm}$

$d_2 = 200\text{mm}$

$a = 125\text{mm}$

$b_2 = 60\text{mm}$

$b_1 = 65\text{mm}$

续表

（5）校核弯曲疲劳强度.由弯曲疲劳强度条件：

$$\sigma_F = \frac{2KT_1}{bd_1m} Y_{Fs} \le \left[\sigma_F \right]$$

得 $m \ge \sqrt[3]{\dfrac{2KT_1}{\varphi_{dz_1^2}} \dfrac{Y_{Fs}}{\left[\sigma_F \right]}}$

① 复合齿形系数 Y_{FS}，由图 2-50 查得：$Y_{FS1} = 4.38$，$Y_{FS2} = 4$

② 弯曲疲劳许用应力 $\left[\sigma_F \right] = \dfrac{\sigma_{Flim}}{S_F}$

按齿面硬度中间值查图 2-51 得：$\sigma_{Flim1} = 240 \text{Mpa}, \sigma_{Flim2} = 220 \text{MPa}$

按一般可靠性要求，取弯曲疲劳安全系数 $S_F = 1$，则

$$\left[\sigma_{F1} \right] = \frac{\sigma_{Flim1}}{S_F} = 240 \text{MPa} \left[\sigma_{F2} \right] = \frac{\sigma_{Flim2}}{s_F} = 220 \text{MPa}$$

③ 校核计算

$$\sigma_{F1} = \frac{2KT_1}{bmd_1} Y_{FS1} = \frac{2 \times 1.2 \times 63\ 666.7}{60 \times 2.5 \times 50} \times 4.38 = 88.6 \text{Mpa} < \left[\sigma_{F1} \right]$$

$$\sigma_{F2} = \sigma_{F1} Y_{FS2}/Y_{FS1}$$

$$83.53 \text{MPa} < \left[\sigma_{F2} \right]$$

$\left[\sigma_{F1} \right] = 240 \text{MPa}$

$\left[\sigma_{F2} \right] = 220 \text{MPa}$

弯曲强度足够

（6）结构设计（略）

四、标准渐开线斜齿圆柱齿轮

　　直齿圆柱齿轮，其轮齿方向与轴线是平行的，所有垂直于轴线平面内的齿形完全相同。当两个直齿圆柱齿轮啮合时，相互啮合的两个齿的接触线，是平行于轴线且与齿宽相等的直线，如图 2-52 所示。在直齿轮运转的过程中，轮齿将沿齿宽同时进入或同时脱离啮合，因而作用在轮齿上的载荷是突然加上或卸掉的，这将使传动不平稳，容易产生振动和噪声。

　　为了适应机器速度提高、功率增大的需要，在直齿圆柱齿轮的基础上，研究产生了斜齿圆柱齿轮。

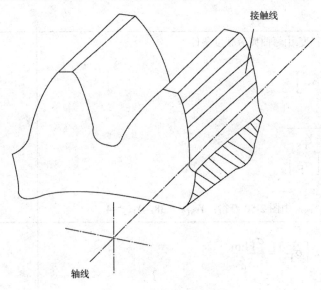

图 2-52　直齿轮的接触线

（一）斜齿圆柱齿轮的形成及传动的特点

设想用多个平行于直齿轮轴线的平面（端面）将直齿圆柱齿轮切为多片薄齿轮，如图 2-53a 所示。并将各片薄齿轮依次向同一方向转过一个相同角度，这样就成为阶梯状的齿轮，如图 2-53b 所示。如果将这些薄齿轮切得无限薄，阶梯状齿轮就变成斜齿圆柱齿轮，如图 2-53c 所示。可见，斜齿圆柱齿轮的端面齿廓是渐开线，能保持传动比恒定。传动具有啮合角不变和中心距可分等特点。

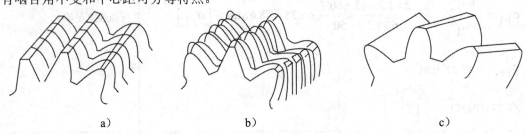

a）　　　　　　　　　　　b）　　　　　　　　　　　c）

图 2-53　斜齿圆柱齿轮的形成

a）多片薄齿轮；b）阶梯状的齿轮；c）斜齿圆柱齿轮

斜齿轮的轮齿与轴线倾斜成螺旋形。通常所说的斜齿轮机构是指两平行轴之间的斜齿轮机构。一对斜齿轮啮合过程中，每个瞬时接触线都不与轴线平行，而是倾斜的。两轮轮齿开始啮合（图 2-54a）时，接触线长度由零逐渐增长，当到达某一位置（图 2-54b）后，接触线长度又逐渐缩短，直到脱离啮合（图 2-54c）。可见，斜齿轮的轮齿是由逐渐进入啮合到逐渐脱开啮合的，轮齿的受力也在逐渐发生着变化。另外，由于轮齿是倾斜的，同时啮合的齿数比直齿轮传动多。因此，斜齿轮传动比直齿轮传动平稳，承载能力高，适用于高速和重载传动。但在传动中会产生轴向分力，且不便于用作变速滑移齿轮。

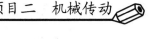

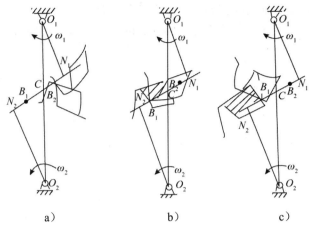

图 2-54　斜齿轮的轮齿传动齿面接触线的变化

（二）斜齿圆柱齿轮的主要参数及几何尺寸

（1）螺旋角。斜齿圆柱齿轮的轮齿在齿宽方向上是沿螺旋线方向分布的，齿廓曲面与任一直径大于基圆柱的圆柱面的交线都是螺旋线。各螺旋线上任意一点的切线与过该点圆柱母线的夹角称为该圆柱上的螺旋角 β_K。各圆柱上的螺旋角不相等。规定分度圆上的螺旋角称为斜齿圆柱齿轮的螺旋角，用"β"表示，如图 2-55 所示。基圆柱上的螺旋角用"β_b"表示。

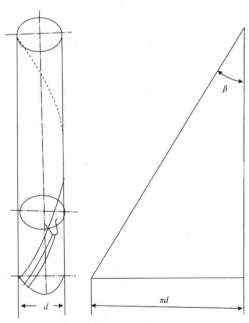

图 2-55　斜齿轮的螺旋角

由于斜齿轮的齿面为渐开线螺旋面，所以其端面（垂直于齿轮轴线的平面）和法面（垂直于齿廓的平面）的齿形不同。在加工斜齿轮时，刀具是沿法面方向进刀的，所以要以轮齿的法向参数为标准来选择刀具。但在计算几何尺寸时又要按端面的参数进行计算。因此，必须掌握斜齿轮端面与法面之间的参数换算关系。

通常假想将斜齿轮的分度圆柱面展开，如图 2-56 所示。在展开平面上，斜齿轮的螺旋线变成斜直线，它与轴线的夹角即为分度圆柱上的螺旋角 β。斜齿轮轮齿的旋向分为左、右旋两种。

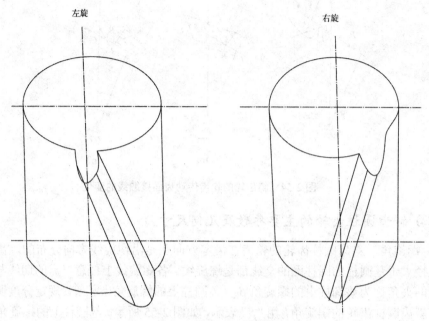

图 2-56　斜齿轮的旋向图

（2）模数。如图 2-57 所示，有阴影线的部分表示齿厚，无阴影线的部分表示齿槽。p_n 表示法向齿距，p_t 表示端面齿距，则 p_n 和 p_t 之间的关系式为

$$p_n = p_t \cos\beta \tag{2-49}$$

由于，式（2-49）两边都除以 π 得法面模数与端面模数之间的关系为：

$$m_n = m_t \cos\beta \tag{2-50}$$

一般规定法面模数 m_n 为标准值，查表 2-17 标准模数系列取标准值。

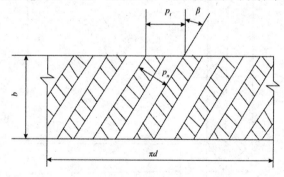

图 2-57　斜齿轮分度圆上的尺寸

（3）压力角。斜齿轮在分度圆上的压力角也有法向压力角 α_n 和端面压力角 α_t 之分，两者之间的关系为：

$$m_t = \frac{m_n}{\cos\beta} \tag{2-51}$$

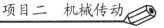

一般规定法向压力角取标准值，即 $\alpha_n = 20°$。

在加工斜齿轮时，刀具是沿螺旋线方向进刀的，此时轮齿的法向参数与刀具的参数一致。因此，一般规定斜齿轮的法向参数为标准值，并与直齿轮的参数标准相同。

（4）齿顶高系数、顶隙系数和变位系数。由于轮齿的径向尺寸无论是从端面还是从法面来看都是相同的，所以端面和法向的齿顶高、顶隙和变为量都相等，即 $h_{at}^* m_t = h_{an}^* m_n$，

$C_t^* m_t = C_n^* m_n$，　$x_t m_t = x_n m_n$

亦即：

$$h_{at}^* = h_{an}^* \cos\beta \tag{2-52}$$

$$C_t^* = C_n^* \cos\beta$$

$$x_t = x_n \cos\beta$$

由斜齿轮的形成可知，斜齿轮端面上各部分尺寸关系和直齿轮完全一样，所以可用斜齿轮端面参数代入直齿轮的几何尺寸计算公式来计算。斜齿轮的几何尺寸计算公式如表 2-31 所示。

表 2-31　标准斜齿圆柱齿轮传动的参数和几何尺寸计算

名称	代号	计算公式
端面模数	m_t	$m_t = m_n / \cos\beta$，m_n 为标准值
螺旋角	β	$\beta = 8° \sim 20°$
端面压力角	α_t	$\alpha_t = \arctan \dfrac{\tan\alpha_n}{\cos\beta}$，$\alpha_n$ 为标准值
分度圆直径	d_1，d_2	$d_1 = m_t z_1 = \dfrac{m_n z_1}{\cos\beta}$，$d_2 = m_t z_2 = \dfrac{m_n z_2}{\cos\beta}$
齿顶高	h_a	$h_a = m_n$
齿根高	h_f	$h_f = 1.25 m_n$
全齿高	h	$h = h_a + h_f = 2.25 m_n$
顶隙	C	$c = h_f - h_a = 0.25 m_n$
齿顶圆直径	d_{a1}，d_{a2}	$d_{a1} = d_1 + 2h_a$，$d_{a2} = d_2 + 2h_a$
齿根圆直径	d_{f1}，d_{f2}	$d_{f1} = d_1 - 2h_f$，$d_{f2} = d_2 - 2h_f$
中心距	a	$a = \dfrac{d_1 + d_2}{2} = \dfrac{mt}{2}(z_1 + z_2) = \dfrac{m_n(z_1 + z_2)}{2\cos\beta}$

（三）斜齿圆柱齿轮的当量齿数

加工斜齿轮时，铣刀是沿着螺旋线方向进刀的，故应当按照齿轮的法面齿形来选择铣刀。另外，在计算轮齿的强度时，因为力作用在法面内，所以也需要知道法面的齿形。通

常采用近似方法确定。

如图 2-58 所示，过分度圆柱面上 C 点作轮齿螺旋线的法平面 nn，它与分度圆柱面的交线为一椭圆。其长半轴 $a=d/2\cos\beta$，短半轴 $b=d/2$。

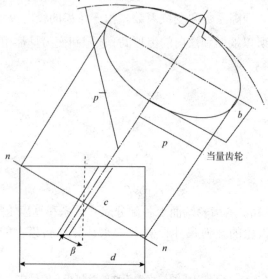

图 2-54　斜齿圆柱齿轮的当量齿轮

以 ρ 为分度圆半径，以斜齿轮的法面模数 m_n 为模数，$\alpha_n=20°$，作一直齿圆柱齿轮，它与斜齿轮的法面齿形十分接近。这个假想的直齿圆柱齿轮称为斜齿圆柱齿轮的当量齿轮。它的齿数 z_v 称为斜齿圆柱齿轮的当量齿数。

$$z_v = \frac{2\rho}{m_n} = \frac{d}{m_n \cos^2\beta} = \frac{m_n z}{m_n \cos^2\beta} = \frac{z}{\cos^2\beta} \qquad (2\text{-}53)$$

式中，z 为斜齿轮的实际齿数。

由式（2-53）可知，斜齿轮的当量齿数总是大于实际齿数，并且往往不是整数。

因斜齿轮的当量齿轮为一直齿圆柱齿轮，仿形法加工斜齿轮时，应按当量齿数选择铣刀号码；强度计算时按一对当量齿轮传动计算一对斜齿轮传动；在计算标准斜齿轮不发生切齿干涉时，由于 $z_{vmin}=17$，则正常齿标准斜齿轮不发生根切的最少齿数可按下式计算

$$z_{min} = z_{vmin} \cdot \cos^3\beta = 17\cos^3\beta \qquad (2\text{-}54)$$

（四）斜齿圆柱齿轮传动的正确啮合传动

（1）正确啮合条件。斜齿轮正确啮合时，除了两轮的法面模数和法面压力角分别相等外，两轮的螺旋角也必须大小相等且旋向在外啮合时相反，内啮合时相同（即外啮合时一轮为左旋，另一轮为右旋）。由于两轮的螺旋角相等，所以其法向模数和法向压力角也必然相等。因此，外啮合斜齿轮传动的正确啮合条件为：

$$
\begin{aligned}
m_{n1} &= m_{n2} = m_n \\
\alpha_{n1} &= \alpha_{n2} = \alpha \\
\beta_1 &= \pm\beta_2
\end{aligned}
\qquad (2\text{-}55)
$$

外啮合时取"一"号，内啮合时取"＋"号。

（2）正确安装条件。外啮合标准斜齿圆柱齿轮传动的正确安装中心距为：

$$\alpha' = \alpha = \frac{d_1 + d_2}{2} = \frac{m_n}{2\cos\beta}(z_1 + z_2) \qquad (2\text{-}56)$$

可见，当模数和齿数不变时，可通过调整螺旋角 β 来配凑中心距。

（3）斜齿轮传动的重合度。由图 2-49 可见，斜齿轮传动的重合度与直齿轮相比，由两部分组成，一部分是与直齿轮相同的 ε_t，称为端面重合度，另一部分是由螺旋角产生的纵向重合度 ε_β，按下式计算：

$$\varepsilon_\beta = \frac{b\sin\beta}{\pi m_n} \qquad (2\text{-}57)$$

ε_β 的值随齿宽 b 和螺旋角的增大而增大，设计时希望使 $\varepsilon_\beta \geq 1$。

斜齿轮传动的重合度 $\varepsilon = \varepsilon_t + \varepsilon_\beta$。

【例 2-5】外啮合标准斜齿圆柱齿轮传动。已知 $m_n = 2\ \text{mm}$，$z_1 = 20$，$z_2 = 46$，$\alpha_n = 20°$，$h_{an}^* = 1$，$c_n^* = 0.25$，$a' = 68\ \text{mm}$，$b = 20\ \text{mm}$，试计算齿轮 1 的几何尺寸。

【解】（1）求螺旋角 β。

该传动为标准齿轮传动，$a' = a = 68\ \text{mm}$，由式（2-56）得，

$$\cos\beta = \frac{m_n(z_1 + z_2)}{2a} = \frac{2 \times (20 + 46)}{2 \times 68} = 0.97059$$

$$\beta = 13°55'50''$$

（2）端面参数

$$m_t = \frac{m_n}{\cos\beta} = \frac{2}{\cos 13°55'50''} = 2.0606 \quad (\text{mm})$$

$$\tan\alpha_t = \frac{\tan\alpha_n}{\cos\beta} = \frac{\tan 20°}{\cos 13°55'50''} = 0.374999$$

$$\alpha_t = 20°40'$$

（3）齿轮 1 的几何尺寸

$$d_1 = m_t z_1 = \frac{m_n z_1}{\cos\beta} = \frac{2 \times 20}{\cos 13°55'50''} = 41.212 \quad (\text{mm})$$

$$d_{a1} = d_1 + 2m_n = (41.212 - 2 \times 2) = 45.212 \quad (\text{mm})$$

$$d_{f1} = d_1 - 2.5m_n = (41.212 - 2.5 \times 2) = 36.212 \quad (\text{mm})$$

$$z_1' = z_1 \frac{inv\alpha_t}{inv\alpha_n} = 20 \times \frac{inv 20°40'}{inv 20°} = 22.1448$$

$$k_1 = \frac{z_1'}{9} + 0.5 = \frac{22.1448}{9} + 0.5 = 2.96$$

取 $k_1 = 3$，

$$W_{n1} = m_n \left[2.9521(k_1 - 0.5) + 0.014z_1' \right]$$

$$= 2 \times \left[2.9521 \times (3-0.5) + 0.014 \times 22.1448 \right] = 15.381$$

（五）斜齿圆柱齿轮受力分析

图 2-59a 所示为一主动斜齿圆柱齿轮轮齿受力情况，若略去齿面间的摩擦力，并将分度圆柱上垂直作用于节点的法向力 F_n 分解为三个分力：圆周力 F_t、径向力 F_r 和轴向力 F_x。

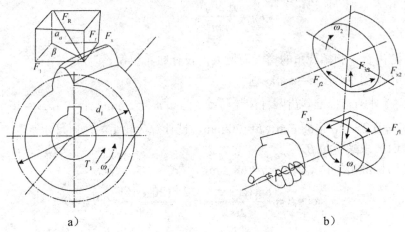

a)   b)

图 2-59 斜齿圆柱齿轮传动的受力分析

（1）各力的大小： F_t、F_r 和 F_x。

圆周力：
$$F_t = \frac{2T_1}{d_1}$$

径向力：
$$F_r = F_t \frac{\tan \alpha_n}{\cos \beta} = F_t \tan \alpha_t \qquad （2-57）$$

轴向力：
$$F_x = F_t \tan \beta$$

法向力：
$$F_n = \frac{F_t}{\cos \alpha_n \cdot \cos \beta} = \frac{F}{\cos \alpha_t \cdot \cos \beta_b}$$

$$= \frac{2T_1}{d_1 \cos \alpha_t \cdot \cos \beta_b}$$

式中，α_n 为法面分度圆压力角；

α_t 为端面分度圆压力角；

T_1 为主动轮上的名义转矩；

β 为分度圆螺旋角；

β_b 为基圆螺旋角；

d_1 为主动轮的分度圆直径。

（2）各力的方向

圆周力 F_t：主动轮上的与转向相反，从动轮上的与转向相同。

径向力 F_r：分别指向各自轮心。

轴向力 F_x：主动轮的轴向力 F_{x1} 用"左右手法则"来判断（见图 2-59b）。当主动轮右旋时，用右手四指的弯曲方向表示主动轮的转动方向，大拇指所指的方向即为轴向力的方向；主动轮左旋时，用左手来判断，方法同上。

（3）对应关系。啮合点处主、从动齿轮上各对应力大小相等，方向相反（见图 2-55b）。

（六）齿面接触疲劳强度条件

计算斜齿圆柱齿轮传动的接触应力时，考虑其特点：

（1）啮合的接触线是倾斜的，有利于提高接触强度，引入螺旋角系数 Z。

（2）节点的曲率半径按法面计算。

（3）重合度大，传动平稳。

可以认为一对斜齿圆柱齿轮啮合相当于它们的当量直齿轮啮合，因此斜齿圆柱齿轮强度计算可转化为当量直齿轮的强度计算。

与直齿圆柱齿轮一样，利用赫芝公式，代入当量直齿轮的有关参数后，得：

斜齿圆柱齿轮的齿面接触疲劳强度校核式：

$$\sigma_H = Z_E Z_H Z_s Z_\beta \sqrt{\frac{2K_A T_1}{bd_1^2} g \frac{u \pm 1}{u}} \leqslant [\sigma_H] \tag{2-59}$$

斜齿圆柱齿轮的齿面接触疲劳强度设计式：

$$d \geqslant \sqrt[3]{\frac{2K_A T_1}{\varphi_d} \times \frac{u \pm 1}{u} \times \left(\frac{Z_E Z_H Z_s Z_\beta}{[\sigma_H]}\right)^2} \tag{2-60}$$

式中，Z_H 为节点区域系数，查图 2-47 确定；

Z_β 为螺旋角系数，$Z_\beta = \sqrt{\cos\beta}$，是用来考虑斜齿轮的接触线是倾斜的，导致接触强度有所提高而引入的系数；

Z_s 为重合度系数，因斜齿圆柱齿轮的重合度较大，可取 $Z_s = 0.75 \sim 0.88$，齿数多时取小值，反之取大值。

其他参数及单位的确定参见直齿圆柱齿轮设计。

（七）齿根弯曲疲劳强度条件

斜齿轮啮合过程中，接触线和危险截面位置在不断的变化，要精确计算其齿根应力是很难的，只能近似地按法面上的当量直齿圆柱齿轮来计算其齿根应力。将当量齿轮的有关参数代入直齿圆柱齿轮的弯曲强度计算公式，并引入螺旋角系数 Y_β，可得到斜齿圆柱齿轮的齿根弯曲疲劳强度条件。

斜齿轮齿根弯曲疲劳强度校核式：

$$\sigma_{F1} = \frac{2KT_1}{bd_1m_n}Y_\beta Y_{F_{s1}} \leqslant \left[\sigma_{F_1}\right] \qquad (2\text{-}61)$$

$$\sigma_{F2} = \sigma_{F1}\frac{Y_{F_{s2}}}{Y_{F_{s1}}} \leqslant \left[\sigma_{F_2}\right]$$

按齿根弯曲疲劳强度设计式：

$$m_n \geqslant \sqrt[3]{\frac{2KT_1Y_\beta\cos^2\beta}{\varphi_{d\cdot z_1^2}}\frac{Y_{F_s}}{[\sigma_F]}} \qquad (2\text{-}62)$$

注意：

① 式中的复合齿形系数 Y_{FS} 按当量齿数和变位系数查图 2-50 确定；

② Y_β 为螺旋角系数，是考虑接触线倾斜有利于提高弯曲强度的系数，一般 $Y_\beta=0.85\sim$ 0.92，β 角较大时，取小值；反之，取大值；

③ 采用弯曲强度的计算式时，$Y_{F_s}/[\sigma_F]$ 取较大值代入；

其他参数及单位的确定参见直齿圆柱齿轮设计。

【例 2-6】设计一单级斜齿轮减速器，已知电动机功率 $P=22\,kW$，转速 $n_1=970\,r/min$，传动比 $i=4.6$，单向运转，载荷有轻微冲击，要求结构紧凑。

【解】（1）选择齿轮材料，确定许用应力。因要求结构紧凑、载荷有轻微冲击，小齿轮选择 $40C_r$ 钢，高频感应加热淬火，硬度 $H_1=48\sim55HRC$；大齿轮选择 $35SiM_n$，高频感应加热淬火，硬度 $H_2=45\sim55HRC$。强度计算时取 $H_1=52HRC$，$H_2=50HRC$，查图 2-48 得：

$$\sigma_{H\lim1}=1200MPa\,,\quad \sigma_{H\lim2}=1180MPa$$

$$\left[\sigma_{H_1}\right]=0.9\sigma_{H\lim1}=0.9\times1200=1080\,(MPa)$$

$$\left[\sigma_{H_2}\right]=0.9\sigma_{H\lim2}=0.9\times1180=1062\,(MPa)$$

查图 2-51 得：

$$\sigma_{F\lim1}=370MPa\,,\quad \sigma_{F\lim2}=360MPa$$

$$\left[\sigma_{F_1}\right]=1.4\sigma_{F\lim1}=1.4\times370=518\,(MPa)$$

$$\left[\sigma_{F_1}\right]=1.4\sigma_{F\lim1}=1.4\times360=504\,(MPa)$$

（2）初步确定主要尺寸

由于两齿轮的硬度均大于 350HBS，为硬齿面齿轮，所以按齿根弯曲疲劳强度进行设计：

$$m_n \geqslant \sqrt[3]{\frac{4KT_1Y_\beta \cos^2 \beta}{\psi_d z_1^2} \times \frac{Y_{Fs}}{[\sigma_F]}}$$

转矩 T_1：　$=9.549\times10^6 P/n_1 = 9.549\times10^6\times22/970 = 216575$（N·mm）

齿宽系数查表 2-28 取 $\varphi_d =$　0.6

齿数：取 $z_1 = 25$

螺旋角 β：初设 $\beta = 12°$，$z_2 = iz_1 = 4.6\times25 = 115$

载荷系数 K_A：查表 2-27，取 $K_A = 1.5$

螺旋角系数 Y_β：设取 $Y_\beta = 1$，则：

$$Y_\beta = 1 - \beta/120° = 1 - \frac{12°}{120°} = 0.9$$

复合齿形系数 $Y_{F_{S1}}$、$Y_{F_{S2}}$

$$z_{v_1} = \frac{z_1}{\cos^3 \beta} = \frac{25}{\cos^3 12°} = 26.7, \qquad z_{v_2} = \frac{z_2}{\cos^3 \beta} = \frac{115}{\cos^3 12°} = 122.9$$

查图 2-50，取 $Y_{F_{S1}} = 4.19$，$Y_{F_{S2}} = 3.95$

确定 $Y_{F_s} / [\sigma_F]$

$$Y_{F_{S1}} / [\sigma_{F_1}] = 4.19/518 = 0.0080888$$

$$Y_{F_{S2}} / [\sigma_{F_2}] = 3.95/504 = 0.0078373$$

取 $Y_{F_s} / [\sigma_F] = 0.0080888$，则

$$m_n \geq \sqrt[3]{\frac{2\times1.5\times216575\times0.9\cos^2 12°}{0.6\times25^2} \times 0.0080888} = 2.30 \text{（mm）}$$

查表 2-17，取 $m_n = 2.5$ mm

（3）确定传动尺寸，计算中心距

$$a = \frac{m_n}{2\cos\beta}(z_1 + z_2) = \frac{2.5}{2\cos12°}\times(25+115) = 178.9 \text{(mm)}$$

取整数 $a = 180$ mm

计算螺旋角：$\beta = \arccos\dfrac{m_n}{2a}(z_1 + z_1) = \arccos\dfrac{2.5}{2\times180}(25+115) = 13°32'10''$

计算几何尺寸：$d_1 = m_t z_1 = \dfrac{m_n}{\cos\beta}z_1 = \dfrac{2.5\times25}{\cos13°32'10''} = 64.286 \text{(mm)}$

$$d_2 = m_t z_2 = \frac{m_n}{\cos\beta}z_2 = \frac{2.5\times115}{\cos13°32'10''} = 295.714 \text{(mm)}$$

$$d_{a1} = d_1 + 2h_{an}^* m_n = 64.286 + 2 \times 1 \times 2.5 = 69.286\,(\text{mm})$$

$$d_{a2} = d_2 + 2h_{an}^* m_n = 295.714 + 2 \times 1 \times 2.5 = 300.714\,(\text{mm})$$

$$b = \varphi_d d_1 = 0.6 \times 64.286 = 38.5\,(\text{mm})$$

取 $b_2 = b = 40$ mm，$b_1 = 45$ mm

验算 $\varepsilon_\beta = \dfrac{b\sin\beta}{\pi m_n} = \dfrac{40\sin13°32'10''}{\pi \times 2.5} = 1.19 > 1$ 合适

（4）校核齿面接触疲劳强度

$$\sigma_H = Z_E Z_H Z_s Z_\beta \sqrt{\frac{2K_A T_1}{bd_1^2} g \frac{u\pm1}{u}}$$

查表 2-26 得：弹性系数 $Z_E = 189.0\text{MPa}$

查图 2-47 得：节点区域系数 $Z_H = 2.43$

螺旋角系数： $Z_\beta = \sqrt{\cos\beta} = \sqrt{\cos13°32'10''} = 0.986$

齿数比： $\mu = \dfrac{z_2}{z_1} = \dfrac{115}{25} = 4.6$

$$\sigma_H = 189.8 \times 2.43 \times 0.986 \times \sqrt{\frac{2 \times 1.5 \times 216\,575}{40 \times 64.286^2} \times \frac{4.6+1}{4.6}}$$

$$= 995\text{MPa} \leqslant [\sigma_H] = [\sigma_{H_2}] = 1\,062\text{MPa}$$

（5）齿轮的结构设计。结构设计要与整机设计相协调。估计齿轮孔处的轴颈。按项目四中式（4-2）设计伸出端轴的直径为：

$$d_{s0} = A_3\sqrt[3]{\frac{p}{n_1}} = 118\sqrt[3]{\frac{22}{970}} = 33.4 \quad (\text{mm})$$

考虑轴的设计，取齿轮孔处的轴颈 $d_{s1} = 50$ mm，小齿轮齿根圆直径：

$$d_{f_1} = d - 2.5m_n = 64.286 - 2.5 \times 2.5 = 58.036\,(\text{mm})$$

考虑键槽尺寸，估计齿根圆到键槽底部的距离小于 $2.5m_n$，因此小齿轮采用轴齿轮结构。大齿轮则采用腹板式结构，根据：

$$v = \frac{\pi d_1 n_1}{60 \times 1\,000} = \frac{\pi \times 64.286 \times 970}{60 \times 1\,000} = 3.26\,(\text{m/s})$$

考虑到硬齿面减速器的速度中等偏低，按表 2-23 取精度等级为 8－7－7。齿厚偏差按

表 2-22，小齿轮齿厚上偏差代号为 H，下偏差代号为 K；大齿轮齿厚上偏差代号为 J，下偏差代号为 M。

设大齿轮孔的直径 $d_{s2}=70mm$，大齿轮工作图如图 2-60 所示。

法向模数	m_n	2.5
齿数	z	115
压力角	α	20°
齿顶高系数	h_a^*	1
螺旋角	β	13°32′10″
螺旋方向		
精度等级	8—7—7	GB/T 10 095—2008
齿轮服中心距及其极限偏差	$\alpha \pm f_a$	180±0.0315
配对齿轮	图号	
	齿数	25
公差检验项目轮	代号	公差值
I　齿圈径向圆跳动公差	Fr	0.063
公法线长度变动公差	Fw	0.050
II　齿轮极限偏差	f_{pt}	±0.016
齿形公差	f_f	0.013
III　齿向公差	f_β	0.011
公法线平均长度及其偏差	W	$103.99_{-0.285}^{-0.166}$
跨齿数	k	14

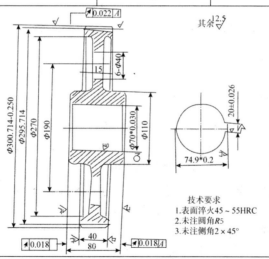

图 2-60　大齿轮工作图

其中，公法线平均长度及其偏差的计算如下：

标准斜齿圆柱齿轮：
$$W_n = m_n\left[2.9521(k-0.5)+0.014z_1'\right]$$

当量齿数：

$$\tan\alpha_t = \frac{\tan\alpha_n}{\cos\beta} = \frac{\tan 20^\circ}{\cos 13^\circ 32'10''} = 0.37437$$

$$\alpha_t = 20.52436$$

$$z' = z\frac{inv\alpha_t}{inv\alpha_n} = 115 \times \frac{inv20.52436^\circ}{inv20^\circ} = 124.63$$

跨齿数：

$$k = \frac{z'}{9} + 0.5 = \frac{124.63}{9} + 0.5 = 14.34$$

取 $k=14$，

$$W_n = 2.5 \times \left[2.9521 \times (14 - 0.5) + 0.014 \times 124.63 \right] = 103.995 \ （mm）$$

由于 $W_n\sin\beta = 103.995\sin 13^\circ 32'10 = 24.34mm < b$ 可测量公法线长度。

齿厚上偏差 $E_{ss} = -0.160$，齿厚下偏差 $E_{si} = -0.320$

公法线长度上偏差 E_{Wms} 和下偏差 E_{Wmi} 为：

$$E_{Wms} = E_{ss}\cos\alpha - 0.72F_r\sin\alpha$$

$$= -0.160\cos 20^\circ - 0.72 \times 0.063\sin 20^\circ = -0.166 \ （mm）$$

$$E_{Wmi} = E_{si}\cos\alpha - 0.72F_r\sin\alpha$$

$$= -0.32\cos 20^\circ - 0.72 \times 0.063\sin 20^\circ = -0.285 \ （mm）$$

五、直齿锥齿轮传动

（一）直齿锥齿轮传动的特点、应用和分类

圆锥齿轮的轮齿分布在圆锥体上，故其齿形从大端到小端是逐渐收缩的。锥齿轮传动用来传递两相交轴间的回转运动，其运动与做纯滚动的圆锥摩擦轮传动相同。与圆柱齿轮相似，锥齿轮有分度圆锥、齿顶圆锥和齿根圆锥。

锥齿轮的轴交角要根据传动要求确定，在一般机械中多采用轴交角 $\Sigma = 90^\circ$。

按锥齿轮啮合形式不同，可分为外啮合、内啮合和平面啮合 3 种锥齿轮传动。按锥齿轮齿线（齿面与分度圆锥面的交线）形状不同，可分为直齿、斜齿和曲齿等多种形式的锥齿轮传动，如图 2-61 所示。由于直齿锥齿轮传动设计、制造和安装方便，所以应用较广泛，但不如曲齿锥齿轮传动运转平稳、承载能力高。

图 2-61　圆锥齿轮传动

a）直齿圆锥齿轮；b）曲齿圆锥齿轮

图 2-62 所示为直齿锥齿轮传动，小齿轮和大齿轮的分锥角分别为 δ_1 和 δ_2，轴交角 $\Sigma=\delta_1+\delta_2$。

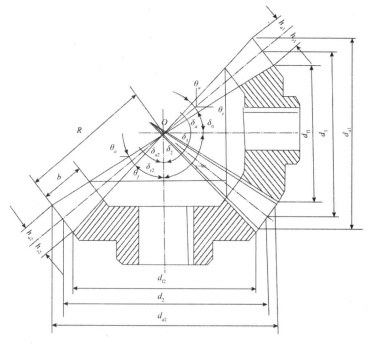

图 2-62　圆锥齿轮传动

若 $\Sigma=90°$，两齿轮的传动比为

$$i=\frac{n_1}{n_2}=\frac{d_2}{d_1}=\cot\delta_1=\tan\delta_2=\frac{z_2}{z_1} \tag{2-63}$$

（二）直齿锥齿轮传动的几何尺寸计算

1. 基本参数

直齿锥齿轮的各参数以大端为标准。大端分度圆上的模数和压力角为标准值，GB12368—90 列出了锥齿轮的标准模数系列，如表 2-32 所示。标准压力角 $\alpha=20°$，齿顶高系数 $h_a^*=1$，顶隙系数 $c^*=0.2$。

表 2-32　圆锥齿轮标准系列模数（GB/T12368-1990）

1	1.125	1.25	1.375	1.5	1.75	2	2.25	2.5	2.75
3	3.25	3.5	3.75	4	4.5	5	5.5	6	6.5
7	8	9	10	11	12	14	16	18	20
22	25	28	30	32	36	40	45	50	

2. 几何尺寸的计算

图 2-62 所示的锥齿轮副，两轮齿根圆锥顶点与分度圆锥顶点重合。一齿轮的齿顶圆锥母线与另一齿轮的齿根圆锥母线平行。所以顶隙在全齿宽上不变，称为等顶隙锥齿轮传动。这种锥齿轮的齿根圆角半径较大，可减少应力集中，提高刀具的使用寿命，同时可以防止齿顶变尖，有利于润滑，得到广泛应用。其几何尺寸的计算如表 2-33 所示。

表 2-33　直齿圆锥齿轮传动的几何尺寸计算（$\Sigma=90°$）

名称	符号	计算方式及说明
大端模数	m_e	按 GB12367—90 取标准
传动比	i	$i = \dfrac{z_2}{z_1} = \tan\delta_2 = \cot\delta_1$，单级 $i < 6 \sim 7$
分度圆锥角	δ_1，δ_2	$\delta_2 = \arctan\dfrac{z_2}{z_1}$，$\delta_1 = 90° - \delta_2$
分度圆直径	d_1，d_2	$d_1 = m_e z_1$，$d_2 = m_e z_2$
齿顶高	h_a	$h_a = m_e$
齿根高	h_f	$h_f = 1.2\, m_e$
全齿高	h	$h = 2.2\, m_e$
顶隙	c	$c = 0.2\, m_e$
齿顶圆直径	da_1，da_2	$da_1 = d_1 + 2m_e\cos\delta_1$，$da_2 = d_2 + 2m_e\cos\delta_2$
齿根圆直径	d_{f1}，d_{f2}	$d_{f1} = d_1 - 2.4m_e\cos\delta_1$，$d_{f2} = d_2 - 2.4m_e\cos\delta_2$
外锥距	R_e	$R_e = \sqrt{r_1^2 + r_2^2} = \dfrac{m_e}{2}\sqrt{z_1^2 + z_1^1} = \dfrac{d_1}{2\sin\delta_1} = \dfrac{d_2}{2\sin\delta_2}$
齿宽	b	$b \leq \dfrac{R_e}{3}$，$b \leq 10\, m_e$
齿顶角	θ_a	$\theta_a = \arctan\dfrac{h_f}{R_e}$（不等顶隙齿），$\theta_a = \theta_f$（等顶隙齿）
齿根角	θ_f	$\theta_f = \arctan\dfrac{h_f}{R_e}$

根锥角	δ_{f1},	δ_{f2}	$\delta_{f1}=\delta_1-\theta_f$, $\delta_{f2}=\delta_2-\theta_f$
顶锥角	δ_{a1},	δ_{a2}	$\delta_{a1}=\delta_1+\theta_a$, $\delta_{a2}=\delta_2+\theta_a$

（三）直齿圆锥齿轮的背锥、当量齿轮与当量齿数 Z_V

图 2-63 所示为一圆锥齿轮的轴线平面，$\triangle OAB$、$\triangle Obb$、$\triangle Oaa$ 分别表示其分度圆锥、顶圆锥和根圆锥与轴线平面的交线。过 A 点作 OA 的垂线，与圆锥齿轮的轴线交于 O' 点，以 OO' 为轴线，$O'A$ 为母线作圆锥，这个圆锥称为背锥。若将球面渐开线的轮齿向背锥上投影，则 a、b 点的投影为 a'、b' 点，由图 2-63 可见 $a'b'$ 和 ab 相差很小，因此可以用背锥上的齿廓曲线来代替圆锥齿轮的球面渐开线。

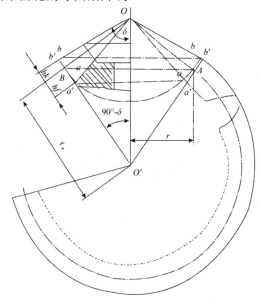

图 2-63　圆锥齿轮的背锥和当量齿数

因圆锥面可以展开成平面，故把背锥表面展开成一扇形平面，扇形的半径 r_v 就是背锥母线的长度，以 r_v 为分度圆半径，大端模数为标准模数，大端压力角为 $20°$，按照圆柱齿轮的作图方法画出扇形齿轮的齿形，将扇形齿轮补充完整所得的圆柱齿轮，即为该锥齿轮的当量齿轮，圆柱齿轮的齿数即为锥齿轮的当量齿数。

（四）锥齿轮的正确啮合条件

由于直齿锥齿轮的大端齿形可以近似地用当量齿轮(直齿圆柱齿轮)的齿形代替，所以直齿锥齿轮的正确啮合条件与直齿圆柱齿轮相同，即：

大端模数相等 $\qquad\qquad\qquad m_1 = m_2 = m$

大端压力角相等 $\qquad\qquad\qquad \alpha_1 = \alpha_2 = \alpha$ $\qquad\qquad$（2-64）

且分度圆锥角之和即为轴交角 $\qquad \delta_1+\delta_2=\Sigma$

（五）锥齿轮的结构

锥齿轮的常用结构形式见表 2-34。

表 2-34　锥齿轮的常用结构

齿轮轴	盘式齿轮
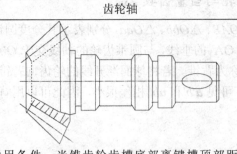	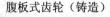
适用条件：当锥齿轮齿槽底部离键槽顶部距离 $\delta<$（1.6~2）m 时采用。m 为大端模数，锻钢制造	适用条件：$\delta<$（1.6~2）m 和 $d_a<200$ mm 时采用。材料为钢或铸铁，锻造或铸造
腹板式齿轮（锻造）	腹板式齿轮（铸造）
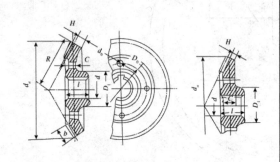	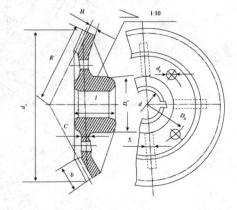
适用条件：$d_a<500$ mm 时采用，材料为锻钢 $D_1=1.6d$，$l=$（1~1.2）d $H=$（3~4）m，但不小于 10 mm $C=$（0.1~0.17）R；D_0、d_0 由结构而定	适用条件：$d_a>300$ mm 时采用，材料为铸钢或铸铁 $D_1=1.6$（铸钢）d；$D_1=1.8$（铸铁）d $l=$（1~1.2）d，D_0、d_0 由结构而定 $H=$（3~4）m，但不小于 10 mm $C=$（0.1~0.17）R；但不小于 10 mm

（六）直齿圆锥齿轮传动的强度计算

直齿圆锥齿轮传动的强度计算都相当复杂，故一般以齿宽中点的当量直齿圆柱齿轮作为计算基础。本节仅介绍常用的轴交角为 90°的直齿锥齿轮传动几何尺寸和受力分析。

1. 直齿锥齿轮传动的当量齿轮的几何关系

如图 2-64 所示，直齿锥齿轮的几何参数有以下几个：

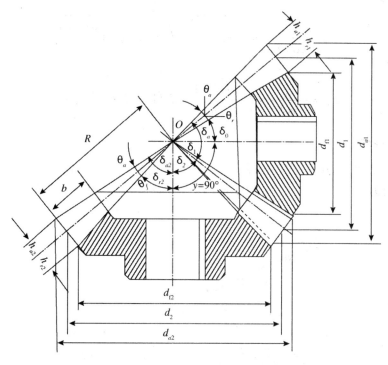

图 2-64　圆锥齿轮尺寸

分度圆锥角：δ_1，δ_2

齿数比：

$$u = \frac{z_2}{z_1} = \frac{d_2}{d_1} = \cot\delta_1 = \tan\delta_2$$

当量齿数比：

$$u = \frac{z_{v_2}}{z_{v_1}} = \frac{z_2}{z_1} \times \frac{\cos\delta_1}{\cos\delta_2} = u^2$$

锥距：

$$R = \sqrt{\left(\frac{d_1}{2}\right)^2 + \left(\frac{d_2}{2}\right)^2} = d_1\frac{\sqrt{(d_2/d_1)^2 + 1}}{2} = d_1\frac{\sqrt{u^2 + 1}}{2}$$

齿宽系数：

$$\psi_R = \frac{b}{R}$$

$$\frac{d_{m_1}}{d_1} = \frac{d_{m_2}}{d_2} = \frac{R - 0.5B}{R} = 1 - 0.5\frac{b}{R}$$

齿宽中点直径：

$$d_m = d\left(1 - 0.5\psi_R\right)$$

齿宽中点模数：

$$m_m = m\left(1 - 0.5\psi_R\right)$$

当量齿轮直径：

$$d_{v1} = \frac{d_{m_1}}{\cos\delta_1} = d_{m1}\frac{\sqrt{u^2+1}}{u} = d_1(1-0.5\psi_R)\frac{\sqrt{u^2+1}}{u}$$

$$d_{v2} = \frac{d_{m_2}}{\cos\delta_2} = d_{m1}\frac{\sqrt{u^2+1}}{u} = d_2(1-0.5\psi_R)\frac{\sqrt{u^2+1}}{u}$$

2. 受力分析

在分析锥齿轮受力时，假设齿轮受力为齿宽中点的集中力，在齿宽中点节线处的法向平面内，法向力 F_n 可分解为三个分力：圆周力 F_t、径向力 F_r 和轴向力 F_a，如图 2-65 所示。

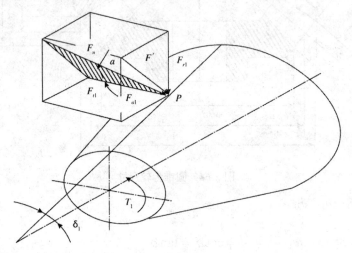

图 2-65　圆锥齿轮受力分析

（1）力的大小

圆周力：

$$F_t = \frac{2T_1}{d_{m_1}} = \frac{2T_2}{d_{m_2}} \tag{2-65}$$

径向力：

$$F_{r_1} = F'\cos\delta_1 = F_t\tan\alpha\cos\delta_1 = -F_{a2}$$

轴向力：

$$F_{a_1} = F'\sin\delta_1 = F_t\tan\alpha\cos\delta_1 = -F_{r_2}$$

（2）力的方向

主动轮上的圆周力与其转向相反，从动轮的圆周力与其转向相同；径向力 F_r 分别指向各自轮心；轴向力 F_a 分别由各轮的小端指向大端，如图 2-66。

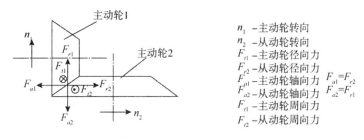

n_1 –主动轮转向
n_2 –从动轮转向
F_{r1} –主动轮径向力
F_{r2} –从动轮径向力
F_{a1} –主动轮轴向力 $F_{a1}=F_{r2}$
F_{a2} –从动轮轴向力 $F_{a2}=F_{r1}$
F_{t1} –主动轮周向力
F_{t2} –从动轮周向力

图 2-66　圆锥齿轮受力方向判定

3．锥齿轮的强度计算

（1）齿面接触疲劳强度计算。轴交角为 $\varSigma = 90^\circ$ 的直齿圆锥齿轮的齿面接触疲劳强度按齿宽中点处的当量直齿圆柱齿轮进行计算。作用在小锥齿轮当量圆柱齿轮上的转矩为

$$T_{v_1} = \frac{F_{tm_1} \mathrm{d}y_1}{2} = \frac{F_{tm_1}}{2} \times \frac{\mathrm{d}m_1}{\cos\delta 1} = \frac{T_1}{\cos\delta 1} = T_1 \frac{\sqrt{u^2+1}}{u}$$

代入直齿圆柱齿轮传动的强度计算公式，

$$\sigma_H = Z_E Z_H \sqrt{\frac{2KT_{v_1} u_v + 1}{b d_{v_1}^2 u_v}} \leqslant [\sigma_H]$$

根据推导，锥齿轮的有效齿宽为 0.85b。将当量齿轮的有关参数代入，得正交直齿圆锥齿轮接触强度校核公式：

$$\sigma_H = z_E z_H \sqrt{\frac{4kT_1}{0.85\phi_R (1-0.5\phi_R)^2 d_1^3 \mu}} \leqslant [\sigma_H] \quad (\text{MPa}) \tag{2-66}$$

整理得到直齿圆锥齿轮的接触强度设计公式为：

$$d_1 \geqslant \sqrt[3]{\frac{4kT_1}{0.85\varphi_R (1-0.5\varphi_R)^2 \mu} \left(\frac{Z_E Z_H}{[\sigma]}\right)^2} \quad (\text{mm}) \tag{2-67}$$

式中 φ_R 为齿宽系数，$\varphi_R = b/R$；其中，R、b 分别为锥距和齿宽，齿宽系数 φ_R 越大，齿宽 b 越宽，沿齿宽方向的受力越不均匀，一般取 $\varphi_R = 0.25 \sim 0.33$。轴刚性大、载荷小或齿轮为软齿面时取较大值，反之取较小值。

公式中其余各符号意义同直齿圆柱齿轮。

（2）齿根弯曲疲劳强度计算。按齿宽中点的当量直齿圆柱齿轮进行计算，将当量齿轮的参数 $m_n = m(1-0.5)\varphi_R$，$b = R\varphi_R = mz_1\varphi_R \dfrac{\sqrt{\mu^2+1}}{2}$ 代入直齿轮强度计算公式，得：

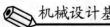

$$\sigma_{F_1} = \frac{2kT_1}{0.85bm^2 z_1(1-0.5\varphi_R)^2} Y_{FS_1} \leqslant \left[\sigma_{F_1}\right] \qquad (2-68)$$

$$\sigma_{F_2} = \sigma_{F_1} \frac{Y_{FS_2}}{Y_{FS_1}} \leqslant \left[\sigma_{F_2}\right]$$

直齿圆锥齿轮齿根弯曲强度设计公式：

$$m \geqslant \sqrt[3]{\frac{4kT_1}{0.85\varphi_R(1-0.5\varphi_R)^2 z_1^2 \sqrt{\mu^2+1}} \frac{Y_{FS}}{[\sigma_F]}} \qquad (2-69)$$

公式中各符号的含义：m 为大端模数；Y_{FS} 为复合齿形系数；按当量齿数 $z_v = \dfrac{z}{\cos\delta}$ 查图 2-50，查得的值乘以 1.45（$z_v \leqslant 90$ 时）或 1.1（$z_v > 90$ 时）。φ_R 为齿宽系数。公式中其余各符号意义同直齿圆柱齿轮。

在应用上面公式计算时，大、小齿轮的 σ_F 和 $[\sigma_F]$ 均不可能相等，故进行轮齿弯曲疲劳强度校核时，大、小齿轮应分别进行计算。另外，$\dfrac{Y_{FS_1}}{[\sigma_{F_1}]}$ 和 $\dfrac{Y_{FS_2}}{[\sigma_{F_2}]}$ 的比值可能不同，进行设计计算时应取两者较大的值代入。

【例 2-7】设计一单级闭式直齿锥齿轮减速器。已知：轴交角 $\Sigma = 90°$，传递的功率 $P = 7.5$ kW，小齿轮转速 $n_1 = 970$ r/min，传动比 $i = 2.5$，电动机驱动，单向运转，工作平稳，小锥齿轮悬臂布置。

【解】（1）选择齿轮材料，确定许用应力

直齿锥齿轮多采用刨齿加工，宜用软齿面，采用锻坯，小齿轮用 40Cr，调质处理，硬度 $H_1 = 241 \sim 286$HBS，大齿轮用 42SiMn，调质处理，硬度 $H_2 = 212 \sim 255$HBS。选用 8 级精度。

取平均硬度值 $H_1 = 260$HBS，$H_2 = 235$HBS。查图 2-48，取 $\sigma_{Hlim1} = 720$MPa，

$$\sigma_{H\lim 2} = 670 \ （MPa）$$

$$\left[\sigma_{H_1}\right] = 0.9\sigma_{Hlim1} = 0.9 \times 720 = 647 \ （MPa）$$

$$\left[\sigma_{H_2}\right] = 0.9\sigma_{Hlim2} = 0.9 \times 670 = 603 \ （MPa）$$

查图 2-47，取 $\sigma_{Flim1} = 290$Mpa，$\sigma_{Flim2} = 280$Mpa。

$$\left[\sigma_{F_1}\right] = 1.4\sigma_{Flim1} = 1.4 \times 290 = 406 \ （MPa）$$

$$[\sigma_{F_2}] = 1.4\sigma_{\text{Flim2}} = 1.4 \times 280 = 392 \quad (\text{MPa})$$

（2）初步确定主要尺寸

软齿面齿轮传动，按齿面接触疲劳强度设计。

$$d_1 \geqslant \sqrt[3]{\frac{4kT_1}{0.85\varphi_R(1-0.5\varphi_R)^2\mu}\left(\frac{Z_E Z_H}{[\sigma]}\right)^2}$$

小齿轮的转矩：

$$T_1 = 9.549 \times 10^6 \frac{P_1}{n_1} = 9.549 \times 10^6 \times \frac{7.5}{970} = 73\,832 \quad (\text{N} \cdot \text{mm})$$

初选载荷系数 $K = 1.2$，弹性系数 $Z_E = 189.8\text{MPa}$，节点区域系数 $Z_H = 2.5$，宽度系数

$\varphi_d = 0.3$，齿数比 $\mu = i = 2.5$

$$d_1 \geqslant \sqrt[3]{\frac{4 \times 1.2 \times 73\,832}{0.85 \times 0.3(1-0.5 \times 0.3)^2 \times 2.5} \times \left(\frac{189.8 \times 2.5}{603}\right)^2} \quad (\text{mm})$$

$$= 77.99 \quad (\text{mm})$$

（3）确定传动尺寸

选取大端模数 $m = 3$ mm

选取齿数：由 $z_1 = \dfrac{d_1}{m} = \dfrac{77.99}{3} = 25.98$，取 $z_1 = 26$

$z_2 = z_1 i = 26 \times 2.5 = 65$。为了磨损更均匀，取 $z_2 = 66$

$$d_1 = mz_1 = 3 \times 26 = 78 \quad (\text{mm})$$

$$d_2 = mz_2 = 3 \times 66 = 198 \quad (\text{mm})$$

$$R = \frac{m}{2}\sqrt{z_1^2 + z_2^2} = \frac{3}{2}\sqrt{26^2 + 66^2} = 106.405 \quad (\text{mm})$$

$$b = \varphi_R R = 0.3 \times 106.405 = 31.9 \quad (\text{mm})$$

取 $b_1 = b_2 = 32$（mm）

（4）校核齿根弯曲疲劳强度

$$\sigma_{F_1} = \frac{2kT_1}{0.85bm^2 z_1(1-0.5\varphi_R)^2}Y_{FS_1}, \quad \sigma_{F_2} = \sigma_{F_1}\frac{Y_{FS_2}}{Y_{FS_1}}$$

复合齿形系数：

$$\tan\delta_1 = \frac{z_1}{z_2} = \frac{26}{66}$$

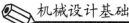

$$\delta_1 = 21° = 21°30'5'', \quad \delta_2 = 90° - \delta_1 = 90° - 21°30'5'' = 68°29'55''$$

$$z_{v_1} = \frac{z_1}{\cos\delta_1} = \frac{26}{\cos 21°30'5''} = 27.95, \quad z_{v_2} = \frac{z_2}{\cos\delta_2} = \frac{66}{\cos 68°29''55''} = 180.06$$

查图 2-50 并将查得的值乘以系数：

$$Y_{FS_1} = 4.13 \times 1.05 = 4.34, \quad Y_{FS_2} = 3.92 \times 1.1 = 4.31$$

$$\sigma_{F_1} = \frac{2 \times 1.2 \times 73832 \times 4.34}{0.85 \times 32 \times 3^2 \times 26 \times (1-0.5\times0.3)^2}\text{MPa} = 167.2\text{MPa} < \left[\sigma_{F_1}\right]$$

$$\sigma_{F_2} = \sigma_{F_1}\frac{Y_{FS_2}}{Y_{FS_1}} = 167.2 \times \frac{4.31}{4.34}\text{MPa} = 166\text{MPa} < \left[\sigma_{F_2}\right]$$

弯曲强度足够，工作安全。

（5）结构设计（略）。

【知识扩展】

1．齿轮传动的润滑

润滑对于齿轮传动十分重要。润滑不仅可以减小摩擦、减轻磨损，还可以起到冷却、防锈、降低噪声、改善齿轮的工作状况、延缓齿轮失效、延长齿轮的使用寿命等作用。只要黏度足够，应当优先选用润滑油润滑。只有在低速运行场合，如开式齿轮传动及间歇运动的闭式传动中，才采用脂润滑。

齿轮传动的润滑方式有浸油润滑和喷油润滑两种，可按传动发热情况而定。闭式齿轮传动，当齿轮的圆周速度 $v = (1\sim12)$ m/s 时，常将大齿轮的轮齿浸入油池进行浸油润滑（图 2-67a）。借助齿轮的转动，将油带到啮合齿面，同时也可将油甩到箱壁上，用以润滑轴承和散热。圆柱齿轮浸入油中的深度为 1/3～3 齿高。锥齿轮浸入油中的深度为 (0.5～1) 齿宽。当齿轮的圆周速度 $v > 12$m/s 时，为避免搅油损失过大，常采用喷油润滑（图 2-67b），即由油泵或中心给油站以一定的压力供油并经喷嘴射向齿轮啮合处，将大齿轮的轮齿浸入油池进行浸油润滑。

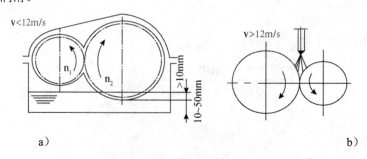

a） b）

图 2-67　齿轮传动的润滑方式

a）浸油润滑；b）喷油润滑

润滑油的选用通常根据齿面接触应力及圆周速度的大小来选用。表 2-35 和表 2-36 供选择润滑油类型及黏度时参考。

表 2-35　低速重载闭式齿轮传动选油表

齿轮种类	润滑方式	齿面应力/MPa	推荐油种	使用工况
圆柱齿轮和锥齿轮	油浴润滑和循环润滑	≤350	工业齿轮油	一般齿轮传动
		低载荷>350~500	工业齿轮油 中载荷工业齿轮油	一般齿轮传动,高温有冲击
		中载荷>500~1100	中载荷工业齿轮油 重载荷工业齿轮油	矿井提升采掘机械,水泥球磨机,高温有冲击
		重载荷>1100	重载荷工业齿轮油	冶炼、轧钢、采煤机械、高温有冲击、有水

表 2-36　闭式齿轮传动润滑油黏度选用

齿轮种类	圆周速度/（m/s）	黏度等级//$v_{40℃}$（mm^2/s）	备注
直齿轮	0.5	460~1000	1. 齿面接触力高的用黏度高的油
	1.3	320~680	
	2.5	220~460	
斜齿轮	5.0	150~320	2. 油温度高,黏度应该选大一些,夏天用黏度高的油,冬天用黏度低的油
	12.5	100~220	
锥齿轮	25	68~150	
	50	46~100	

【例 2-8】试确定例 2-7 所设计的齿轮传动润滑剂及润滑方式。

【解】（1）计算圆周速度

由例 2-7 设计知，$m_n=2.5$ mm，$z_1=25$，$z_1=115$，$\beta=13°32'10''$，$n_1=970$ r/min，$P=22$ kW，$d_1=64.286$ mm，$\sigma_H=995$ MPa。

$$v = \frac{\pi d_n n_n}{60 \times 1\,000} = \frac{\pi 64.286 \times 970}{60 \times 1\,000} = 3.265 \ (m/s)$$

选择润滑油。由表 2-36 选取黏度值 $v=200~400$ mm^2/s，考虑 $\sigma_H=995$ MPa 为中载荷，可采用中载（或重载）齿轮油。查齿轮油相关参数，选取 320 的油。

所以选用 320 中载工业齿轮油。

润滑方式：因 $v=3.265$ m/s<12 m/s，采用浸油润滑。油量为：

$$V = （0.35~0.7）P = （0.35~0.7）\times 22L = （7.7~15.4）L$$

2. 齿轮传动的维护

（1）使用齿轮时，在启动、加载、卸载及换挡过程中应力求平稳，避免产生冲击载荷，以防引起断齿等故障。

（2）经常检查润滑系统的状况，如润滑油量、供油状况、润滑油质量等，按照使用规定更换补充规定牌号的润滑油。

（3）注意监视齿轮传动的工作情况，如是否有不正常的声音或箱体过热等现象。润滑不良和装配不合理是齿轮失效的重要原因。声响监测和定期检查是发现齿轮损伤的主要方法。

3．齿轮传动的修复

现场中，最常见的齿轮损伤是齿面磨损、点蚀和断齿，需要修理或更换。

根据齿轮的使用要求，通用机械中的齿轮可以采用下述方法修复：

（1）堆焊法。堆焊法是一种常用的方法，可以堆焊整圈的齿，也可以堆焊部分损坏的齿和恢复磨损的齿形（图 2-68）。堆焊整圈或个别损坏的齿通常用于模数较小的齿轮，堆焊磨损的轮齿可用于模数较大（$m>10$ mm）的齿轮。齿轮经堆焊后应退火或回火，然后切齿加工。

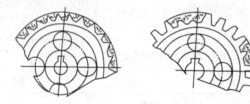

图 2-68　用对焊法修理齿轮

（2）镶齿法。如图 2-69 所示，首先用机床切削掉损坏的齿，用螺钉（图 2-69a 和图 2-69c）或螺栓（图 2-69b 和图 2-69d）将新齿固定在齿轮上，并在接缝处焊接，此法精度较低。

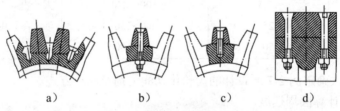

a）　　　　　b）　　　　　c）　　　　　d）

图 2-69　齿轮的换齿修理法

a）、c）螺钉；b）、d）螺栓

（3）翻新法。单向传动的齿轮，当只有单面磨损时，可将其翻转 180°使用。有时尺寸不合适，要设法修正，如图 2-70 所示。

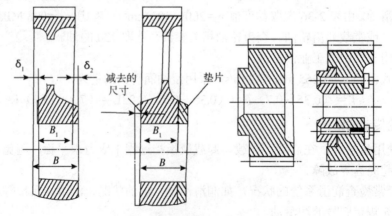

图 2-70　齿轮的翻转使用

（4）变位切削法。尺寸较大的齿轮磨损后，可以利用变位切削将大齿轮的磨损部分切去，成为变位齿轮，另外更换一个新的正变位小齿轮与大齿轮相配。

装配修复或检修过的齿轮时，应特别注意是否能正确啮合，主要应使侧隙和齿面接触面积达到规定的要求。

侧隙的检验，对于精度不高的齿轮，一般用塞尺直接测量；对于精度较高的齿轮，可以用千分表测量，如图 2-71 所示。

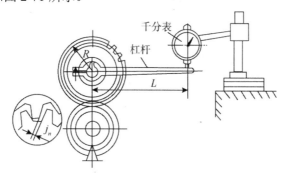

图 2-71　用千分尺测量尺侧间隙

对于较重要的齿轮传动，可采用压铅法测量。

齿面接触状况，可以根据齿面金属光亮度检验，也可以用涂色法检验。根据齿面金属光亮状况或色迹的多少判断齿轮的接触情况，如图 2-72 所示。接触面积偏小或位置不正确时，通常可通过调整轴承座、齿轮轴线位置或修整齿形等加以矫正。

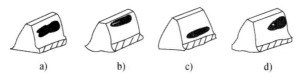

图 2-72 齿面接触状态

a）正确啮合；b）中心距过大；c）中心距过小；d）两轴线不平行

习　题

1．渐开线有哪些特性？为什么渐开线齿轮能满足齿廓啮合基本定律？

2．在什么条件下分度圆与节圆重合？在什么条件下压力角与啮合角相等？

3．渐开线齿轮正确啮合与连续传动的条件是什么？

4．若已知一对标准安装的直齿圆柱齿轮的中心距 $a = 188$ mm，传动比 $i = 3.5$，小齿轮齿数 $z_1 = 21$，试求这对齿轮的 m、d_1、d_2、d_{a1}、d_{a2}、d_f、d_{f2}、p。

5．为修配两个损坏的标准直齿圆柱齿轮，现测得齿轮 1 的参数为：$h = 4.5$mm，$d_a = 44$mm，齿轮 2 的参数为：$p = 6.28$mm，$d_a = 162$mm。试计算两齿轮的模数 m 和齿数 z。

6．现有 4 个标准渐开线直齿圆柱齿轮，$\alpha = 20°$，$h_a^* = 1$，$c^* = 0.25$。且：

（1）$m_1 = 5$mm，$z_1 = 20$；（2）$m_2 = 4$mm，$z_2 = 25$；（3）$m_3 = 4$mm，$z_3 = 50$；

（4）$m_4 = 3mm$，$z_4 = 60$。问：

（1）轮 2 和轮 3 哪个齿廓较平直？为什么？

（2）哪个齿轮的齿最高？为什么？

（3）哪个齿轮的尺寸最大？为什么？齿轮 1 和 2 能正确啮合吗？为什么？

7．斜齿圆柱齿轮的齿数 z 与其当量齿数 z_v 有什么关系？。

8．已知一对外啮合正常齿标准斜齿圆柱齿轮传动的中心距 $a = 200mm$，法面模数 $m_n = 2mm$，法面压力角 $\alpha_n = 20°$，齿数 $z_1 = 30$，$z_2 = 166$，试计算该对齿轮的端面模数 m_t，分度圆直径 d_1、d_2，齿根圆直径 d_{f1}、d_{f2} 和螺旋角 β。

9．在一个中心距 $a = 155mm$ 的旧箱体内，配上一对齿数为 $z_1 = 23$、$z_2 = 76$，模数 $m_n = 3\ mm$ 的斜齿圆柱齿轮，试问这对齿轮的螺旋角 β 应为多少？

10．若一对齿轮的传动比和中心距保持不变，改变其齿数，试问这对于齿轮的接触强度和弯曲强度各有何影响？

11．对斜齿轮，在下列几种情况下应分别采用哪一种齿数？

（1）用成形法加工斜齿轮时选盘形铣刀；

（2）计算斜齿轮的分度圆直径；

（3）计算斜齿圆柱齿轮传动的传动比；

（4）进行弯曲强度计算时查取齿形系数 Y_F。

12．有一直齿圆柱齿轮传动，原设计传递功率 P，主动轴转速 n_1，若其他条件不变，轮齿的工作应力也不变，当主动轴转速提高一倍，即 $n'_1 = 2n_1$ 时，该齿轮传动能传递的功率 P' 应为多少？

13．有一直齿轮传动，允许传递功率 P，欲通过热处理方法提高材料的力学性能，使大、小齿轮的许用接触应力 δ_{H_2}、$[\delta_{H_1}]$ 各提高 30%，试问此传动在不改变工作条件及其他设计参数的情况下，抗疲劳点蚀允许传递的扭矩和允许传递的功率可提高百分之几？

14．已知单级斜齿轮传动 $P = 10\ kW$，$n_1 = 1210\ r/min$，$i = 4.1$，电动机驱动，双向传动，有中等冲击，设小齿轮用 35SiMn 调质，大齿轮用 45 钢调质，$z_1 = 23$，试计算此单级斜齿轮传动。

任务四　蜗轮蜗杆传动

【任务导入】

（1）有一传动，两轴垂直交错，传动比为 50，要求反转自锁，应该采用什么传动。

（2）举例说明工程实际中蜗杆传动的应用实例。

【理论知识】

蜗杆传动由蜗杆 1、蜗轮 2 和机架组成，如图 2-73 所示。蜗杆蜗轮传动是用来传递两交错轴之间的运动和动力的一种齿轮传动，其交错角 $\Sigma = 90°$。蜗杆传动广泛应用于各种机械设备和仪器仪表中,常用作减速装置,蜗杆作主动件。只有少数机械,如离心机、内燃机增压器等装置中,蜗轮作主动件,用于增速。

图 2-73　蜗杆传动

蜗杆蜗轮的形成:蜗杆蜗轮机构是由交错轴斜齿圆柱齿轮传动(螺旋齿轮传动)演变而来的,交错角 $\Sigma=90°$,螺旋角旋向相同,小齿轮螺旋角很大,分度圆柱直径较小、轴向长度较长、齿数很少,外形像一根螺杆,称为蜗杆;蜗轮实际上是一个斜齿轮。

一、蜗杆传动的特点、应用和类型

(一)蜗杆传动的特点与应用

蜗杆传动的特点主要有以下几方面:

(1)传动比大。在传力机构中,通常传动比可在 8~80 范围内选取。在分度机构中,传动比可达 1000。

(2)工作平稳,噪声低。

(3)结构紧凑,并可根据要求实现自锁。

(4)传动效率低,一般为 70%～80%,自锁时为 40%左右。

(5)增加较贵重的有色金属的消耗,成本高。

蜗杆传动主要用于传递的功率不太大但传动比较大、结构要求紧凑且不做长期持续运转的场合;或用于需要传动具有自锁性能的场合。为了提高减摩性和耐磨性,蜗轮齿圈常用青铜制造,成本较高。

(二)蜗杆传动的类型

蜗杆传动的种类很多。根据蜗杆形状的不同,分为圆柱蜗杆传动、环面蜗杆传动和锥蜗杆传动三类。圆柱蜗杆传动又分为普通圆柱蜗杆传动和圆弧圆柱蜗杆传动。

1. 普通圆柱蜗杆传动

按照蜗杆齿廓曲线的形状,普通圆柱蜗杆传动有以下 4 种:

(1)阿基米德圆柱蜗杆(ZA 蜗杆)传动。如图 2-74a 所示,在垂直于蜗杆轴线的截面内齿廓为阿基米德螺旋线,轴向齿廓为直线,法向齿廓为外凸曲线。这种蜗杆可在车床上用直刃车刀车制,加工方便。但导程角 γ 较大时($\gamma>15°$),加工困难,且难以磨齿,不便采用硬齿面,精度较低。阿基米德蜗杆一般用于头数较少、载荷较小、不太重要的传动。

（2）法向直廓圆柱蜗杆（ZN 蜗杆）传动。如图 2-74b 所示，蜗杆法向齿廓为直廓，轴向齿廓为微凸曲线，端面齿廓为延伸渐开线。车削时，刀具法向放置，有利于切削出导程角 $\gamma > 15°$ 的多头蜗杆。蜗杆亦可铣制和磨削。这种蜗杆常用于机床多头精密蜗杆传动。

（3）渐开线圆柱蜗杆（ZI 蜗杆）传动。如图 2-74c 所示，蜗杆齿面为渐开线螺旋面，端面齿廓为渐开线。通常蜗杆车制，亦可用齿轮滚刀滚铣，并可磨削，精度易保证。渐开线蜗杆传动适用于高速大功率和较精密的传动。

（4）锥面包络圆柱蜗杆（ZK 蜗杆）传动。如图 2-74d 所示，蜗杆齿面为由锥面盘形铣刀或砂轮包络而成的螺旋面，端面齿廓近似为阿基米德螺旋线。这种蜗杆加工容易，且可磨削，应用日益广泛。

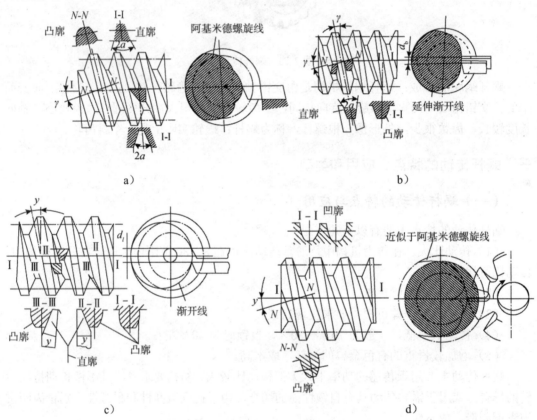

图 2-74 普通圆柱蜗杆传动的类型

a）阿基米德圆柱蜗杆；b）法向直廓圆柱蜗杆；c）渐开线圆柱蜗杆；d）锥面包络圆柱蜗杆

对于重载、高速和要求效率高、精度高的重要传动，可选用圆弧圆柱蜗杆传动或平面包络环面蜗杆传动；对于速度高、载荷较大、要求精度高的多头蜗杆传动，宜选用渐开线圆柱蜗杆传动，或锥面包络蜗杆传动和法向直廓蜗杆传动；对于轻载低速的不重要传动，可选用阿基米德圆柱蜗杆传动。国家标准推荐采用 ZI、ZK 蜗杆。

2. 圆弧圆柱蜗杆传动

圆弧圆柱蜗杆（ZC 蜗杆）的轴向齿廓为凹圆弧形，如图 2-75 所示。相配蜗轮的齿廓为凸圆弧形。在中间平面内，蜗杆与蜗轮间形成凹凸齿廓啮合。圆弧圆柱蜗杆传动具有效率高（达90%以上）、承载能力大（约为普通圆柱蜗杆传动的1.5～2.5倍）、传动比范围大、体积小等优点，适用于高速重载传动，已在矿山、冶金、建筑、化工等行业机械设备中得到广泛应用，并有逐渐替代普通圆柱蜗杆传动的趋势。

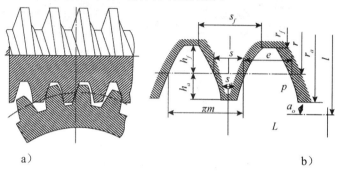

图 2-75　圆弧圆柱蜗杆传动

a）圆弧圆柱蜗杆传动啮合；b）圆弧圆柱蜗杆齿形

3．环面蜗杆传动

环面蜗杆的轴向外形为以凹圆弧为母线的内凹旋转曲面，如图 2-76 所示。环面蜗杆传动分为直廓环面蜗杆传动和平面包络环面蜗杆传动两类。环面蜗杆传动具有承载能力强（为普通圆柱蜗杆传动的2～4倍）、效率高（高达0.90～0.95）、体积小、寿命长等特点。但需要较高的制造和安装精度。环面蜗杆传动应用日益广泛。我国已有系列产品，并远销世界许多国家。本教材重点讲解普通圆柱蜗杆的相关知识。

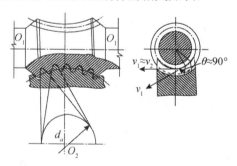

图 2-76　环面蜗杆传动

二、普通圆柱蜗杆传动的主要参数

对于轴交角 $\Sigma=90°$ 的圆柱蜗杆传动，两轴线的公垂线（连心线）与蜗杆轴线所构成的平面称为中间平面，如图 2-77 所示。在此平面内，蜗杆与蜗轮的啮合类似于齿条与斜齿轮的啮合。因此，蜗杆传动的参数和尺寸在中间平面内确定。

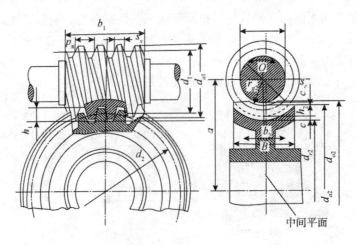

图 2-77　蜗杆传动的几何尺寸

（一）模数 m 和压力角 a

在中间平面内，蜗杆的轴向齿距 p_x 等于蜗轮的端面齿距 p_t。因此，蜗杆的轴向模数 m_x（称蜗杆模数）等于蜗轮的端面模数 m_t，用 m 表示；蜗杆的轴向压力角 α_x 等于蜗轮的端面压力角 α_t，并取为标准值 α，$\alpha=20°$。蜗杆的模数如表 2-37 所示。

表 2-37　蜗杆模数 m 值

第一系列	1　1.25　1.6　2　2.5　3.15　4　5　6.3　8　10　12.5　16　20　25　31.5　40
第二系列	1.5　3　3.5　4.5　5.5　6　7　12　14

（二）蜗杆的分度圆直径 d_1

在生产中，常用与蜗杆参数相同的蜗轮滚刀来加工蜗轮（滚刀顶圆直径比蜗杆顶圆直径大顶隙 C，以便切出顶隙）。为了减少滚刀的数目，对每一个模数值，标准规定了几种蜗杆分度圆直径 d_1，如表 2-38。蜗杆分度圆直径 d_1 与模数 m 的比值称为蜗杆直径系数，用 q 表示，即：$q=d_1/m$，则

$$d_1=mq \tag{2-70}$$

由于 m 和 d_1 为标准值，算出的 q 值不一定是整数。当模数 m 一定时，取较大的 d_1，蜗杆轴的强度和刚度较大；取较小的 d_1，q 较小，传动效率较高。

2-38　普通圆柱蜗杆传动常用的参数匹配

模数 m/mm	分度圆直径 d_1/mm	蜗杆头数 z_1	直径系数 q	m^2d	模数 m/mm	分度圆直径 d_1/mm	蜗杆头数 z_1	直径系数 q	m^2d
1.25	20	1	16.000	31	6.3	（50）	1，2，4	12.698	3175
	22.4	1	17.900	35		63	1	17.798	4445
						（80）			
						112*			

续表

1.6	20	1, 2, 4	12.500	51.2	8	(63)	1, 2, 4	7.875	4032
	28	1	17.500	72		80	1, 2, 4, 6	10.000	5120
						(100)	1, 2, 4	12.500	6400
						140*	1	17.500	8960
2	(18)	1, 2, 4	9.000	72	10	(71)	1, 2, 4	7.100	7100
	22.4	1, 2, 4, 6	11.2	89.2		90	1, 2, 4, 6	9.000	9000
	(28)	1, 2, 4	14.00	112		(112)	1	11.200	11200
	35.5	1	17.750	142		160	1	16.000	16000
2.5	20	1, 2, 4	8.000	125	12.5	(90)	1, 2, 4	7.200	14062
	25	1, 2, 4, 6	10.000	156		112	1, 2, 4	8.960	17500
	31.5	1, 2, 4	12.6000	197		(140)	1, 2, 4	11.200	21875
	45*	1	18.000	281		200	1	16.000	31250
3.15	25	1, 2, 4	7.937	248	16	(112)	1, 2, 4	7.000	28672
	31.5	1, 2, 4, 6	10.000	313		140	1, 2, 4	8.750	35840
	40	1, 2, 4	12.500	396		(180)	1, 2, 4	11.250	46080
	56*	1	17.778	556		250	1	15.625	64000
4	(31.5)	1, 2, 4	7.875	504	20	140	1, 2, 4	7.000	56000
	40	1, 2, 4, 6	10.000	640		160	1, 2, 4	8.000	64000
	(50)	1, 2, 4	12.500	800		224	1, 2, 4	11.200	89600
	71*	1	17.750	1136		315	1	15.750	126000
5	(40)	1, 2, 4	8.000	1000	25	180	1, 2, 4	7.200	11250
	50	1, 2, 4, 6	10.000	1250		200	1, 2, 4	8.000	125000
	(63)	1, 2, 4	12.600	1575		280	1, 2, 4	11.200	175000
	90*	1	18.000	2250		400	1	16.000	250000

注：① 括号中的 d_1 尽可能不用；② 带*号的蜗杆具有自锁性能。

（三）蜗杆导程角 γ 与蜗轮的螺旋角 β

蜗杆的分度圆柱面展开成平面如图 2-78 所示。

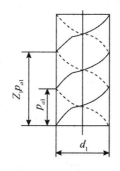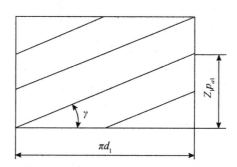

图 2-78　蜗杆展开图

由图可得：

$$\tan \gamma = \frac{z_1 p_x}{\pi d_1} = \frac{z_1 m}{d_1} = \frac{z_1}{q} \qquad (2\text{-}71)$$

式中，z_1 为蜗杆的头数；

p_x 为蜗杆的轴向齿距，为蜗杆的导程角，其取值范围为 $3° \sim 33.5°$。

不同的头数 z_1 对应的导程角 γ、传动比 i 值如表 2-39 所示。

表 2－39　蜗杆头数 z_1、导程角 γ 及传动比 i 荐用范围

蜗杆头数 z_1	1	2	4	6
导程角 γ	$3° \sim 8°$	$8° \sim 16°$	$16° \sim 30°$	$28° \sim 33.5°$
传动比 i	$29° \sim 83°$	$14.5° \sim 31.5°$	$7.25° \sim 15.75°$	$4.83°，5.17°$
蜗轮齿数 z_2	$29° \sim 83°$	$29° \sim 63°$	$29° \sim 63°$	$29°，31°$

蜗杆旋向分为右旋和左旋。除特殊要求外，均应采用右旋蜗杆。

（四）蜗杆头数（齿数）和蜗轮齿数

常用的蜗杆头数 $z_1=1$、2、4、6。过多，难以制造出较高精度的蜗杆和蜗轮滚刀。要求传动效率高时，宜取 $z_1 \geqslant 2$；当传动比大或传递大转矩或要求传动自锁时，必须 $z_1 = 1$，且 $\gamma \leqslant 3.5°$。蜗轮齿数 $z_2 = z_1 i$。为了避免蜗轮轮齿产生根切、干涉和保证传动的平稳性，应使 $z_2 \geqslant 29$。z_2 亦不宜过多（$z_2 \leqslant 38$），否则当模数一定时会使蜗轮直径太大，造成蜗杆支承跨距过大，降低蜗杆刚度，导致啮合不良。对于动力蜗杆传动，常用的蜗轮轮齿 $z_2 = 29° \sim 70°$。传递运动时，z_2 不受限制。

（五）传动比 i

对于减速蜗杆传动　　　$$i = \frac{n_1}{n_2} = \frac{z_2}{z_1} = \frac{d_2}{d_1 \tan \gamma} \qquad (2\text{-}72)$$

式中，n_1、n_2 分别为蜗杆和蜗轮的转速。

对单级动力蜗杆传动，5~80，常用 15~50。

一般减速圆柱蜗杆传动传动比的公称值按下列数值选取：5、7.5、10、12.5、15、20、25、30、40、50、60、70、80。其中，10、20、40 和 80 为基本传动比，应优先采用。

（六）中心距 a

非变位蜗杆传动的中心距为：

$$a = \frac{1}{2}(d_1 + d_2) = \frac{m}{2}(q + z_2) \qquad (2\text{-}73)$$

式中，d_2 是蜗轮的分度圆直径，$d_2 = m z_2$。

国家标准规定了中心距的标准系列值为：

40、50、63、80、100、125、160、（180）、200、250、（280）、315、355、400、450、500。为了配凑成标准中心距，蜗杆传动常需变位。在变位蜗杆传动中，蜗杆尺寸不变，蜗轮的喉圆直径 d_{a2}、齿根圆直径 d_{f2} 等尺寸改变。

（七）蜗杆传动的正确啮合条件

$$m_{x_1}=m_{t_2}=m$$
$$\alpha_{x_1}=\alpha_{t_2}=\alpha$$
$$\lambda_1=\beta_2 \tag{2-74}$$

也就是：蜗杆的轴向模数 m_{x_1} 应和蜗轮端面模数 m_{t_2} 相等；蜗杆的轴向齿距 p_{x_1} 和轴向压力角 α_{x_2} 应分别与蜗轮的端面齿距 p_{t_2} 和端面压力角 α_{t_2} 相等；蜗杆导程角 λ 等于蜗轮螺旋角 β，且旋向相同。

三、普通圆柱蜗杆传动的几何尺寸

在设计蜗杆传动时，一般是根据传动的功用和传动比的要求，选择蜗杆的头数 z_1 和蜗轮的齿数 z_2，然后再按强度计算确定模数 m 和蜗杆直径系数 q。当上述主要参数确定后，可根据表 2-40 计算出蜗杆、蜗轮的几何尺寸。

表 2-40　圆柱蜗杆传动的主要几何尺寸的计算公式

名称	符号	普通圆柱蜗杆传动	圆弧圆柱蜗杆传动
中心距	a	$a=0.5m(q+z_2)$ $a'=0.5m(q+z_2+2x_2)$（变位）	$a=0.5m(q+z_2+2x_2)$
齿形角		$x=20°$（ZA 型），$n=20°$（ZN，ZI，ZK 型）	$n=23°$或 $24°$
蜗轮齿数	z_2	$z_2=z_1i$	$z_2=z_1i$
传动比	i	$i=z_2/z_1$	$i=z_2/z_1$
模数	m	$m=m_x=m_n/\cos\gamma$（m 取标准）	$m=m_x=m_n/\cos\gamma$（m 取标准）
蜗杆分度直径	d_1	$d_1=mq$	$d_1=mq$
蜗杆轴向齿距	p_x	$p_x=m\pi$	$p_x=m\pi$
蜗杆导程	p_z	$p_z=z_1p_x$	$p_z=z_1p_x$
蜗杆分度圆柱导程角	γ	$\gamma=\arctan z_1/q$	$\gamma=\operatorname{arctg} z_1/q$
顶隙	c	$c=c^*m$，$c^*=0.2$	$c=0.16m$
蜗杆齿顶高	h_{a1}	$h_{a1}=h_a^*m$ 一般 $h_a^*=1$，短齿，$h_a^*m=0.8$	$z_1\leqslant3：h_{a1}=m$; $z_1>3：h_{a1}=0.9m$
蜗杆齿根高	h_{f1}	$h_{f1}=h_a^*m+c$	$h_{f1}=1.16m$
蜗杆齿高	h_1	$h_1=h_{a1}+h_{f1}$	$h_1=h_{a1}+h_{f1}$
蜗杆齿顶圆直径	d_{a1}	$d_{a1}=d_1+2d_{a1}$	$d_{a1}=d_1+2d_{a1}$
蜗杆齿根圆直径	d_{f1}	$d_{f1}=d_1-2d_{f1}$	$d_{f1}=d_1-2d_{f1}$

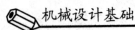

续表

蜗杆螺纹部分长度	b_1	非磨削蜗杆 $b_1 = 2m\left(1+\sqrt{z_2}\right)$ 磨削蜗杆 $b_1 = 2m\left(1+\sqrt{z_2}\right)+$ 4.7m	$b_1 = 2.5m\sqrt{z_2+2+2x_2}$
蜗杆轴向齿厚	S_{x1}	$S_{x1}=0.5m\pi$	$S_{x1}=0.4m\pi$
蜗杆法向齿厚	S_{n1}	$S_{n1}=S_{x1}\cos\gamma$	$S_{n1}=S_{x1}\cos\gamma$
蜗轮分度圆直径	d_2	$d_2=z_2m$	$d_2=z_2m$
蜗轮齿顶高	ha_2	$ha_2=h_a^*m$ $ha_2=m（ha^*+x_2）$（变位）	$z_1\leqslant3：h_{a2}=m+x2m$ $z_1>3：h_{a2}=0.9m+x2m$
蜗轮齿根高	h_{f2}	$h_{f2}=m（ha^*+c^*）$ $h_{f2}=m（ha^*-x_2+c^*）$（变位）	$h_{f2}=1.16m-x2m$
蜗轮喉圆直径	da_2	$d_{a2}=d_2+2ha_2$	$d_{a2}=d_2+2h_{a2}$
蜗轮齿根圆直径	d_{f2}	$d_{f2}=d_2-2h_{f2}$	$d_{f2}=d_2-2h_{f2}$
蜗轮齿宽	b_2	$b_2\approx2m（0.5+\sqrt{q+1}）$	$b_2\approx2m（0.5+\sqrt{q+1}）$
蜗轮齿根圆弧半径	R_1	$R_1=0.5d_{a1}+c$	$R_1=0.5d_{a1}+c$
蜗轮齿顶圆弧半径	R_2	$R_2=0.5d_{f1}+c$	$R_2=0.5d_{f1}+c$
蜗轮顶圆直径	de_2	$de_2=d_{a2}+ym$	$de_2=d_{a2}+2（0.3\sim0.5）m$
蜗轮轮缘宽度	B	$B=b_2+（1\sim2）m$	$B=0.45（d_1+6m）$
齿廓圆弧中心到蜗杆齿厚对称线的距离	l_1		$l_1=\rho\cos\alpha_n+0.5S_{n1}$
齿廓圆弧中心到蜗杆轴线的距离	l_2		$l_2=\rho\sin\alpha_n+0.5d_1$

【例 2-9】一普通圆柱蜗杆传动，已知中心距为 $a=200$ mm，传动比 $i=40$。测得右旋单头蜗杆的轴向齿距 $p_x=25.13$ mm，蜗杆齿顶圆直径 $d_{a1}=96$ mm，蜗轮已损坏，试计算新配蜗轮的尺寸。

【解】（1）求模数 m

$$p_x=\pi m，\quad m=\frac{p_x}{\pi}=\frac{25.13}{\pi}=8 （mm）$$

（2）确定蜗杆直径系数 q

由 $d_{a1}=mq+2m$ 得

$$q=\frac{d_{a1}}{m}-2=\frac{96}{8}-2=10$$

（3）确定蜗轮齿数 z_2 和变位系数 x_2

$$z_2=z_1^i=1\times40=40$$

$$a^{'}=\frac{m}{2}(q+z_2+x_2) 得$$

$$x_2 = \frac{2a'}{m} - q - z_2 = \frac{2 \times 200}{8} - 10 - 40 = 0$$

（3）计算蜗轮的尺寸

齿顶高：
$$h_{a2} = (h_a^* + x_2)m = (1 + 0) \times 8 = 8 \quad (\text{mm})$$

齿根高：
$$h_{f2} = (h_a^* + c^* - x_2)m = (1 + 0.2 - 0) \times 8 = 9.6 \quad (\text{mm})$$

分度圆螺旋角：
$$\beta = \gamma = \arctan\frac{z_1}{q} = \arctan\frac{1}{10} = 5°42'38''$$

分度圆直径：
$$d_2 = mz_2 = 8 \times 40 = 320 \quad (\text{mm})$$

喉圆直径：
$$d_{a2} = d_2 + 2h_{a2} = [320 + 2 \times 8] = 336 \quad (\text{mm})$$

齿根圆直径：
$$d_{f2} = d_2 - 2h_{f2} = [320 - 2 \times 9.6] = 300.8 \quad (\text{mm})$$

顶圆直径：
$$d_{e2} \approx d_{a2} + ym = [336 + 2 \times 8] = 352 \quad (\text{mm})$$

蜗轮齿宽：
$$d_{a1} = d_1 + 2h_{a1} = mq + h_a^* m = [8 \times 10 + 2 \times 1 \times 8] = 96 \quad (\text{mm})$$

$$z_1 = 1, \quad b_2 \leqslant 0.75 d_{a1} = 0.75 \times 96 = 72 \text{ 取 } b_2 = 70$$

蜗轮齿宽角：
$$\theta = 2\text{atc}\sin\frac{b_2}{d_1} = 2\text{atc}\sin\frac{70}{80} = 122.09°$$

【技能知识】

1. 蜗杆传动的热平衡计算

（1）热平衡计算的原因。由于蜗杆、蜗轮啮合时齿面间相对滑动速度大，效率低，摩擦严重，发热大，对于闭式蜗杆传动，若散热不良，会因油温不断升高，而使润滑条件恶化导致齿面胶合或点蚀失效。所以，对闭式蜗杆传动，设计时要进行热平衡计算。

（2）热平衡计算方法。设热平衡时的工作油温为 t_1，则热平衡约束条件为：

$$t_1 = \frac{1\,000P_1(1-\eta)}{K_t A} + t_0 \leqslant t_p \tag{2-75}$$

式中，t_p 为油的许用工作温度（℃），一般在 60～70℃，最高不超过 90℃；

t_0 为环境温度（℃），一般取 $t_0 = 20$℃；

P_1 为蜗杆传递的功率（kW）；

η 为蜗杆传动的总效率；

A 为箱体的散热面积（m^2），即箱体内表面被油浸着或油能飞溅到，且外表面又被空气所冷却的箱体表面积，凸缘及散热片面积按 50% 计算；

K_t 为散热系数，在自然通风良好的地方，取 $K_t = 14 \sim 17.5$；通风不好时，取 $K_t = 8.7 \sim 10.5$。

（3）散热措施。若计算结果 t_1 超出允许值，可采取以下措施：

① 在箱体外壁增加散热片，以增大散热面积 A。

② 在蜗杆轴端加装风扇（图 2-79a），加速空气流通以增大散热系数，此时，$K_t = 20 \sim 28$。

③ 在箱体油池中设蛇形冷却管（图 2-7b）。

④ 采用压力喷油润滑（图 2-79c）。

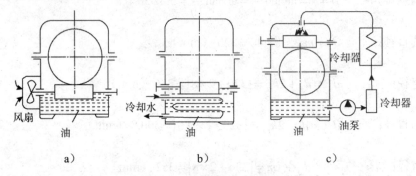

图 2-79　传动的润滑与散热

a）在蜗杆轴端加装风扇；b）在箱体油池中设蛇形冷却管；c）采用压力喷油润滑

2. 蜗杆传动的维护

（1）蜗杆蜗轮的安装与调整。当蜗杆传动采用油浴润滑时，若蜗杆圆周速度 v_1 较低（$v_1 \leqslant 5$m/s）时，应将蜗杆置于蜗轮下方，蜗杆带油润滑效果较好，但箱中油易渗漏。若 $v_1 > 5$m/s，应将蜗杆上置，蜗轮带油润滑，以减少搅油损失。喷油润滑时蜗杆可随意布置。

蜗杆传动安装后，应仔细调整蜗轮的位置。否则难以正确啮合。齿面会在短时间内严重磨损。对于单向运转的蜗杆传动，可调整蜗轮位置使蜗杆和蜗轮在偏于啮合的一侧接触，以利于在啮合入口处造成油楔，易于形成油膜润滑。调整好后，蜗轮的轴向位置必须固定。

（2）蜗杆传动装配后，必须磨合，以使齿面接触良好。磨合时采用低速运转，通常 $n_1 = 50 \sim 100$ r/min，逐步加载至额定载荷，磨合 $1 \sim 5$ h。若发现蜗杆齿面上粘有青铜，就应立即停车，用细砂纸打去，再继续磨合。磨合好后，应立即清洗全部零件，换新润滑油，并把此时蜗轮相对蜗杆的轴向位置打上印记，便于以后装拆时配对和快速装到原位。新机试车时，先空载运转逐步加载至额定载荷，观察齿面啮合、轴承密封及温升等情况。

（3）蜗杆传动的润滑。蜗杆传动的润滑不仅能提高效率，而且可以避免轮齿的胶合和磨损。对于闭式蜗杆传动的润滑油黏度和供油方式，一般可根据相对滑动速度、载荷类型等参考有关数据选择。为了提高蜗杆传动的抗胶合性能，宜选用黏度较高的润滑油。对青铜蜗轮，不允许采用抗胶合能力强的活性润滑油，以免腐蚀青铜齿面。

【知识扩展】

蜗杆传动的设计计算

1. 蜗杆传动的失效形式和设计准则

（1）齿面相对滑动速度 v_s。蜗杆传动中蜗杆的螺旋面和蜗轮齿面之间有较大的相对滑动。滑动速度 v_s 沿蜗杆螺旋线的切线方向。如图 2-80 所示，v_1 为蜗杆的圆周速度，v_2 为蜗轮的圆周速度，作速度三角形得：

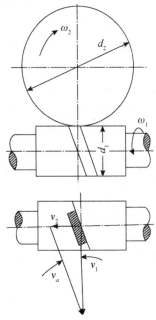

图 2-80　蜗杆传动的滑动速度

$$v_s = \sqrt{v_1^2 + v_2^2} = \frac{v_1}{\cos\gamma} \tag{2-76}$$

设计时可按下式估算：$v_s = (0.025 \sim 0.03)\sqrt[3]{p_1 n_1^2}$

式中，P_1 为蜗杆的功率（kW）；

$\qquad v_s$ 为滑动速度（m/s）；

$\qquad n_1$ 为蜗杆的转速（r/min）。

较大的滑动速度 v_s，对齿面的润滑情况、齿面的失效形式及传动效率都有很大的影响。

（2）蜗杆传动的失效形式和设计准则。蜗杆传动的失效形式与齿轮传动相似，有轮齿折断、齿面点蚀、齿面磨损和胶合等，但由于蜗杆、蜗轮的齿廓间相对滑动速度较大、发热量大而效率低，因此传动的主要失效形式为胶合、磨损和点蚀。由于蜗杆的齿是连续的螺旋线，且蜗杆的强度高于蜗轮，因而失效多发生在蜗轮轮齿上。在闭式传动中，蜗轮的主要失效形式是胶合与点蚀；在开式传动中，主要失效形式是磨损。

综上所述，蜗杆传动的设计准则为：闭式蜗杆传动按齿面接触疲劳强度设计，并校核齿根弯曲疲劳强度，为避免发生胶合失效还必须做热平衡计算；对开式蜗杆传动通常只需按齿根弯曲疲劳强度设计。实践证明，闭式蜗杆传动，当载荷平稳无冲击时，蜗轮轮齿因弯曲强度不足而失效的情况多发生于齿数 $z_2>80\sim100$ 时，所以在齿数少于以上数值时，弯曲强度校核可不考虑。

2. 蜗杆、蜗轮的材料和结构

（1）蜗杆、蜗轮的材料选择。根据蜗杆传动的主要失效形式可知，蜗杆和蜗轮材料不仅要求有足够的强度，更重要的是要具有良好的减摩性、耐磨性和抗胶合能力。

蜗杆一般用碳钢或合金钢制造。40、45，调质，硬度 HBS220～300，用于低速，不太重要的场合；40、45、40Cr，表面淬火，硬度 HRC45～55，用于一般传动；15Cr、20Cr、12CrNiA、18CrMnT1、O20CrK 渗碳淬火、硬度 HRC58～63，用于高速重载蜗轮。

铸锡青铜（ZCuSn7P1，ZCuSn5P65Zn5）。用于 $v_s\geq3$ m/s 时。其特点是减摩性好，抗胶合性好，价贵，强度稍低。铸铝铁青铜（ZcuAl7Fe3）。用于 $v_s\leq4$ m/s。减摩性、抗胶合性稍差，但强度高，价格低廉。铸铁、灰铸铁、球墨铸铁。用于 $v_s\leq2$ m/s，要进行时效处理、防止变形。蜗轮材料可参考相对滑动速度 v_s 来选择。铸造锡青铜抗胶合性、耐磨性好，易加工，允许的滑动速度 v_s 高，但强度较低，价格较贵。一般 ZCuSn10P1 允许滑动速度可 25m/s，ZCuSn5Pb5Zn5 常用于 $v_s<12$m/s 的场合。铸造铝青铜，如 ZCuAl10Fe3,其减磨性和抗胶合性比锡青铜差，但强度高，价格便宜，一般用于 $v_s\leq4$ m/s 的传动。灰铸铁（HT150、HT200），用于 $v_s\leq2$m/s 的低速轻载传动中。

（2）蜗杆的结构。蜗杆常和轴作成一体，称为蜗杆轴，（只有 $d_f/d\geq1.7$ 时才采用蜗杆齿圈套装在轴上的形式）。图 2-81a 所示为铣制蜗杆，在轴上直接铣出螺旋部分，刚性较好。图 2-81b 所示为车制蜗杆，车制蜗杆需有退刀槽，$d=d_f-$（2～4）mm，故刚性较差。

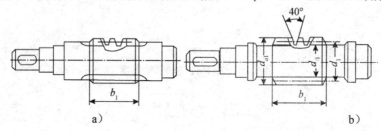

图 2-81 蜗杆的结构形式

a）铣制蜗杆；b）车制蜗杆

3. 蜗杆传动的强度计算

（1）蜗杆传动的受力分析

蜗杆传动受力分析与斜齿圆柱齿轮的受力分析相似，齿面上的法向力 F_n 可分解为 3 个相互垂直的分力：圆周力 F_t、轴向力 F_a、径向力 F_r，如图 2-82 所示。蜗杆为主动件，轴向力 F_{a1} 的方向由左、右手定则确定。图 2-82 所示为右旋蜗杆，用右手四指指向蜗杆转向，拇指所指方向就是轴向力 F_{a1} 的方向。圆周力 F_{t1} 与主动蜗杆转向相反；径向力 F_{r1} 指向蜗杆中心。

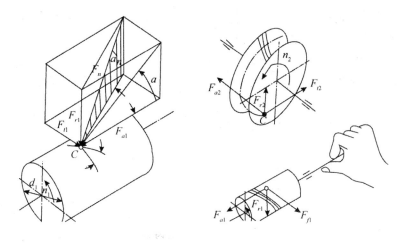

图 2-82　蜗杆传动受力分析

蜗轮受力方向，由 F_{t1} 与 F_{a2}、F_{a1} 与 F_{t2}、F_{r1} 与 F_{r2} 的作用力与反作用力关系确定（见图 2-82）。各力的大小可按下式计算：

$$F_{t1} = F_{a2} = \frac{2T_1}{d_1}$$

$$F_{a1} = F_{t2} = \frac{2T_2}{d_2} \qquad (2-77)$$

$$F_{r1} = F_{r2} = F_{t2} \tan \alpha$$

$$T_2 = T_1 i \eta$$

力的方向和蜗轮转向的判别：

F_t——"主反从同"，F_r——指向轴线

F_{a1}——蜗杆左（右）手螺旋定则，根据蜗杆齿向伸左手或右手，握住蜗杆轴线，四指代表蜗杆转向，大拇指所指方向代表蜗杆所受轴向力 F_{a1} 的方向，F_{t2} 的方向与 F_{a1} 相反，F_{t2} 的方向即为 ω_2 转向。

（2）蜗轮齿面接触疲劳强度计算。蜗轮齿面接触疲劳强度计算与斜齿轮相似，以赫兹公式为计算基础，按节点处的啮合条件计算齿面接触应力，可推出对钢制蜗杆与青铜蜗轮或铸铁蜗轮校核公式如下：

$$\sigma_H = 500 \sqrt{\frac{kT_2}{G d_1 d_2^2}} \leqslant [\sigma_H] \text{（MPa）} \qquad (2-78)$$

设计公式为：　　　$$m^2 d_1 \geqslant \frac{KT_2}{G} \left(\frac{500}{z_2 [\sigma_{H2}]} \right)^2 \text{（mm）}^2 \qquad (2-79)$$

式中，T_2 为蜗轮轴的转矩（N·mm）；

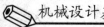

K 为载荷系数，$K=1\sim1.5$，当载荷平稳相对滑动速度较小时（$v_s<3$ m/s）取较小值，反之取较大值，严重冲击时取 $K=1.5$；

$[\sigma_H]$ 为蜗轮材料的许用接触应力（MPa）。当蜗轮材料为锡青铜（$\sigma_b<300$ MPa）时，其主要失效形式为疲劳点蚀，$[\sigma_H]=Z_N[\sigma_{0H}]$。$[\sigma_{0H}]$ 为蜗轮材料的基本许用接触应力，如表2-41所示；

表2-41　铸锡青铜蜗轮的基本许用接触应力$[\sigma_{OH}]$　　　　　单位：MPa

蜗轮材料	铸造方法	蜗杆螺旋面的硬度	
		≤45HRC	>45HRC
铸锡磷青铜	砂模铸造	150	180
ZCuSn10P1	金属模铸造	220	268
铸锡锌铅青铜	砂模铸造	113	135
ZCuSn5Pb5Zn5	金属模铸造	128	140

Z_N 为寿命系数，$Z_N=\sqrt[8]{10^7/N}$；N 为应力循环次数，$N=60n_2L_h$，n_2 为蜗轮转速 (r/min)；L_h 为工作寿命 (h)；$N>25\times10^7$ 时，应取 $N=25\times10^7$，$N<2.6\times10^5$ 时应取 $N=2.6\times10^5$。当蜗轮的材料为铝青铜或铸铁（$\sigma_b>300$ MPa）时，蜗轮的主要失效形式为胶合，许用应力与应力循环次数无关（表2-42）。

表2-42　灰铸铁及铸铝铁青铜蜗轮许用接触应力$[\sigma_H]$　　　　　单位：MPa

材料		滑动速度 v_s（m/s）						
蜗杆	蜗轮	<0.25	0.25	0.5	1	2	3	4
20或20Cr渗碳，淬火，45号钢淬火，齿面硬度大于45HRC	灰铸铁 HT150	206	166	150	127	95	—	
	灰铸铁 HT200	250	202	182	154	115	—	
	铸铝铁青铜 ZCuAl10Fe3	—	—	250	230	210	180	
5号钢或Q275	灰铸铁 HT150	172	139	125	106	79	—	
	灰铸铁 HT200	208	168	152	128	96	—	

（3）蜗轮轮齿的齿根弯曲疲劳强度计算。由于蜗轮轮齿的齿形比较复杂，要精确计算轮齿的弯曲应力比较困难，通常近似地将蜗轮看作斜齿轮，按圆柱齿轮弯曲强度公式来计算，化简后齿根弯曲强度的校核公式为：

$$\sigma_F=\frac{2.2KT_2}{d_1d_2m\cos\gamma}Y_{F2}\leqslant[\sigma_F] \tag{2-80}$$

设计公式为：
$$m^2d_1\geqslant\frac{2.2KT_1}{z_2[\sigma_F]\cos\gamma}Y_{F2} \tag{2-81}$$

式中，Y_{F2} 为蜗轮的齿形系数，按蜗轮的实有齿数 z_2 查表；

$[\sigma_F]$为蜗轮材料的许用弯曲应力，$[\sigma_F] = Y_N[\sigma_{0F}]$。$[\sigma_{0F}]$为蜗轮材料的基本许用弯曲应力，如表2-43所示。$Y_N$为寿命系数，$Y_N = \sqrt[9]{10^6/N}$，$N = 60n_2L_h$。当$N > 25 \times 10^7$时，取 $N = 25 \times 10^7$，当$N < 105$时，取$N = 10^5$。

表2-43　蜗轮的基本许用弯曲应力$[\sigma_F]$　　　　　　　　　　　　单位：MPa

蜗轮材料	铸造方法	单侧工作	双侧工作$[\sigma_{-1}]_{F'}$
铸锡磷青铜 ZCuSn10P1	砂模铸造	40	29
	金属模铸造	56	40
铸锡锌铅青铜 ZCuSn5Pb5Zn5	砂模铸造	26	22
	金属模铸造	32	26
铸铝铁青铜 ZCuAl10Fe3	砂模铸造	80	57
	金属模铸造	90	64
灰铸铁	HT150	40	28
	HT200	48	34

注：表中各种青铜的基本许用弯曲应力为应力循环次数时之值$N = 10^6$，当$N \neq 10^6$时，需将表中数值乘以寿命系数KFN；当$N > 25 \times 10^7$时，取$N = 25 \times 10^7$；当$N < 10^5$时，取$N = 10^5$。

（4）普通圆柱蜗杆传动精度等级及其选择。

按 GB7089—88　　　　　高　　　　　→　　　　　低

精度等级　　　　　　　1，2，…，6，7，8，9，7，11，12

　　　　　　　　　　　远景　　　　常用　　　　低

6级——中等精度，适于机床的分度机构（插齿机、滚、齿机）、读数装置精密传动机构（$v_2 > 5$ m/s）。

7级——适于一般精度要求的动力传动，中等速度（$v_2 < 7$ m/s）。

8级——短时工作低速传动（$v_2 \leqslant 3$ m/s）。

9级——低速、低精度，简易机构中。

【例 2-10】设计一带式输送机上的闭式普通圆柱蜗杆传动。已知蜗杆传动功率$p_1 = 11$ kW，蜗杆转速$n_1 = 1\,460$ r/min，传动比$i = 20.5$，Y系列三相异步电动机驱动，单向长期运转，载荷平稳。

【解】（1）选择材料和精度。蜗杆材料选用40Cr，表面淬火，齿面硬度为45～55HRC，蜗轮轮缘材料用ZCuSn10P1，砂模铸造，轮芯用HT150，一般精度要求的动力传动，取7级精度。

（2）确定蜗杆头数z_1和蜗轮齿数z_2。据表2-39，选取$z_1 = 2$，

$$z_2 = z_1^i = 2 \times 20.5 = 41$$

（3）初估滑动速度v_s

$p_1 = 11$ kW，蜗杆转速$n_1 = 1\,460$ r/min，由式（2-76），取系数为0.025，

$$v_s = 0.025\sqrt[3]{p_2 n_1^2} = 0.025\sqrt[3]{11 \times 1\,460^2} = 7.16 \quad (\text{mm})$$

（4）按接触强度设计

① 确定载荷系数。因载荷平稳，传动比较大，初定蜗轮圆周速度 $v_2 < 3$ m/s，取 $K = 15$。

② 计算蜗轮转矩 T_2。

蜗杆转矩：
$$T_1 = 9.549 \times 10^6 \frac{p_1}{n_1} = 9.549 \times 10^6 \frac{11}{1\,460} = 71\,945 \quad (\text{N·mm})$$

估算蜗杆传动效率：
$$\eta = (100 - 3.5\sqrt{i})\% = (100 - 3.5\sqrt{20.5})\% = 0.84$$

蜗轮转矩：
$$T_2 = T_1 \eta i = 0.84 \times 20.5 \times 71\,945 = 1\,238\,893 \quad (\text{N·mm})$$

③ 确定蜗轮许用接触应力 $[\sigma_{H2}]$

查表 2-41，$[\sigma_{H2}] = 200$ MPa，

④ 计算 $m^2 d_1$。由式（2-78）
$$m^2 d_1 \geq \frac{KT_2}{G}\left(\frac{500}{z_2 [\sigma_{H2}]}\right)^2 = 1.15 \times 1\,238\,893 \times \left(\frac{500}{41 \times 200}\right)^2 = 5\,297 \quad (\text{mm}^3)$$

⑤ 确定模数 m 和蜗杆分度圆直径 d_1。查表 2-38，取 $m = 10$ mm，$d_1 = 90$ mm，$q = 9$。

（5）检验原设计方案的参数

① 蜗杆圆周速度：
$$v_1 = \frac{\pi d_1 n_1}{60 \times 1\,000} = \frac{\pi \times 90 \times 1\,460}{60 \times 1\,000} = 6.88 \quad (\text{m/s})$$

② 蜗轮圆周速度：
$$v_2 = \frac{\pi d_2 n_2}{60 \times 1\,000} = \frac{\pi m z_2 n_1 / i}{60 \times 1\,000} = \frac{\pi \times 10 \times 41 \times 1\,460 / 20.5}{60 \times 1\,000} = 1.53 \text{ m/s} < 3\text{m/s}$$

原估计正确。

③ 蜗杆导程角 $\gamma = \arctan\dfrac{z_1}{q} = \arctan\dfrac{2}{9} = 12^{\circ}31'44''$，合适。

④ 滑动速度 $v_s = \dfrac{v_1}{\cos\gamma} = \dfrac{6.88}{\cos 12^{\circ}31'44''} = 7.05$ m/s，与初估值接近，合适。

⑤ 校核轮齿弯曲强度：对于闭式传动，$z_2 < 80$ 可不再进行轮齿弯曲疲劳强度校核。

⑥ 计算蜗杆和蜗轮的主要尺寸：

蜗杆分度圆直径：$d_1 = 90$ mm

蜗杆齿顶圆直径：$d_{a1} = d_1 + 2h_{a1} = d_1 + 2h_a^* m = (90 + 2 \times 1 \times 10) = 110$（mm）

蜗杆齿根圆直径：$d_{f1} = d_1 - 2h_{f1} = d_1 - 2(h_a^* + c^*)m$

$$= \left[90 - 2 \times (1 + 0.2) \times 10 \right] = 76 \text{（mm）}$$

蜗杆齿宽（磨削）：

$$b_1 = 2m(1 + \sqrt{z_2}) + 4.7m = \left[2 \times 10 \times (1 + \sqrt{41}) + 4.7 \times 10 \right] = 195 \text{（mm）}$$

蜗轮分度圆直径：$d_2 = mz_2 = 10 \times 41 = 410$（mm）

传动中心距：$a = \dfrac{m}{2}(q + z_2) = \dfrac{10}{2}(9 + 41) = 250$（mm）为标准中心距。

蜗轮喉圆直径：

$$d_{a2} = d_2 + 2h_{a2} = d_2 + 2\left(h_a^* + x_2 \right)m = \left[410 + 2 \times (1 + 0) \times 10 \right] = 430 \text{（mm）}$$

蜗轮齿根圆直径：$d_{f2} = d_2 - 2h_{f2} = d_2 - 2\left(h_a^* + c^* - x_2 \right)m$

$$= \left[410 - 2 \times (1 + 0.2 - 0) \times 10 \right] = 386 \text{（mm）}$$

蜗轮外圆蜗杆宽度：$d_{e2} \approx d_{e2} + m = (430 + 10) = 440$（mm）

蜗轮齿宽角：$\theta = 2\arcsin \dfrac{b_2}{d_1} = 2\arcsin \dfrac{82}{90} = 131.3°$

（6）热平衡计算

① 散热面积 A，初估散热面积：

$$A = 0.33 \left(\frac{a}{100} \right)^{1.75} = 0.33 \times \left(\frac{250}{100} \right)^{1.75} = 1.64 \, \text{m}^2$$

② 通风良好，取散系数：$K_t = 17$

③ 油温：$t = \dfrac{1\,000 P_1 (1 - \eta)}{K_t A} + t_\alpha = \left[\dfrac{1\,000 \times 11 \times (1 - 0.87)}{17 \times 1.64} + 20 \right]$（℃）

$= 71.3\text{℃} < 75\text{℃}$，满足散热要求

习　题

1. 在蜗杆传动的强度计算中，为什么只考虑蜗轮的强度？蜗杆的刚度在什么情况下才需要计算？

2. 为什么蜗杆传动要进行热平衡计算？当热平衡不满足要求时，可以采取什么措施？

3. 设某一标准蜗杆传动的模数 $m = 5$ mm，蜗杆的分度圆直径 $d_1 = 50$ mm，蜗杆的头数 $z_1 = 2$，传动比 $i = 20$。试计算蜗轮的螺旋角和蜗杆传动的主要尺寸。

4. 对习题图 2-1 所示的蜗杆传动，请根据已知的蜗杆的螺旋方向和转向，确定蜗轮的螺旋方向和转向。并在习题图 2-1 中标出蜗杆和蜗轮的受力方向。

5. 习题图 2-2 所示为手动铰车中所采用的蜗杆传动。已知 $m = 8$ mm，$d_1 = 80$ mm，$z_1 = 1$，$i = 40$，卷筒的直径 $D = 250$ mm，试计算：

（1）欲使重物上升 1 m，应转动蜗杆的转数。

（2）设蜗杆和蜗轮间的当量摩擦系数为 0.18，检验该蜗杆传动是否满足自锁条件。

（3）设重物重 $Q = 5$ kN，通过手柄转臂施加的力 $F = 100$ N，求手柄转臂的长度 l 的最小值。

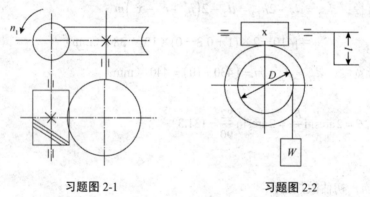

习题图 2-1　　　　　　　　　　　习题图 2-2

6. 试设计一单级圆柱蜗杆传动：传动由电动机驱动，电动机的功率为 7 kW，转数为 1440 r/min，蜗轮轴的转数为 80 r/min，载荷平稳，单向传动。

7. 设计一个由电动机驱动的单级圆柱蜗杆减速器，电动机功率为 7kW，转速为 1440r/min，蜗轮轴转速为 80 r/min，载荷平稳，单向传动，蜗轮材料选表 2-34 中的锡青铜，砂型；蜗杆选用 40Cr，表面淬火。

任务五　轮　系

【任务导入】

（1）汽车变速箱、机床的床头箱等是怎样实现变速和换向的？

（2）汽车的差速器是怎样实现差速的？它在汽车转弯时起什么作用？

【理论知识】

前面我们已经讨论了一对齿轮传动及蜗杆传动的应用和设计问题，然而实际的现代机械传动，运动形式往往很复杂。由于主动轴与从动轴的距离较远，或要求较大传动比，或要求在传动过程中实现变速和换向等原因，仅用一对齿轮传动或蜗杆传动往往是不够的，而是需要采用一系列相互啮合的齿轮组成的传动系统将主动轴的运动传给从动轴。这种由一系列相互啮合的齿轮(包括蜗杆、蜗轮)组成的传动系统称为齿轮系，简称轮系。本任务重点讨论各种类型齿轮系传动比的计算方法，并简要分析各齿轮系的功能和应用。

一、轮系的分类

组成轮系的齿轮可以是圆柱齿轮、圆锥齿轮或蜗杆蜗轮。如果全部齿轮的轴线都互相平行，这样的轮系称为平面轮系；如果轮系中各轮的轴线并不都是相互平行的，则称为空间轮系。再者，通常根据轮系运动时各个齿轮的轴线在空间的位置是否都是固定的，而将轮系分为两大类：定轴轮系和周转轮系。

（一）定轴轮系

在传动时所有齿轮的回转轴线固定不变的轮系，称为定轴轮系。定轴轮系是最基本的轮系，应用很广。由轴线互相平行的圆柱齿轮组成的定轴齿轮系，称为平面定轴轮系，如图 2-83 所示。

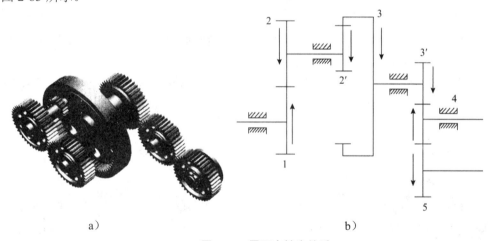

a)　　　　　　　　　　　　　　　　b)

图 2-83　平面定轴齿轮系

a）平面定轴齿轮系结构图；b）平面定轴齿轮系工作示意图

包含有圆锥齿轮、螺旋齿轮、蜗杆蜗轮等空间齿轮的定轴轮系，称为空间定轴轮系，如图 2-84 所示。

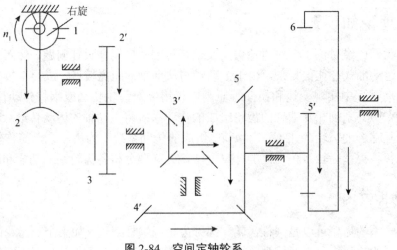

图 2-84 空间定轴轮系

（二）周转轮系

轮系在运动过程中，若有一个或一个以上的齿轮除绕自身轴线自转外，其轴线又绕另一个齿轮的固定轴线转动，则称为周转轮系，也叫动轴轮系。如图 2-85 所示。其中齿轮 2 的轴线不固定，它一方面绕着自身的几何轴线 O_2 旋转，同时 O_2 轴线又随构件 H 绕轴线 OH 公转。分析周转轮系的结构组成，可知它由下列几种构件所组成：

（1）行星轮：当轮系运转时，一方面绕着自己的轴线回转（称自转），另一方面其轴线又绕着另一齿轮的固定轴线回转（称公转）的齿轮称行星轮，如图 2-85 所示的齿轮 2。

（2）行星架：轮系中用以支承行星轮并使行星轮得到公转的构件。如图 2-85 所示的构件 H，该构件又称系杆或转臂。

（3）中心轮：轮系中与行星轮相啮合，且绕固定轴线转动的齿轮，如图 2-85 所示的齿轮 1、3。中心轮又称太阳轮。

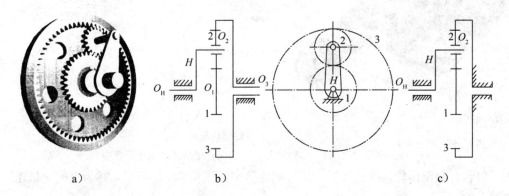

a)   b)   c)

图 2-85 周转轮系

a) 转轮系结构图；b) 动轮系；c) 星轮系

周转轮系中，由于一般都以中心轮和系杆作为运动的输入和输出构件，并且它们的轴线重合且相对机架位置固定不动。因此常称它们为周转轮系的基本构件。基本构件是围绕着同一固定轴线回转并承受外力矩的构件。由上所述可见，一个周转轮系必定具有一个系杆，具有一个或几个行星轮，以及与行星轮相啮合的太阳轮。

周转轮系还可根据其所具有的自由度的数目做进一步的划分。若周转轮系的自由度为 2，如图 2-85b 所示的轮系，则称其为差动轮系。为了确定这种轮系的运动，需要给定两个构件以独立的运动规律。凡是自由度为 1 的周转轮系，称为行星轮系，如图 2-85c 所示。这种轮系中，两个中心轮 1、3 中有一个固定不动（图 2-85 中为 3 轮不动），则差动轮系就变成了行星轮系。为确定行星轮系的运动，只需给定一个原动件就可以了。

周转轮系也可分为平面周转轮系和空间周转轮系两类。

（三）混合轮系

凡是轮系中既有周转轮系部分，又有定轴轮系部分，或有两个以上周转轮系组成时，称为混合轮系。如图 2-86a 所示，既包含有定轴轮系部分又包含有周转轮系部分；而图 2-86b 所示就是由两部分周转轮系所组成。混合轮系必须包含有周转轮系部分。

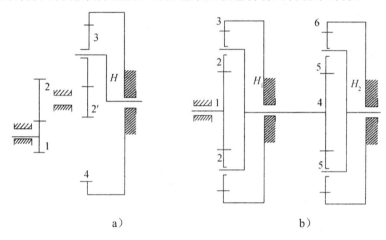

图 2-86　混合轮系

a）定轴轮系与行星轮系组合；b）两个行星轮系组合

二、定轴轮系传动比计算

轮系传动比即轮系中首轮与末轮角速度或转速之比。进行轮系传动比计算时除计算传动比大小外，一般还要确定首、末轮转向关系。

（一）一对齿轮传动的传动比大小的计算及主、从动轮转向关系判断

1. 一对齿轮传动的传动比大小的计算

如图 2-87 所示，无论是圆柱齿轮、圆锥齿轮、蜗杆蜗轮传动，传动比均可用下式表示：

$$i_{12} = \frac{\omega_1}{\omega_2} = \frac{n_1}{n_2} = \frac{z_2}{z_1}$$

式中，1 为主动轮，2 为从动轮。

2. 一对齿轮传动的主、从动轮转向关系判断

判断一对齿轮传动的主、从动轮转向关系常用以下几种方法：

（1）画箭头法。各种类型齿轮传动，主从动轮的转向关系均可用标注箭头的方法确定。约定：箭头的指向与齿轮外缘最前方点的线速度方向一致。

① 圆柱齿轮传动：外啮合圆柱齿轮传动时，主从动轮转向相反，故表示其转向的箭头方向要么相向要么相背，如图 2-87a 所示；内啮合圆柱齿轮传动时，主从动轮转向相同，故表示其转向的箭头方向相同，如图 2-87b 所示。

② 圆锥齿轮传动：圆锥齿轮传动时，与圆柱齿轮传动相似，箭头应同时指向啮合点或背离啮合点，如图 2-87c 所示。

③ 蜗杆传动：蜗杆与蜗轮之间转向关系按左（右）手定则确定，如图 2-87d 所示，同样可用画箭头法表示。

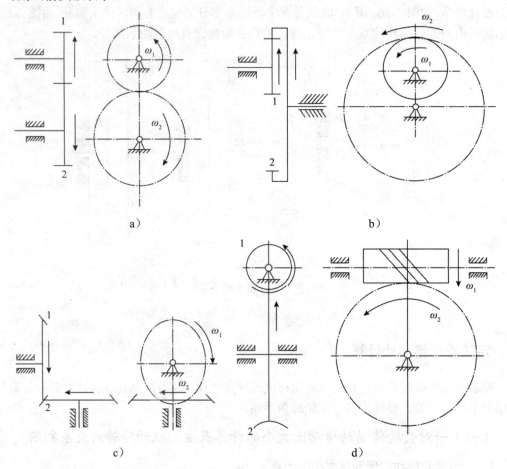

a）外啮合圆柱齿轮传动；b） 内啮合圆柱齿轮传动；c）圆锥齿轮传动；d）蜗杆传动

图 2-87 一对齿轮传动的主、从动轮转向关系

（2）"±"方法。对于平行轴圆柱齿轮传动，从动轮与主动轮的转向关系可直接在传动比公式中表示即：

$$i_{12} = \frac{n_1}{n_2} = \pm \frac{z_2}{z_1}$$

其中"＋"号表示主从动轮转向相同，用于内啮合；"－"号表示主从动轮转向相反，用于外啮合；对于圆锥齿轮传动和蜗杆传动，由于主从动轮运动不在同一平面内，因此不能用"±"号法确定，只能用画箭头法确定。

（二）平面定轴轮系传动比的计算

如图 2-88 所示，圆柱齿轮 1，2，2′，3，3′，4，5 组成平面定轴轮系，各齿轮轴线互相平行。设各齿轮的齿数 Z_1，Z_2，Z'_2，Z_3，Z'_3，Z_4，Z_5 均为已知，齿轮 1 为主动轮，齿轮 5 为从动轮。试求该轮系的传动比 i_{15}。

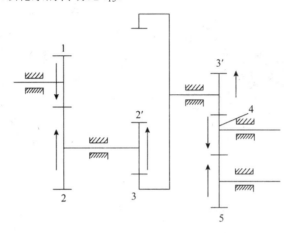

图 2-88　圆柱齿轮 1，2，2′，3，3′，4，5 组成平面定轴轮系

各对齿轮传动比为

$$i_{12} = \frac{\omega_1}{\omega_2} = -\frac{z_2}{z_1}, \quad i_{2'3} = \frac{\omega_{2'}}{\omega_3} = +\frac{z_3}{z_{2'}}, \quad i_{3'4} = \frac{\omega_{3'}}{\omega_4} = -\frac{z_4}{z_{3'}}, \quad i_{45} = \frac{\omega_4}{\omega_5} = -\frac{z_5}{z_4}$$

将以上各式左右两边按顺序连乘后，可得：

$$i_{12}i_{2'3}i_{3'4}i_{45} = \frac{\omega_1 \omega_{2'} \omega_{3'} \omega_4}{\omega_2 \omega_3 \omega_4 \omega_5} = (-1)^3 \frac{z_2 z_3 z_4 z_5}{z_1 z_{2'} z_{3'} z_4}$$

考虑到 $\omega_2 = \omega_{2'}$，$\omega_3 = \omega_{3'}$，于是可得

$$i_{15} = \frac{\omega_1}{\omega_5} = i_{12}i_{2'3}i_{3'4}i_{45} = (-1)^3 \frac{z_2 z_3 z_4 z_5}{z_1 z_{2'} z_{3'} z_4} = -\frac{z_2 z_3 z_5}{z_1 z_{2'} z_{3'}} \qquad （2-82）$$

式（2-82）表明平面定轴轮系中主动轮与从动轮的传动比为各对齿轮传动比的连乘积，其值也等于各对齿轮从动轮齿数的乘积与各对齿轮主动轮齿数的乘积之比。式（2-81）中计算结果为负号，表明齿轮 5 与齿轮 1 的转向相反。

轮系传动比的正负号也可以用画箭头的方法来确定，如图 2-88 中所示。判断的结果也是从动轮 1 与主动轮 5 的转向相反。

在上面的推导中，公式右边分子、分母中的 z_4 互相消去，表明齿轮 4 的齿数不影响传动比的大小。如图 2-89 所示的定轴轮系中，运动由齿轮 1 经齿轮 2 传给齿轮 3。总的传动比为：

$$i_{13} = \frac{n_1}{n_3} = (-1)^2 \frac{z_2 z_3}{z_1 z_2} = \frac{z_3}{z_1}$$

可以看出齿轮 2 既是第一对齿轮的从动轮，又是第二对齿轮的主动轮，对传动比大小没有影响，但使齿轮 1 和齿轮 3 的旋向相同。这种在轮系中起中间过渡作用、不改变传动比大小，只改变从动轮转向，也即传动比的正负号的齿轮称为惰轮，如图 2-89 所示。

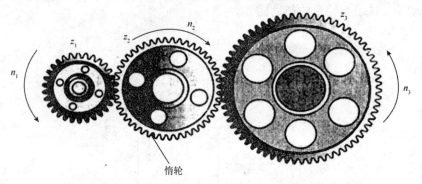

图 2-89 惰轮

由以上所述可知，一般平面定轴轮系的主动轮 1 与从动轮 m 的传动比应为：

$$i_{1m} = \frac{\omega_1}{\omega_m} = (-1)^k \frac{z_2 z_3 \ldots z_m}{z_1 z_{2'} z_{3'} \ldots z_{m-1}} = (-1)^k \frac{\text{从 1 到 k 所有从动轮齿数的连乘积}}{\text{从 1 到 k 所有主动轮齿数的连乘积}} \qquad (2\text{-}83)$$

式中，k 为轮系中外啮合齿轮的对数。

当 k 为奇数时传动比为负，表示首末轮转向相反；当 k 为偶数时传动比为正，表示首末轮转向相同。

这里首末轮的相对转向判断，还可以用画箭头的方法来确定。如图 2-83b 中所示，若已知首轮 1 的转向，可用标注箭头的方法来确定其他齿轮的转向。

【例 2-11】如图 2-83b 所示定轴轮系，已知 $z_1=20$，$z_2=30$，$z_{2'}=20$，$z_3=60$，$z'_3=20$，$z_4=20$，$z_5=30$，$n_1=100$ r/min，首轮逆时针方向转动，求末轮的转速和转向。

【解】根据定轴轮系传动比公式，并考虑 1 到 5 间有 3 对外啮合，故：

$$i_{15} = \frac{n_1}{n_5} = (-1)^3 \frac{z_2 z_3 z_5}{z_1 z_{2'} z_3'} = -\frac{30 \times 60 \times 30}{20 \times 20 \times 20} = -6.75$$

末轮 5 的转速：

$$n_5 = \frac{n_1}{i_{15}} = \frac{100}{-6.75} = -14.8 \ (\text{r/min})$$

负号表示末轮 5 的转向与首轮 1 相反，顺时针转动。

【例 2-12】在图 2-90 所示的齿轮系中，已知 $z_1=20$，$z_2=40$，$z_2'=30$，$z_3=60$，$z_3'=25$，$z_4=30$，$z_5=50$，均为标准齿轮传动。若已知轮 1 的转速 $n_1=1\,440$ r/min，试求轮

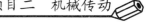

5 的转速。

【解】（1）传动路线（1—2）=（2′—3）=（3′—4）=（4—5）

（2）$i = \dfrac{n_1}{n_5} = (-1)^3 \dfrac{z_2}{z_1} \cdot \dfrac{z_3}{z_2'} \cdot \dfrac{z_4}{z_3'} \cdot \dfrac{z_5}{z_4'} = (-1)^3 \dfrac{40 \times 60 \times 30 \times 50}{20 \times 30 \times 25 \times 30} = -8$

（3）$n_5 = n_1/i = 1\ 440/(-8) = -180$（r/min）

负号表示轮 1 和轮 5 的转向相反。

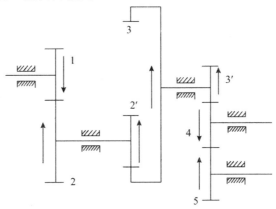

图 2-90 平面定轴轮系传动比

（三）空间定轴轮系传动比的计算

空间定轴轮系中除了有圆柱齿轮之外，还有圆锥齿轮、螺旋齿轮、蜗杆蜗轮等空间齿轮。它的传动比的大小仍可用式（2-83）计算。但在轴线不平行的两传动齿轮的传动比前加上"＋"号或"－"号已没有实际意义，所以轮系中每根轴的回转方向应通过画箭头来决定，而不能用 $(-1)^k$ 决定。如图 2-90 所示的轮系，两轴传动比 i_{16} 的大小仍然用所有从动轮齿数的连乘积和所有主动轮齿数的连乘积的比来表示，各轮的转向如图 2-90 中箭头所示。

【例 2-13】如图 2-91 所示的轮系中，已知双头右旋蜗杆的转速 $n = 900$ r/min，转向如图 2-91 所示，$z_2 = 60$，$z_2' = 25$，$z_3 = 20$，$z_3' = 25$，$z_4 = 20$。求 n_4 的大小与方向。

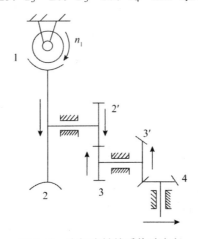

图 2-91 空间定轴轮系传动方向

【解】由图 2-91 可知，本题属空间定轴轮系，且输出轴和输入轴不平行。故运动方向只能用画箭头的方式来表示。由定轴轮系公式 2-82，得：

$$i_{14} = \frac{n_1}{n_4} = \frac{z_2 z_3 z_4}{z_1 z_2' z_3'} = \frac{60 \times 20 \times 20}{2 \times 25 \times 25} = 19.2$$

$$n_4 = \frac{n_1}{i_{14}} = \frac{900}{19.2} = 46.875 \text{（r/min）}$$

输出轴 4 的运动方向如图 2-91 所示。

【例 2-14】图 2-92 所示的轮系中，设已知 $z_1 = 16$，$z_2 = 32$，$z_2' = 20$，$z_3 = 40$，$z_3' = 2$，$z_4 = 40$，均为标准齿轮传动。已知轮 1 的转速 $n_1 = 1000$ r/min，试求轮 4 的转速及转动方向。

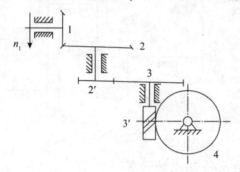

图 2-92　空间定轴轮系传动比

【解】（1）传递路线为：

（1—2）＝（2—3）＝（3—4）

（2）传动比：

$$i_{14} = \frac{n_1}{n_4} = \frac{z_2}{z_1} \cdot \frac{z_3}{z_2'} \cdot \frac{z_4}{z_3'} = \frac{32 \times 40 \times 40}{16 \times 20 \times 2} = 80$$

（3）根据已知条件计算：

$$n_4 = n_1 / i_{14} = 1\,000 / 80 = 12.5 \text{（r/min）}$$

轮 4 的转向如图 2-92 所示应该逆时针转动。

三、周转轮系的传动比计算

周转轮系中，由于行星轮既做自转又作公转，而不是绕定轴的简单转动，所以周转轮系的传动比不能直接用定轴轮系的公式计算。周转轮系的传动比计算普遍采用"转化机构"法。这种方法的基本思想是：设想将周转轮系转化成一假想的定轴轮系，借用定轴轮系的传动比计算公式来求解周转轮系中有关构件的转速及传动比。

如图 2-93a 所示，该平面周转轮系中齿轮 1、2、3、系杆 H 的转速分别为 n_1、n_2、n_3、n_H。在前面连杆机构和凸轮机构中，我们曾根据相对运动原理，对它们的转化机构进行运动分析和设计。根据同一原理，假设对整个周转轮系加上一个与行星架 H 的转速 n_H 大小相等、方向相反的公共转速"$-n_H$"。则各构件间相对运动不变，但这时系杆的转速变为 $n_H+(-n_H)=0$，即系杆变为静止不动。这样，周转轮系便转化为定轴轮系，如图 2-93b 所示。这个转化而得的假想定轴轮系，称为原周转轮系的转化机构。

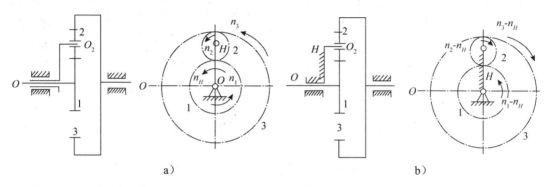

图 2-93 周转轮系及其转化轮系

a）周转轮系；b）转化轮系

当对整个周转轮系加上"$-n_H$"后，与原轮系比较，在转化机构中任意两构件间的相对运动不变，但绝对运动则不同。转化轮系中各构件的转速分别用 n_{1H}、n_{2H}、n_{3H}、n_{HH} 表示，各构件转化前后的转速如表 2-44 所示。

表 2-44 各构件转化前后的转速

构件	原有转速	在转化机构中的转速 （即相对系杆的转速）
1	n_1	$n_{1H} = n_1 - n_H$
2	n_2	$n_{2H} = n_2 - n_H$
3	n_3	$n_{3H} = n_3 - n_H$
H	n_H	$n_{HH} = n_H - n_H = 0$

在转化轮系中，根据平面定轴轮系传动比计算公式，齿轮 1 对齿轮 3 的传动比 i_{13}^H 为：

$$i_{13}^H = \frac{n_1^H}{n_3^H} = \frac{n_1 - n_H}{n_3 - n_H} = (-1)^1 \frac{z_2 z_3}{z_1 z_2} = -\frac{z_3}{z_1} \qquad (2\text{-}84)$$

上式虽然求出的是转化轮系的传动比，但它却给出了周转轮系中各构件的绝对转速与各轮齿数之间的数量关系。由于齿数是已知的，故在 n_1、n_3、n_H 三个参数中，若已知任意两个，就可确定第三个，从而构件 1、3 之间和 1、H 之间的传动比 $i_{13}=n_1/n_3$ 和 $i_{1H}=n_1/n_H$ 便也完全确定了。因此，借助于转化轮系传动比的计算式，求出各构件绝对转速之间的关系，是行星轮系传动比计算的关键步骤，这也是处理问题的一种思路。

推广到一般情况。设周转轮系中任意两齿轮 G 和 K 的角速度为 n_G、n_K，行星架的转速为 n_H，则两轮在转化机构中的传动比为：

$$i_{GK}^H = \frac{n_G^H}{n_K^H} = \frac{n_G - n_H}{n_K - n_H} = (\pm) \frac{\text{转化轮系从 G 至 K 所有从动轮齿数的乘积}}{\text{转化轮系从 G 至 K 所有主动轮齿数的乘积}} \quad (2\text{-}85)$$

其中，设 G 为首轮，K 为末轮，中间各轮的主从地位按这一假定去判别。转化轮系中齿轮 G、K 的相对转向的判断，可将 H 视为静止，然后用画箭头的方法判定。转向相同时，齿数比前取"＋"号，转向相反时，齿数比前取"－"号。

应用式（2-85）要注意以下几点：

（1）所选择的两个齿轮 G、K 及系杆 H 的回转轴线必须是互相平行的，这样，两轴的转速差才能用代数差表示。

（2）将 n_G、n_K、n_H 的已知值代入公式时，必须将表示其转向的正负号带上。若假定其中一个已知转速的转向为正以后，则其他转速的转向与其同向时取正，与其反向时取负。

（3）$i_{GK}^H \neq i_{GK}$。i_{GK}^H 为假想的转化轮系中齿轮 G 与齿轮 K 的转速之比，而 i_{GK} 则是周转轮系中齿轮 G 与齿轮 K 的转速 n_G 与 n_K 之比，其大小与方向由计算结果确定。

（4）式中齿数比前的"±"由转化轮系中 G、K 两轮的转向关系来确定，"±"若判断错误将严重影响到计算结果的正确性。

对于平面周转轮系，各齿轮及系杆的回转轴线都互相平行。因此在应用公式（2-85），齿数比前的"±"可以用 $(-1)^k$ 来代替，k 为外啮合齿轮的对数。k 为奇数时，齿数比前取"－"号；k 为偶数时，齿数比前取"＋"号。

【例 2-15】图 2-94 所示的轮系是一种具有双联行星轮的行星减速器的机构简图，中心轮 b 是固定的，运动由系杆 H 输入，中心轮 a 输出。已知各轮齿数 $z_a=51$，$z_g=49$，$z_b=46$，$z_f=44$。试求传动比 i_{Ha}。

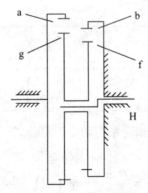

图 2-94 双联行星轮的行星减速器

【解】由机构反转法，在转化轮系中，从轮 a 至轮 b 的传动比为

$$i_{ab}^H = \frac{\omega_a^H}{\omega_b^H} = \frac{\omega_a - \omega_H}{\omega_b - \omega_H} = \frac{z_g z_b}{z_a z_f}$$

注意到 $\omega_b = 0$，即有

$$\frac{\omega_a - \omega_H}{0 - \omega_H} = \frac{49 \times 46}{51 \times 44}$$

故

$$i_{Ha} = \frac{\omega_H}{\omega_a} = -224.4$$

【例 2-16】 在图 2-95 所示差动齿轮系中，已知齿数 $z_1 = 60$，$z_2 = 40$，$z_3 = z_4 = 20$，$n_1 = n_4 = 120$ r/min，且 n_1 与 n_4 转向相反，求 i_{H1}。

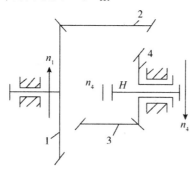

图 2-95 差动齿轮系

【解】 该齿轮系中齿轮 2、3 为行星轮，齿轮 1、4 为太阳轮，H 为行星架。

$$i_{14}^{H} = \frac{n_1^{H}}{n_4^{H}} = \frac{n_1 - n_H}{n_4 - n_H} = +\frac{z_2 z_4}{z_1 z_3}$$

等式右端的正号，是在转化齿轮系中用画箭头的方法确定的。设 n_1 的转向为正，则 n_4 的转向为负，代入已知数据

$$\frac{+120 - n_H}{-120 - n_H} = +\frac{40 \times 20}{60 \times 20} = \frac{2}{3}$$

解得：$n_H = 600$ r/min 计算结果为正，n_H 与 n_1 转向相同

$$i_{H1} = \frac{n_H}{n_1} = \frac{600}{120} = 5$$

四、复合轮系的传动比计算

由于复合轮系既不能转化成单一的定轴轮系，又不能转化成单一的周转轮系，所以不能用一个公式来求其传动比。必须首先分清各个单一的周转轮系和定轴轮系，然后分别列出计算这些轮系传动比的方程式，最后再联立求出复合轮系的传动比。

（1）划分复合轮系中的周转轮系部分和定轴轮系部分。在复合轮系中划分出单一的周转轮系是解决问题的关键。一般的方法是:首先在复合轮系中找到行星轮，再找到支持行

星轮的构件即行星架H，以及与行星轮相啮合的太阳轮。于是，行星轮、行星架和太阳轮就组成一个单一的周转轮系。若再有周转轮系也照此法确定，最后剩下的轮系部分即为定轴轮系。这样就把整个轮系划分为几个单一的周转轮系和定轴轮系。

（2）分别列出轮系中各部分的传动比计算公式，代入已知数据。

（3）根据复合轮系中各部分轮系之间的运动联系进行联立求解，即可求出复合轮系的传动比。

【例 2-17】如图 2-96 所示的轮系中，已知各轮齿数为：$z_1=z_2=24$，$z_3=72$，$z_4=89$，$z_5=95$，$z_6=24$，$z_7=30$。试求轴 A 与轴 B 之间的传动比 i_{AB}。

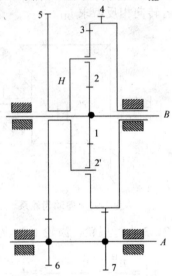

图 2-96　复合轮系的划分

【解】（1）分析轮系的组成：首先找周转轮系，可看出齿轮 2、2′为行星轮，行星架为系杆 H，故齿轮 1、2、3 和系杆组成了一个周转轮系（齿轮 2′此处为虚约束，可不予考虑）；其余四个齿轮 4、5、6 和 7 构成了一个定轴轮系。因此此轮系为定轴轮系和周转轮系组成的混合轮系。

（2）对于由齿轮 1、2、3 和系杆 H 组成的周转轮系，其传动比为

$$i_{13}^{H} = \frac{\omega_1^{H}}{\omega_3^{H}} = \frac{\omega_1 - \omega_H}{\omega_3 - \omega_H} = -\frac{z_3}{z_1} = -\frac{72}{24} = -3$$

对于由轮 4、5、6 和 7 所组成的定轴轮系

$$i_{47} = \frac{\omega_4}{\omega_7} = -\frac{z_7}{z_4} = -\frac{30}{89}$$

$$i_{56} = \frac{\omega_5}{\omega_6} = -\frac{z_6}{z_5} = -\frac{24}{95}$$

由轮系结构特点，可知

$$\omega_A = \omega_6 = \omega_7, \quad \omega_B = \omega_1, \quad \omega_3 = \omega_4, \quad \omega_5 = \omega_H$$

由以上各式，消去相应未知量，可得

$$\omega_4 = -\frac{30}{89}\omega_7 = -\frac{30}{89}\omega_A , \quad \omega_5 = -\frac{24}{95}\omega_6 = -\frac{24}{95}\omega_A$$

故

$$\omega_3 = -\frac{30}{89}\omega_A , \quad \omega_H = -\frac{24}{95}\omega_A$$

将以上两式带入周转轮系传动比，得

$$\frac{\omega_B - \omega_H}{\omega_3 - \omega_H} = \frac{\omega_B - \left(-\frac{24}{95}\omega_A\right)}{-\frac{30}{89}\omega_A - \left(-\frac{24}{95}\omega_A\right)} = -3$$

整理后，得

$$i_{AB} = \frac{\omega_A}{\omega_B} = 1\,409$$

轴 A 与轴 B 转向相同。

【例 2-18】图 2-97 所示为滚齿机的差动机构。设已知齿轮 a、g、b 的齿数 $z_a = z_b = z_g = 30$，蜗杆 1 为单头（$z_1 = 1$）右旋，蜗轮 2 的齿数 $z_2 = 30$，当齿轮 a 的转速（分齿运动）$n_a = 100$ r/min，蜗杆转速（附加运动）$n_1 = 2$ r/min 时，试求齿轮 b 的转速。

【解】（1）分析轮系的组成：如图 2-97 所示，当滚齿机滚切斜齿轮时，滚刀和工件之间除了分齿运动之外，还应加入一个附加转动。圆锥齿轮 g（两个齿轮 g 的运动完全相同，分析该差动机构时只考虑其中一个）除绕自己的轴线转动外，同时又绕轴线 O_b 转动，故齿轮 g 为行星轮，H 为行星架，齿轮 a、b 为太阳轮，所以构件 a、g、b 及 H 组成一个差动轮系。蜗杆 1 和蜗轮 2 的几何轴线是不动的，所以它们组成定轴轮系。

在该差动轮系中，齿轮 a 和行星架 H 是主动件，而齿轮 b 是从动件，表示这个差动轮系将转速 n_a、n_H（由于蜗轮 2 带动行星架 H，故 $n_H = n_2$）合成为一个转速 n_b。

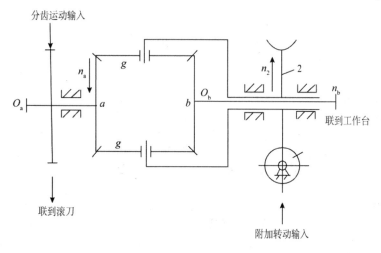

图 2-97　滚齿机的差动机构

（2）由蜗杆传动得

$$n_H = n_2 = \frac{z_1}{z_2} n_1 = \frac{1}{30} \times 2 = \frac{1}{15} \quad \text{（r/min，（转向见 2-97 图）}$$

又由差动轮系 a、g、b、H 得

$$i_{ab}^{H} = \frac{n_a - n_H}{n_b - n_H} = -\frac{z_b}{z_a}$$

$$i_{ab}^{H} = \frac{n_a - (-n_2)}{n_b - (-n_2)} = -\frac{z_b}{z_a}, \quad \frac{n_a + n_2}{n_b + n_2} = -\frac{z_b}{z_a} = -1$$

$$n_b = -2n - n_a = \left(-2 \times \frac{1}{15} - 100\right) \approx -100.13 \quad \text{（r/min）} \tag{2-86}$$

因在转化机构中齿轮 a 和 b 转向相反，故上式 z_b/z_a 之前加上负号，又因 n_a 和 n_H(即 n_2) 转向相反，故 n_a 用正号、n_H 用负号代入式（2-86）。式（2-86）计算结果为负号，表示齿轮 b 的实际转向与齿轮 a 的转向相反。

【例 2-20】 在图 2-98 所示的齿轮系中，已知 $z_1 = 20$，$z_2 = 40$，$z_{2'} = 20$，$z_3 = 30$，$z_4 = 60$，均为标准齿轮传动。试求 i_{1H}。

【解】（1）分析轮系。由图 2-98 可知，该轮系为一平行轴定轴轮系与简单行星轮系组成的组合轮系，其中行星轮系：$2'$—3—4—H，定轴轮系：1—2。

（2）分析轮系中各轮之间的内在关系，由图 2-98 可知

$$n_4 = 0, \quad n_2 = n_{2'}$$

（3）分别计算各轮系传动比

① 定轴齿轮系

由式（2-83）得

$$i_{12} = \frac{n_1}{n_2} = (-1)^1 \frac{z_2}{z_1} = -\frac{40}{20} = -2 \tag{2-87}$$

$$n_1 = -2n_2$$

（2）行星齿轮系

由式（2-84）得

$$i_{2'4}^{H} = \frac{n_{2'}^{H}}{n_4^{H}} = \frac{n_{2'} - n_H}{n_4 - n_H} = -\frac{z_4 z_3}{z_3 z_{2'}} = -\frac{60}{20} = -3 \tag{2-88}$$

（3）联立求解

联立（2-87）、（2-88）式，代入 $n_4 = 0$，$n_2 = n_2'$ 得

$$\frac{n_2 - n_H}{0 - n_H} = -3$$

$$n_1 = -2n_2$$

所以：

$$i_{1H} = \frac{n_1}{n_H} = \frac{-2n_2}{\dfrac{n_2}{4}} = -8$$

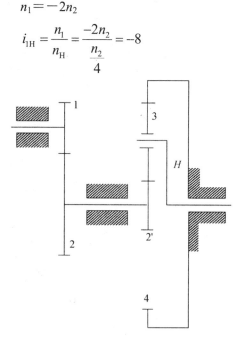

图 2-98　复合轮系传动比

【知识扩展】

在机械中，轮系的应用十分广泛，主要有以下几个方面。

1. 实现变速传动

在主动轴转速不变时，利用轮系可以获得多种转速。如汽车、机床等机械中大量运用这种变速传动。

图 2-99 所示为某汽车变速器的传动示意图，输入轴 1 与发动机相连，$n_1 = 2\,000$ r/min，输出轴Ⅳ与传动轴相连，Ⅰ、Ⅳ轴之间采用了定轴轮系。当操纵杆变换挡位，分别移动轴Ⅳ上与内齿圈 B 相固联的齿轮 4 或齿轮 6，使其处于啮合状态时，便可获得 4 种输出转速，以适应汽车行驶条件的变化。

第 1 挡，A—B 接合，$i_{14} = 1$，$n_4 = n_1 = 2\,000$ r/min，汽车以最高速行驶；

第 2 挡，A—B 分离，齿轮 1-2、3-4 啮合，$i_{14} = +1.636$，$n_4 = 1\,222.5$ r/min，汽车以中速行驶；

第 3 挡，A—B 分离，齿轮 1-2、5-6 啮合，$i_{14} = 3.24$，$n_4 = 617.3$ r/min，汽车以低速行驶；

第 4 档挡 A—B 分离，齿轮 1-2、7-8-6 啮合，$i_{14} = -4.05$，$n_4 = -493.8$ r/min，这里惰轮起换向作用，使本档成为倒挡，汽车以最低速倒车。

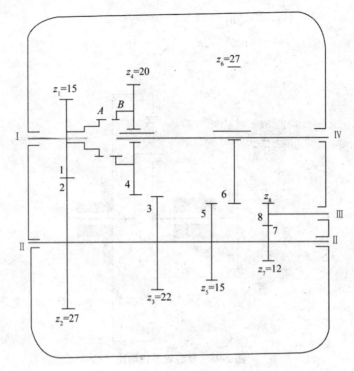

图 2-99　某汽车变速器传动示意图

2. 实现分路传动

利用轮系可以使一根主动轴带动若干根从动轴同时转动，获得所需的各种转速。例如图 2-100 所示的钟表传动示意图中，由发条盘驱动齿轮 1 转动时，通过齿轮 1 与齿轮 2 的啮合可使分针 M 转动；同时由齿轮 1、2、3、4、5、6 组成的轮系可使秒针 S 获得一种转速；由齿轮 1、2、9、10、11、12 组成的轮系可使时针 H 获得另一种转速。按传动比的计算，如适当选择各轮的齿数，便可得到时针、分针、秒针之间所需的走时关系。

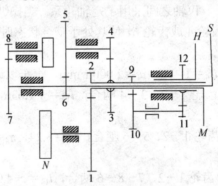

图 2-100　机械式钟表机构。

3. 实现大传动比传动

如图 2-101a 所示，当两轴之间需要较大的传动比时，如果仅用一对齿轮传动，必然使两轮的尺寸相差很大。这样不仅使传动机构的外廓尺寸庞大，而且小齿轮也较易损坏。所以一对齿轮的传动比一般不大于 5~7。因此，当两轴间需要较大的传动比时，就往往采用轮系来满足（图 2-101b）。

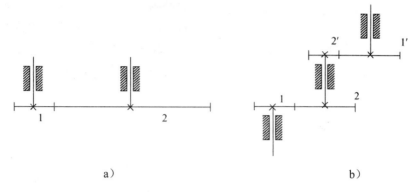

a)　　　　　　　　　　　　b)

图 2-101　大传动比轮系

特别是采用行星轮系，可以在使用很少的齿轮并且结构也很紧凑的条件下，得到很大的传动比，图 2-102 所示的轮系即是一个很好的例子。图中 $z_1=100$，$z_2=101$，$z'_2=100$，$z_3=99$ 时，其传动比可达 10 000。具体计算如下：

$$i_{13}^{H} = \frac{\omega_1^H}{\omega_3^H} = \frac{\omega_1 - \omega_H}{\omega_3 - \omega_H} = \frac{z_2 z_3}{z_1 z_2'}$$

代入已知数据，得

$$\frac{\omega_1 - \omega_H}{0 - \omega_H} = \frac{101 \times 99}{100 \times 100}$$

故　　　　　　　　　　$i_{H1} = 10\ 000$

应当指出，这种类型的行星齿轮传动，用于减速时，减速比越大，其机械效率越低，因此它一般只适用于做辅助装置的传动机构，不宜传递大功率。如将它用作增速传动，则可能发生自锁。

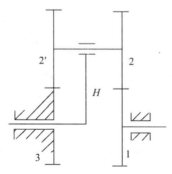

图 2-102　大传动比行星轮系

4. 运动的合成与分解

运动的合成是将两个输入运动合为一个输出运动；分解是将一个输入运动分为两个输出运动。利用差动轮系可以实现运动的分解与合成。

图 2-103 所示为汽车后桥的差速器。为避免汽车转弯时后轴两车轮转速差过大造成的轮胎磨损严重，特将后轴做成两段，并分别与两车轮固连，而中间用差速器相连。发动机经传动轴驱动齿轮 5，而齿轮 5 与活套在后轴上的齿轮 4 为一定轴轮系。齿轮 2 活套在齿轮 4 侧面突出部分的小轴上，它与两车轮固连的中心轮 1、3 和系杆（齿轮 4）构成一差动轮系。由此可知，该差速器为一由定轴轮系和差动轮系串联而成的混合轮系。下面计算两车轮的转速。

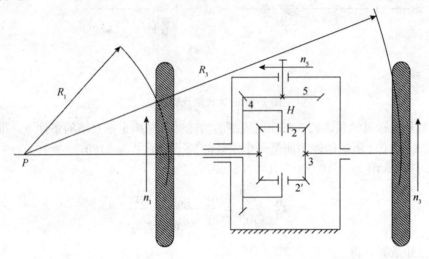

图 2-103　汽车后桥的差速器

$$i_{13}^{H} = \frac{n_1^{H}}{n_3^{H}} = \frac{n_1 - n_H}{n_3 - n_H} = -\frac{z_3}{z_1}$$

因 $z_1 = z_3$，$n_H = n_4$，则

$$n_4 = \frac{1}{2}(n_1 + n_3) \tag{2-89}$$

由式（2-89）可知，这种轮系可用作加（减）法机构。如果由齿轮 1 及齿轮 3 的轴分别输入被加数和加数的相应转角时，行星架转角之两倍就是它们的和。这种合成作用在机床、计算机构和补偿装置中得到广泛的应用。

同时该差速器可使发动机传到齿轮 5 的运动，以不同的转速分别传递给左右两车轮。当汽车左转弯时，设 P 是瞬时转动中心，这时右轮要比左轮转得快。因为两轮直径相等，而它们与地面之间又不能打滑，要求为纯滚动，因此两轮的转速与转弯半径成正比，即

$$\frac{n_1}{n_3} = \frac{R_1}{R_3} \tag{2-90}$$

式中，R_1、R_3 为左、右两后轮转弯时的曲率半径。

由（2-90）式可知，汽车两后轮的速比关系是一定的，取决于转弯半径。这一约束条件相当于把差动轮系的两个中心轮给封闭了，而使两轮得到确定的运动。

联立式（2-89）、式（2-90），得

$$n_1 = \frac{2R_1}{R_1 + R_3}n_4, \quad n_3 = \frac{2R_3}{R_1 + R_3}n_4$$

这样，由发动机传入的一个运动就分解为两车轮的两个独立运动。

习 题

1. 轮系传动比带正负号表示什么意义?是不是一定要带正负号，为什么？

2. 计算周转轮系传动比时，为什么要引出转化机构？

3. 计算复合轮系传动比时，为什么首先要划分出周转轮系？

4. i_{GK}^H 是行星齿轮系中 G、K 两轮间的传动比吗？i_{GK}^H 为负值，是否说明 G、K 两轮的转向相反？

5. 复合轮系中可不可以没有定轴轮系，可不可以没有周转轮系？

6. 某外圆磨床的进给机构如习题图 2-3 所示。已知各轮的齿数为：$z_1=28$，$z_2=5$，$z_3=3$，$z_4=57$，手轮与齿轮 1 相固联，横向丝杠与齿轮 4 相固联，其丝杠螺距为 3 mm。试求当手轮转动 1/10 转时，砂轮架的横向进给量 s。

7. 习题图 2-4 所示为钟表指针机构，s、m、h 分别为秒、分、时针。已知各轮的齿数 $z_2=50$，$z_3=8$，$z_4=64$，$z_5=28$，$z_6=42$，$z_8=64$，试求 z_1 和 z_7。

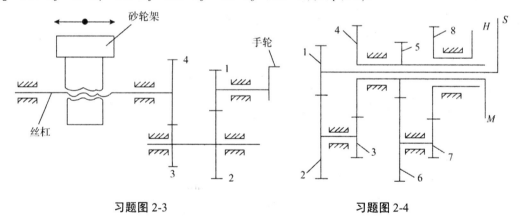

习题图 2-3   习题图 2-4

8. 习题图 2-5 所示为一手摇提升装置，其中各轮齿数均为已知，试求传动比 i_{15}，并指出当提升重物时手柄的转向。

9. 在习题图 2-6 所示轮系中，已知各轮齿数为 $z_1=16$，$z_2=24$，$z_3=64$，轮 1 和轮 3 的转速为：$n_1=1$ r/min，$n_3=4$ r/min，转向习题图 2-6 所示。求 n_H 和 i_{1H}。

机械设计基础

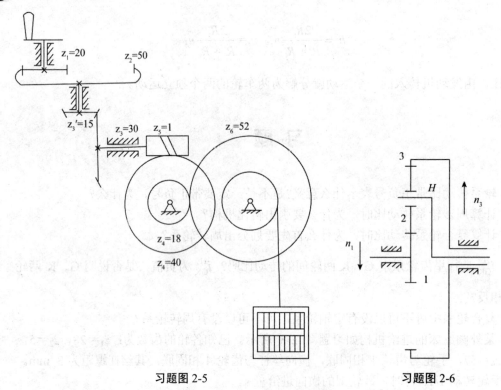

习题图 2-5

习题图 2-6

10. 在习题图 2-7 所示差动轮系中，各轮的齿数为 $z_1=20$，$z_2=30$，$z_2'=20$，$z_3=70$，转速 $n_1=200$r/min（顺时针），$n_H=100$ r/min（逆时针），试求轮 3 的转速和转向。

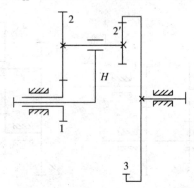

习题图 2-7

11. 习题图 2-8 所示为一减速器，已知齿轮 $z_1=26$，$z_2=32$，$z_1'=18$，$z_5=14$，$z_4'=24$，$z_4=z_3=z_2'=12$。求 i_{1H}。

12. 习题图 2-9 所示的轮系，已知齿轮 $z_1=z_2'=20$，$z_2=z_3=40$，$z_4=z_4'$，$z_3'=z_5$，求 i_{15}。

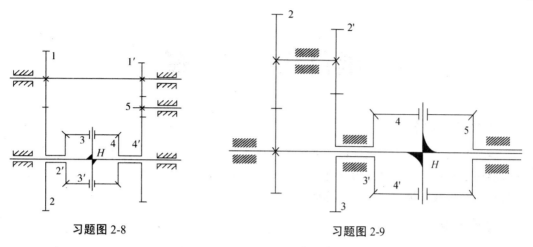

习题图 2-8   习题图 2-9

13. 在习题图 2-10 所示轮系中，已知 $z_1 = 24$，$z_2 = z_{2'} = 28$，$z_3 = 80$，$z_4 = 78$。轮 1 输入，轮 4 输出，求传动比 i_{14}。

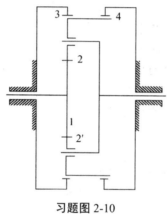

习题图 2-10

项目三　联　接

【教学提示】

联接是利用不同方式把机械零件联成一体的技术。机器由许多零部件组成，这些零部件需要通过联接来实现机器的职能，因而联接是构成机器的重要环节。日常生活中常见的联接形式有螺纹联接、键联接、花键联接和销联接等。

【教学要求】

通过本项目的学习，使学生了解各类联接的类型、结构、特点、应用及其相关计算。

【教学目标】

➢ 了解螺纹、螺纹联接及其零件的结构和类型；
➢ 了解螺纹联接的预紧和防松；
➢ 理解提高螺纹联接强度的措施；
➢ 掌握键与花键联接的类型、结构、特点和应用；
➢ 掌握键联接的类型和尺寸的选择方法，以及平键联接的强度计算方法。

【教学重点】

➢ 键与花键联接的类型、结构、特点；
➢ 螺纹与螺纹联接及其零件的结构和类型；
➢ 联轴器、离合器、制动器的类型与功能。

【教学难点】

➢ 键联接的类型和尺寸的选择方法；
➢ 平键联接的强度计算方法；
➢ 螺纹联接强度计算方法。

【教学过程】

各类联接组成→各种联接的类型、特点→各种联接的选择→各种键联接的强度计算。

任务一　键联接、花键联接及销联接

【任务导入】

键联接、花键联接和销联接的类型有哪些？有什么作用？如何选用？

【理论知识】

一、键联接

键联接由键、轴和轮毂组成，它主要用以实现轴和轮毂的周向固定和传递转矩。键联接的主要类型有：平键联接、半圆键联接、楔键联接和切向键联接。它们均已标准化。

（一）平键联接

如图 3-1a 所示，平键的两侧面是工作面，平键的上表面与轮毂槽底之间留有间隙。这种键的定心性好，装拆方便，应用广泛。常用的平键有普通平键和导向平键。

普通平键按其结构可分为圆头（称为 A 型）、方头（称为 B 型）和单圆头（称为 C 型）三种。图 3-1b 所示为 A 型键。A 型键在键槽中固定良好，但轴上键槽引起的应力集中较大。图 3-1c 所示为 B 型键，B 型键克服了 A 型键的缺点，当键尺寸较大时，宜用紧定螺钉将键固定在键槽中，以防松动。图 3-1d 所示为 C 型键，C 型键主要用于轴端与轮毂的联接。图 3-1e 所示为导向平键，该键较长，键用螺钉固定在键槽中，键与轮毂之间采用间隙配合，轴上零件可沿键做轴向滑移。

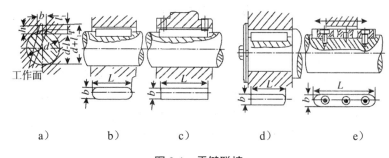

a） b） c） d） e）

图 3-1 平键联接

a）工作面；b）A 型键；c）B 型键；d）C 型键；e）导向平键

（二）半圆键联接

图 3-2 所示为半圆键。半圆键的工作面也是键的两个侧面。轴上键槽用与半圆键尺寸相同的键槽铣刀铣出，半圆键可在槽中绕其几何中心摆动以适应毂槽底面的倾斜。这种键联接的特点是工艺性好，装配方便，尤其适用于锥形轴端与轮毂的联接；但键槽较深，对轴的强度削弱较大，一般用于轻载静联接。

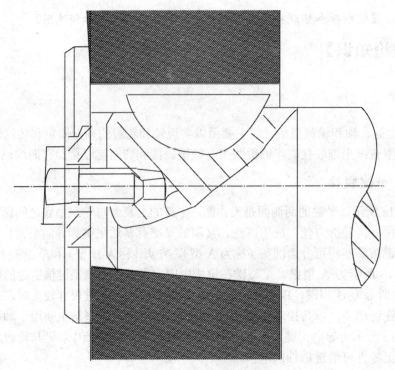

图 3-2 半圆键联接

（三）楔键联接和切向键联接

图 3-3 所示为楔键联接，楔键的上、下两面为工作面。楔键的上表面和与它相配合的轮毂键槽底面均有 1：100 的斜度。装配时将楔键打入，使楔键楔紧在轴和轮毂的键槽中，楔键的上、下表面受挤压，工作时靠这个挤压产生的摩擦力传递转矩。如图 3-3 所示，楔键分为普通楔键和钩头楔键两种，钩头楔键的钩头是为了便于拆卸。

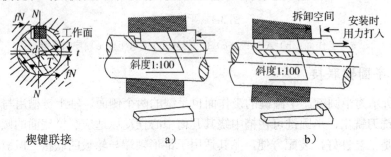

楔键联接   a）   b）

图 3-3 楔键联接

a）普通楔键；b）钩头楔键

楔键联接的主要缺点是键楔紧后，轴和轮毂的配合产生偏心和偏斜，因此楔键联接一般用于定心精度要求不高和低转速的场合。

图 3-4a 所示为切向键。切向键是由一对楔键组成的，装配时将切向键沿轴的切线方向楔紧在轴与轮毂之间。切向键的上、下面为工作面，工作面上的压力沿轴的切线方向作用，能传递很大的转矩。用一对切向键时，只能单向传递转矩，当要双向传递转矩时，须采用两对互成 120° 分布的切向键（图 3-4b）。由于切向键对轴的强度削弱较大，因此常用于直

径大于 100 mm 的轴上。

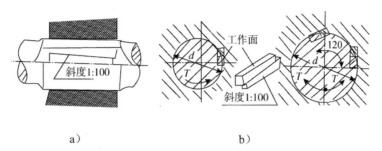

图 3-4 切向键联接

a）切向键；b）两对互成 120°分布的切向键

（四）平键联接的选择与计算

设计键联接时，先根据工作要求选择键的类型，再根据装键处轴径 d 从标准（表 3-1）中查取键的宽度 b 和高度 h，并参照轮毂长度从标准中选取键的长度 L，最后进行键联接的强度较核。

键的材料一般采用抗拉强度不低于 600N/mm^2 的碳素钢。平键联接的主要失效形式是键与轮毂工作面的压溃和磨损，除非有严重的过载，一般不会出现键的剪断。因此，通常只按工作面上挤压应力进行强度校核计算。导向平键联接的主要失效形式是过度磨损，因此，一般按工作面上的压强进行条件性强度校核计算。

表 3-1 普通平键和键槽的尺寸（参看图 3-1） 单位：mm

轴的直径 d	键的尺寸			键 槽	
	b	h	L	t	t_1
>8~10	3	3	6~36	1.8	1.4
>10~12	4	4	8~45	2.5	1.8
>12~17	5	5	10~56	3.0	2.3
>17~22	6	6	14~70	3.5	2.8
>22~30	8	7	18~90	4.0	3.3
>30~38	10	8	22~110	5.0	3.3
>38~44	12	8	28~140	5.0	3.3
>44~50	14	9	36~160	5.5	3.8
>50~58	16	10	45~180	6.0	4.3
>58~65	18	11	50~200	7.0	4.4
>65~75	20	12	56~220	7.5	4.9
>75~85	22	14	63~250	9.0	5.4

L 系列 6、8、10、12、14、16、18、20、22、25、28、32、36、40、45、50、56、63、70、80、90、100、110、125、140、160、180、200、250……

注：在工作图中，轴槽深用（$d-t$）或 t 标注；毂槽深用（$d+t_1$）或 t_1 标注。

如图 3-5 所示，假定载荷在键的工作面上均匀分布，并假设 $k≈h/2$。则普通平键联接的

挤压强度条件为

$$\sigma_p = \frac{2T/d}{L_c k} = \frac{4T}{dhL_c} \leq [\sigma_p] \quad (\text{N/mm}) \tag{3-1}$$

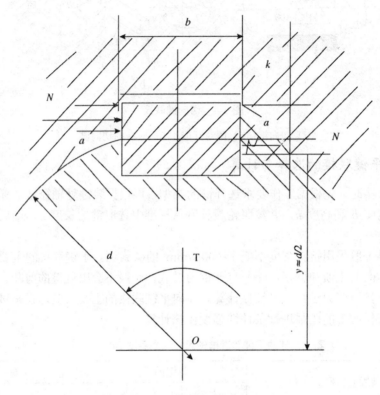

图 3-5 平键上的受力

对导向平键联接应限制压强 p 以避免过度磨损，即

$$p = \frac{2T/d}{L_c k} = \frac{4T}{dhL_c} \leq [p] \quad (\text{N/mm}) \tag{3-2}$$

式中，T 为传递的转矩（N·mm）；

　　　 D 为轴径（mm）；

　　　 H 为键的高度（mm）；

　　　 L_c 为键的计算长度（对 A 型键，$L_c = L - b$）（mm）；

　　　 $[\sigma_p]$ 和 $[p]$ 分别为联接的许用挤压应力和许用压强（N/mm^2），如表 3-2 所示。

表 3-2 键联接的许用挤压应力和许用压强　　　　　　　　单位：N/mm^2

许用值	联接性质	键或轴、毂材料	载　荷　性　质		
			静载荷	轻微冲击	冲击
$[\sigma_p]$	静联接	钢	125~150	100~120	60~90
	动联接	铸铁	70~80	50~60	30~45
$[p]$		钢	50	40	30

在设计使用中若单个键的强度不够，可采用双键按 180°对称布置。考虑载荷分布不均匀性，在强度校核中应按 1.5 个键进行计算。

二、花键联接

如图 3-6 所示，花键联接是由周向均布多个键齿的花键轴与带有相应键齿槽的轮毂孔相配而成。花键齿的侧面为工作面，工作时有多个键齿同时传递转矩，所以花键联接的承载能力比平键联接高得多。花键联接的导向性好，齿根处的应力集中较小，适用于传递载荷大、定心精度要求高或者经常需要滑移的联接。

花键按齿形可分为矩形花键（图 3-6a）、渐开线花键（图 3-6b）和三角形花键（图 3-6c）。花键可用于静联接和动联接。花键已经标准化，例如矩形花键的齿数 z、小径 d、大径 D、键宽 B 等可以根据轴径查标准选定，其强度计算方法与平键相似。花键的加工需要专用设备。

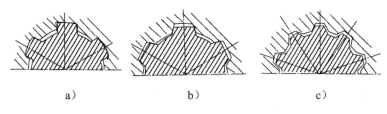

a)　　　　　　　b)　　　　　　　c)

图 3-6　花键联接

a）矩形花键；b）渐开线花键；c）三角形花键

三、销联接

销联接主要用于固定零件之间的相对位置，并能传递较小的载荷，它还可以用于过载保护。按形状的不同，销可分为圆柱销、圆锥销和槽销等。

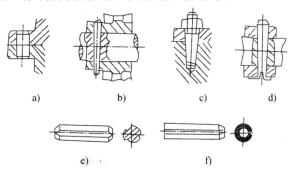

a)　　　　b)　　　　c)　　　　d)

e)　　　　　　f)

图 3-7　销联接

a）圆柱销；b）圆锥销和销孔均有 1∶50 的锥度；c）端部带螺纹的圆锥销；

d）开尾圆锥销；e）槽销；f）圆管型弹簧圆柱销

圆柱销如图 3-7a 所示，靠过盈配合固定在销孔中，如果多次装拆，其定位精度会降低。圆锥销和销孔均有 1∶50 的锥度（图 3-7b）。因此安装方便，定位精度高，多次装拆不影响定位精度。图 3-7c 所示为端部带螺纹的圆锥销，它可用于盲孔或装拆困难的场合。图

3-7d 所示为开尾圆锥销，它适用于有冲击、振动的场合。图 3-7e 所示为槽销，槽销上有 3 条纵向沟槽，槽销压入销孔后，它的凹槽即产生收缩变形，借助材料的弹性而固定在销孔中。多用于传递载荷，对于振动载荷的联结也适用。销孔无需铰制，加工方便，可多次装拆。图 3-7f 所示为圆管型弹簧圆柱销，在销打入销孔后，销由于弹性变形而挤紧在销孔中，可以承受冲击和变载荷。

习 题

一、判断题

1. 普通平键的定心精度高于花键的定心精度。（　　）

2. 切向键是由两个斜度为 1：100 的单边倾斜楔键组成的。（　　）

3. 45° 渐开线花键应用于薄壁零件的轴毂联接。（　　）

4. 普通平键是标准件。（　　）

5. 滑键的主要失效形式不是磨损而是键槽侧面的压溃。（　　）

6. 在一轴上开有双平键键槽（成 180°布置），如此轴的直径等于一花键轴的外径（大径），则后者对轴的削弱比较严重。（　　）

7. 楔键因具有斜度所以能传递双向轴向力。（　　）

8. 楔键联接不可以用于高速转动零件的联接。（　　）

9. 切向键适用于高速轻载的轴毂联接。（　　）

10. 平键联接中轴槽与键的配合分为松的和紧的，对于前者因工作面压强小，所以承载能力在相同条件下就大一些。（　　）

二、选择题

1. 平键是（在 A、B 中选 1 个）＿＿＿＿，其剖面尺寸一般是根据（由 C、D、E、F 中选 1 个）＿＿＿按标准选取的。

A. 标准件　　　　　　　B. 非标准件

C. 传递转矩大小　　　D. 轴的直径　　E. 轮毂长度　　　F. 轴的材料

2. 在下列轴一级联接中，定心精度最高的是

A. 平键联接　　　　B. 半圆键联接　　C. 楔键联接　　　D. 花键联接

3. 平键长度主要根据＿＿＿＿选择，然后按失效形式校核强度。

A. 传递转矩大小　　　B. 轴的直径　　　C. 轮毂长度　　　D. 传递功率大小

4. 半圆键联接当采用双键时两键应＿＿＿＿布置。

A. 在周向相隔 90°　　B. 在周向相隔 120°

C. 在周向相隔 180°　　D. 在轴向沿同一直线

5. 由相同的材料组合，相同轴径，相同的毂长和工作条件下，下列的键或花键联接能传递转矩最小的是_____。

A. A 型平键　　　　B. 30°压力角渐开线花键　　　　C. B 型平键

D. 矩形花键　　　　E. 45°压力角渐开线花键

6. 一般情况下平键联接的对中性精度_____花键联接。

A. 相同于　　　　B. 低于　　　C. 高于　　　D. 可能高于、低于或相同于

7. 两级圆柱齿轮减速器的中间轴上有两个转矩方向相反的齿轮，这两个齿轮宜装在_____。

A. 同一母线上的两个键上　　　　B. 同一个键上

C. 周向间隔 180°的两个键上　　　D. 周向间隔 120°的两个键上

8. 设计键联接的几项主要内容是：（1）按轮毂长度选择键长度；（2）按使用要求选择键的类型；（3）按轴的直径查标准选择键的剖面尺寸；（4）对键进行必要的强度校核。具体设计时一般顺序是_____。

A. 2→1→3→4　　　　　　　B. 2→3→1→4

C. 1→3→2→4　　　　　　　D. 3→4→2→1

9. 为了楔键装拆的方便，在_____上制出_____的斜度。

A. 轴上键槽的底面　　　　B. 轮毂上键槽的底面　　　　C. 键的侧面

D. 1：100　　　　　E. 1：50　　　　　F. 1：10

10. 半圆键联接的主要优点是_____，其键槽多采用_____加工。

A. 键对轴的削弱较小　　　　B. 工艺性好、键槽加工方便

C. 指状铣刀（指形铣刀）　　　D. 圆盘铣刀

三、填空题

1. 平键分为_____、_____和_____3 种。

2. 按键头部形状普通平键分为_____、_____和_____。

3. 普通平键用于_____联接，导键和滑键用于_____联接。

4. 考虑轮毂与轴之间是否有相对运动，半圆键用于_____联接，楔键用于_____联接。

5. 花键联接按齿形不同可分为_____和_____两种。

6. 一般情况下，平键用于静联接，其失效是工作面_____，用于动联接则失效于工作面_____。

7. 一组切向键能传递_____方向轴向力。

8. 双向工作的轴应选用_____组切向键（每组由两个斜键组成）。

9. 平键的工作面是_____，楔键的工作面是_____。

10. 普通平键联接当采用双键时，两键应在周向相隔_____（°）布置。

四、计算题

试校核 A 型普通平键联接铸铁轮毂的挤压强度。已知键宽 b=18mm，键高 h=11mm，键（毂）长 L=80mm，传递转矩 T=840N·m，轴径 d=60mm，铸铁轮毂的许用挤压应力 $[\sigma_p]$= 80MPa。

任务二 螺纹联接

【任务导入】

螺纹形成的原理是什么？常用螺纹有哪些类型和特点？螺纹的标准是什么？

【理论知识】

螺纹联接是利用具有螺纹的零件所构成的联接，是应用最为广泛的一种可拆机械联接。

一、螺纹的形成原理和其主要参数

如图 3-8 所示，将一倾斜角为 λ 的直线绕在圆柱体上，即可形成一条螺旋线。如果用一个平面图形（梯形、三角形或矩形）沿着螺旋线运动，并保持此平面图形始终在通过圆柱轴线的平面内，则此平面图形的轮廓在空间的轨迹便形成螺纹。根据平面图形的形状，螺纹牙形有矩形（图 3-9a）、三角形（图 3-9b）、梯形（图 3-9c）和锯齿形（图 3-9d）等。

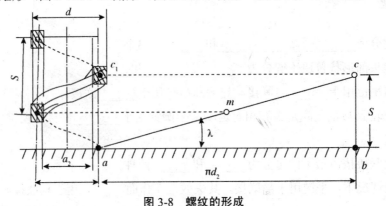

图 3-8 螺纹的形成

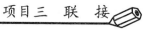

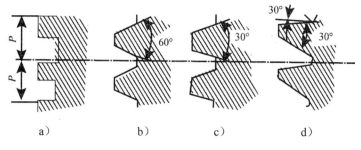

图 3-9 螺纹的牙型

a) 矩形；b) 三角形；c) 梯形；d) 锯齿形

根据螺旋线的绕行方向，螺纹分为右旋螺纹（图 3-10a）和左旋螺纹（图 3-10b）；根据螺纹线的数目，螺纹又可以分为单线螺纹（图 3-10a）和双线或以上的多线螺纹（图 3-10b）；在圆柱体外表面上形成的螺纹称为外螺纹，在圆柱体孔壁上形成的螺纹称为内螺纹（图 3-11）。

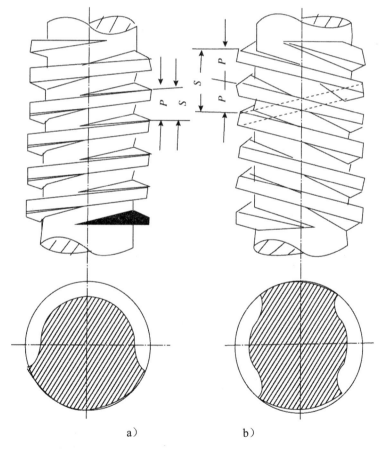

a)   b)

图 3-10 螺纹的旋向和线数

a) 右旋螺纹（单线螺纹）b) 左旋螺纹（双线或以上的多线螺纹）

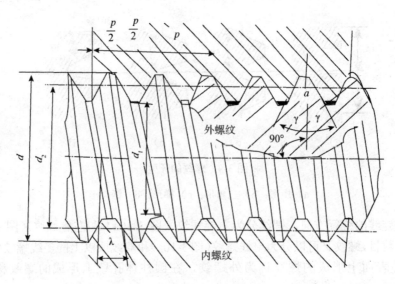

图 3-11　螺纹的主要参数

以图 3-11 三角螺纹为例，圆柱普通螺纹有以下主要参数：

（1）大径 d、D 分别表示外、内螺纹的最大直径，为螺纹的公称直径。

（2）小径 d_1、D_1 分别表示外、内螺纹的最小直径。

（3）中径 d_2、D_2 分别表示螺纹牙宽度和牙槽宽度相等处的圆柱直径。

（4）螺距 P 表示相邻两螺纹牙同侧齿廓之间的轴向距离。

（5）线数 n 表示螺纹的螺旋线数目。

（6）导程 S 表示在同一条螺旋线上相邻两螺纹牙之间的轴向距离，$S = nP$。

（7）螺纹升角 λ 为中径 d_2 圆柱上螺旋线的切线与螺纹轴线的垂直平面间的夹角，如图 3-11，$S = d_2 \tan \lambda$。

（8）牙形角为在螺纹轴向剖面内螺纹牙形两侧边的夹角。

二、常用螺纹的类型和特点

表 3-3 所示为常用螺纹的类型和特点。

表 3-3　常用螺纹的类型和特点

螺纹类型	牙形	特点
普通螺纹		牙形为等边三角形，牙形角为 60°，外螺纹牙根允许有较大的圆角，以减少应力集中。同一公称直径的螺纹，可按螺距大小分为粗牙螺纹和细牙螺纹。静联接常采用粗牙螺纹。细牙螺纹自锁性能好，但不耐磨，常用于薄壁件或者受冲击、振动和变载荷的联接中，也可用于微调机构的调整螺纹

非螺纹密封的管螺纹		牙形为等腰三角形，牙形角为55°，牙顶有较大的圆角。管螺纹为英制细牙螺纹，尺寸代号为管子内螺纹大径。适用于管接头、旋塞、阀门及附件
用螺纹密封的管螺纹		牙形角为等腰三角形，牙形角为55°，牙顶有较大的圆角。螺纹分布在锥度为1:16的圆锥管壁上。包括圆锥内螺纹与圆锥外螺纹和圆锥外螺纹与圆柱内螺纹两种联接形式。螺纹旋合后，利用本身的变形来保证联接的紧密性。适用于管接头、旋塞、阀门及附件
矩形螺纹		牙形为正方形。传动效率高，但牙根强度低，螺旋副磨损后，间隙难以修复和补偿。矩形螺纹无国家标准。应用较少，目前逐渐被梯形螺纹所代替
梯形螺纹		牙形为等腰梯形，牙形角为30°，传动效率低于矩形螺纹，但工艺性好，牙根强度高，对中性好。采用剖分螺母时，可以补偿磨损间隙。梯形螺纹是最常用的传动螺纹
锯齿形螺纹		牙形为不等腰梯形，工作面的牙形角为3°，非工作面的牙形角为30°。外螺纹的牙根有较大的圆角，以减少应力集中。内、外螺纹旋合后大径处无间隙，便于对中，传动效率高，而且牙根强度高。适用于承受单向载荷的螺旋传动

注：公称直径相同的普通螺纹有不同大小的距离，其中螺距最大的称粗牙螺纹，其他的则称细牙螺纹。普通粗牙螺纹常用尺寸（包括 d、P、d_1、d 查有关手册（GB196—81）。

三、螺纹联接的基本类型与标准螺纹联接件

（一）螺纹联接的基本类型

螺纹联接的基本类型有螺栓联接、双头螺栓联接、螺钉联接和紧定螺钉联接，如表3-4所示。

表 3-4　纹联接的基本类型、特点与应用

类型	结构图	尺寸关系	特点与应用
普通螺栓联接		普通螺栓的螺纹余量长度 l_1： 静载荷 $l_1=（0.3\sim0.5）d$ 变载荷 $l_1=0.75d$ 铰制孔用螺栓的静载荷 L_1 应尽可能小于螺纹伸出长度 a： $a=（0.2\sim0.3）d$ 螺纹轴线到边缘的距离 e： $e=d+（3\sim6）$ mm 螺栓孔直径 d_0： 普通螺栓：$d_0=1.1d$； 铰制孔用螺栓：d_0 按 d 查有关标准	结构简单，装拆方便，对通孔加工精度要求低，应用最广泛
铰制孔用螺栓联接		普通螺栓的螺纹余量长度 l_1： 静载荷 $l_1=（0.3\sim0.5）d$ 变载荷 $l_1=0.75d$ 铰制孔用螺栓的静载荷 L_1 应尽可能小于螺纹伸出长度 a： $a=（0.2\sim0.3）d$ 螺纹轴线到边缘的距离 e： $e=d+（3\sim6）$ mm 螺栓孔直径 d_0： 普通螺栓：$d_0=1.1d$； 铰制孔用螺栓：d_0 按 d 查有关标准	孔与螺栓杆之间没有间隙，采用基孔制过渡配合。用螺栓杆承受横向载荷或者固定被联接件的相对位置
螺钉联接		螺纹拧入深度 H： 钢或青铜：$H=d$ 铸铁：$H=（1.251\sim.5）d$ 铝合金：$H=（1.5\sim2.5）d$ 螺纹孔深度： $H_1=H+（2\sim2.5）P$ 钻孔深度： $H_2=H_1+（0.5\sim1）d$ l_1、a、e 值与普通螺栓联接相同	不用螺母，直接将螺钉的螺纹部分拧入被联接件之一的螺纹孔中构成联接。其联接结构简单。用于被联接件之一较厚不便加工通孔的场合，但如果经常装拆时，易使螺纹孔产生过度磨损而导致联接失效

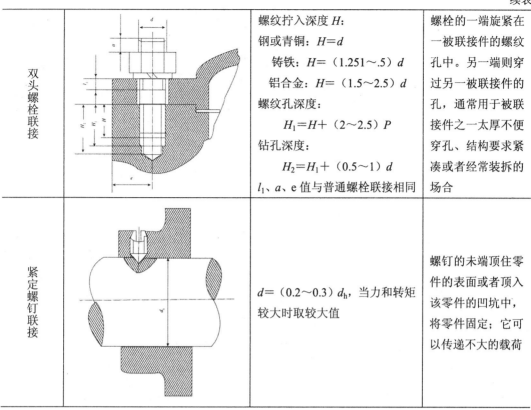

	图例		
双头螺栓联接		螺纹拧入深度 H: 钢或青铜:$H=d$ 铸铁:$H＝（1.251～.5）d$ 铝合金:$H＝（1.5～2.5）d$ 螺纹孔深度: $H_1=H+（2～2.5）P$ 钻孔深度: $H_2=H_1+（0.5～1）d$ l_1、a、e 值与普通螺栓联接相同	螺栓的一端旋紧在一被联接件的螺纹孔中。另一端则穿过另一被联接件的孔,通常用于被联接件之一太厚不便穿孔、结构要求紧凑或者经常装拆的场合
紧定螺钉联接		$d＝（0.2～0.3）d_h$,当力和转矩较大时取较大值	螺钉的未端顶住零件的表面或者顶入该零件的凹坑中,将零件固定;它可以传递不大的载荷

（二）标准螺纹联接件

螺纹联接件的结构形式和尺寸已经标准化,设计时查有关标准选用即可。常用螺纹联接件的类型、结构特点和应用如表 3-5 所示。

表 3-5　常用螺纹联接件的类型、结构特点及应用

类型	图例	结构特点及应用
六角头螺栓		应用最广。螺杆可制成全螺纹或者部分螺纹,螺距有粗牙和细牙。螺栓头部有六角头和小六角头两种。其中小六角头螺栓材料利用率高、机械性能好,但由于头部尺寸较小,不宜用于装拆频繁、被联接件强度低的场合
双头螺栓		螺栓两头都有螺纹,两头的螺纹可以相同也可以不相同,螺栓可带退刀槽或者制成腰杆,也可以制成全螺纹的螺柱,螺柱的一端常用于旋入铸铁或者有色金属的螺纹孔中,旋入后不拆卸,另一端则用于安装螺母以固定其他零件

续表

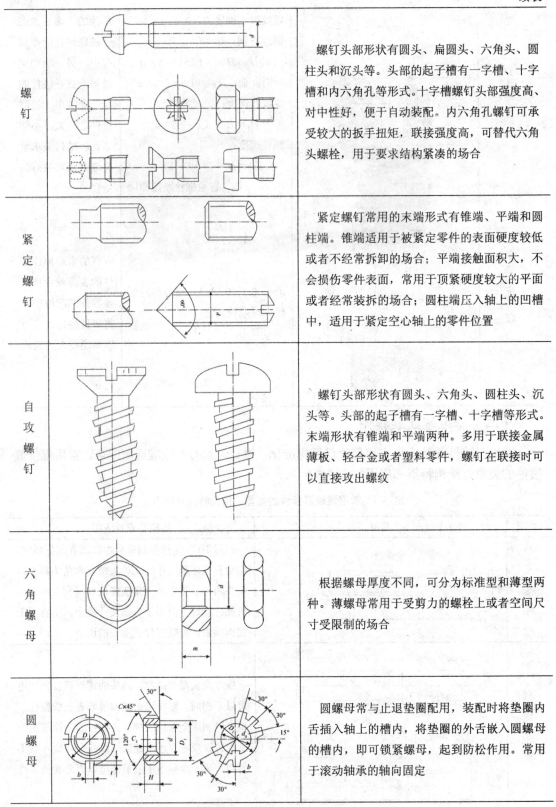

螺钉	螺钉头部形状有圆头、扁圆头、六角头、圆柱头和沉头等。头部的起子槽有一字槽、十字槽和内六角孔等形式。十字槽螺钉头部强度高、对中性好，便于自动装配。内六角孔螺钉可承受较大的扳手扭矩，联接强度高，可替代六角头螺栓，用于要求结构紧凑的场合
紧定螺钉	紧定螺钉常用的末端形式有锥端、平端和圆柱端。锥端适用于被紧定零件的表面硬度较低或者不经常拆卸的场合；平端接触面积大，不会损伤零件表面，常用于顶紧硬度较大的平面或者经常装拆的场合；圆柱端压入轴上的凹槽中，适用于紧定空心轴上的零件位置
自攻螺钉	螺钉头部形状有圆头、六角头、圆柱头、沉头等。头部的起子槽有一字槽、十字槽等形式。末端形状有锥端和平端两种。多用于联接金属薄板、轻合金或者塑料零件，螺钉在联接时可以直接攻出螺纹
六角螺母	根据螺母厚度不同，可分为标准型和薄型两种。薄螺母常用于受剪力的螺栓上或者空间尺寸受限制的场合
圆螺母	圆螺母常与止退垫圈配用，装配时将垫圈内舌插入轴上的槽内，将垫圈的外舌嵌入圆螺母的槽内，即可锁紧螺母，起到防松作用。常用于滚动轴承的轴向固定

垫圈	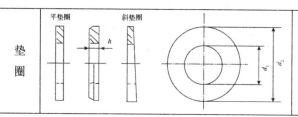	保护被联接件的表面不被擦伤，增大螺母与被联接件间的接触面积。斜垫圈用于倾斜的支承面

平垫圈　斜垫圈

四、螺纹联接的预紧和防松

（一）螺纹联接的预紧

螺纹联接装配时，一般都要拧紧螺纹，使联接螺纹在承受工作载荷之前，受到预先作用的力，这就是螺纹联接的预紧，预先作用的力称为预紧力。螺纹联接预紧的目的在于增加联接的可靠性、紧密性和防松能力。

如图 3-12 所示，在拧紧螺母时，需要克服螺纹副相对扭转的阻力矩 T_1 和螺母与支承面之间的摩擦阻力矩 T_2，即拧紧力矩 $T=T_1+T_2$。

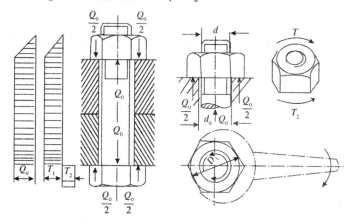

图 3-12　螺栓拧紧时的受力

对于 M10～M64 的粗牙普通螺栓，若螺纹联接的预紧力为 Q_0，螺栓直径为 d，则紧拧紧力矩 T 可以按近似公式（3-3）计算

$$T=0.2Q_0d \quad （N \cdot mm）\tag{3-3}$$

预紧力的大小根据螺栓所受载荷的性质、联接的刚度等具体工作条件而确定。对于一般联接用的钢制普通螺栓联接，其预紧力 Q_0 大小按式（3-4）计算

$$Q_0=（0.5～0.7）\sigma_S A \quad （N）\tag{3-4}$$

式中，σ_S 为螺栓材料的屈服极限（N/mm²）；

A 为螺栓危险截面的面积，$A=\pi d^2/4$（mm²）。

预紧力的控制方法有多种。对于一般的普通螺栓联接，预紧力凭装配经验控制；对于较重要的普通螺栓联接，可用测力矩扳手（图 3-13a）或者定力矩扳手（图 3-13b）来控制预紧力大小；对于预紧力控制有精确要求的螺栓联接，可采用测量螺栓伸长的变形量来控制预紧力大小；而对于高强度螺栓联接，可以采用测量螺母转角的方法来控制预紧力大小。

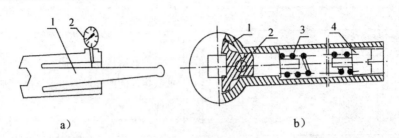

a)   b)

图 3-13   控制预紧扳手

a）扭力扳手；b）定力扳手

（二）螺纹联接的防松

松动是螺纹联接最常见的失效形式之一。在静载荷条件下，普通螺栓由于螺纹的自锁性一般可以保证螺栓联接的正常工作，但是，在冲击、振动或者变载荷作用下，或者当温度变化很大时，螺纹副间的摩擦力可能减少或者瞬时消失，致使螺纹联接产生自动松脱现象，特别是在交通、化工和高压密闭容器等设备、装置中，螺纹联接的松动可能会造成重大事故的发生。为了保证螺纹联接的安全可靠，许多情况下螺栓联接都采取一些必要的防松措施。

螺纹联接防松的本质就是防止螺纹副的相对运动。按照工作原理来分，螺纹防松有摩擦防松、机械防松、破坏性防松以及黏合法防松等多种方法。常用螺纹防松方法如表 3-6 所示。

表 3-6   常用螺纹防松方法

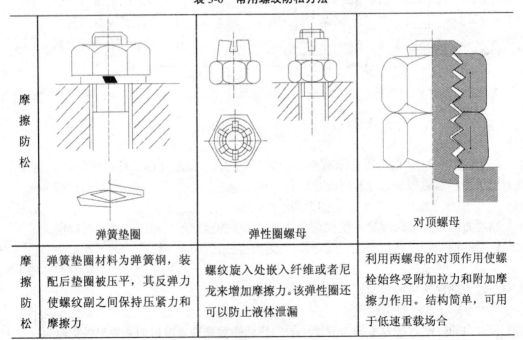

摩擦防松	弹簧垫圈	弹性圈螺母	对顶螺母
摩擦防松	弹簧垫圈材料为弹簧钢，装配后垫圈被压平，其反弹力使螺纹副之间保持压紧力和摩擦力	螺纹旋入处嵌入纤维或者尼龙来增加摩擦力。该弹性圈还可以防止液体泄漏	利用两螺母的对顶作用使螺栓始终受附加拉力和附加摩擦作用。结构简单，可用于低速重载场合

五、螺栓联接的强度计算

螺栓联接通常是成组使用的，称为螺栓组。在进行螺栓组的设计计算时，首先要确定螺栓的数目和布置，再进行螺栓受载分析，从螺栓组中找出受载最大的螺栓，计算该螺栓所受的载荷，螺栓组的强度计算，实际上是计算螺栓组中受载最大的单个螺栓的强度。由于螺纹联接件已经标准化，各部分结构尺寸是根据等强度原则及经验确定的。所以，螺栓联接的设计只需根据强度理论进行计算确定其螺纹直径即可，其他部分尺寸可以 查标准选用。

1. 螺栓联接的失效形式和设计准则

螺栓联接中的单个螺栓受力分为轴向载荷（受拉螺栓）和横向载荷（受剪螺栓）两种。受拉力作用的普通螺栓联接，其主要失效形式是螺纹部分的塑性变形或断裂，经常装拆时也会因磨损而发生滑扣，其设计准则是保证螺栓的静力或者疲劳拉伸强度。受剪切作用的铰制孔用螺栓联接，因此其主要失效形式是螺杆被剪断，螺杆或者被联接件的孔壁被压溃，故其设计准则为保证螺栓和被联接件具有足够的剪切强度和挤压强度。

2. 受轴向载荷的螺栓联接

（1）松螺栓联接。松螺栓联接装配时不需要拧紧螺母，在承受工作载荷之前，螺栓不受力。如图 3-14 所示，起重吊钩的螺栓联接就是典型的松螺栓联接。

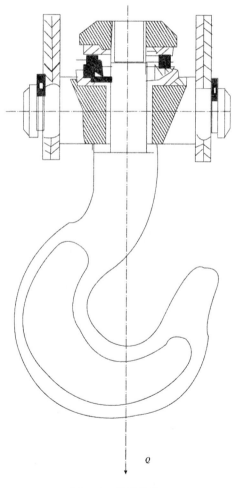

图 3-14 起重吊钩

当承受工作载荷 Q 时，螺栓杆受拉，其强度条件为

$$\sigma = \frac{Q}{\pi d_1^2 / 4} \leqslant [\sigma] \quad (\text{N/mm}^2) \tag{3-5}$$

式中，d_1 为螺纹小径（mm）；

　　　　$[\sigma]$ 为螺栓的许用拉应力（N/mm^2）。

（2）紧螺栓联接

① 只受预紧力的紧螺栓联接。如图 3-15 所示，紧螺栓联接装配时需要将螺母拧紧，在拧紧力矩作用下，螺栓受到预紧力产生的拉应力作用，同时还受到螺纹副中摩擦阻力矩 T_1 所产生的剪切应力作用，即螺栓处于弯扭组合变形状态。实际计算时，为了简化计算，对 M16～M68 的钢制普通螺栓，只按拉伸强度计算，并将所受拉力增大 30% 来考虑剪切应力的影响。即螺栓的强度条件为

$$\frac{1.3 Q_0}{\pi d_1^2 / 4} \leqslant [\sigma] \quad (\text{N/mm}^2) \tag{3-6}$$

式中：Q_0 为螺栓所受的预紧力（N）；

　　　　d_1 为螺纹小径（mm^2）；

　　　　$[\sigma]$ 为紧螺栓联接的许用应用力（N/mm^2）。

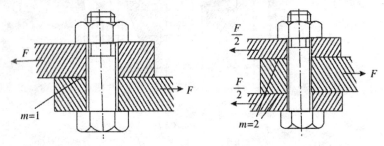

图 3-15　受横向载荷的螺栓联接

② 受预紧力和横向工作载荷的紧螺栓联接。如图 3-15 所示，紧螺栓联接受横向工作载荷。普通螺栓与螺栓孔之间有间隙，它是靠接合面间的摩擦力来承受工作载荷的，工作时，只有当接合面间的摩擦力足够大时，才能保证被联接件不会发生相对滑动。因此，螺栓的预紧力 Q_0 应为

$$Q_0 \geqslant \frac{K_f F}{zfm} \quad (\text{N}) \tag{3-7}$$

式中，z 为联接螺栓数目；

　　　　F 为接合面间的摩擦系数，对于钢和铸铁，$f=0.15\sim0.2$；m 为摩擦接合数；

　　　　F 为横向载荷（N）；

　　　　K_f 为可靠性系数或称防滑系数，通常 $K_f = 1.1\sim1.3$。

按式（3-7）求出预紧力 Q_0 后，再按式（3-6）计算螺栓强度即可。

普通螺栓靠摩擦力来承受横向工作载荷需要很大的预紧力，为了防止螺栓被拉断，需要较大的螺栓直径，这将增大联接的结构尺寸。因此，对横向工作载荷较大的螺栓联接，要采用一些辅助结构，如图 3-16 所示，用键、套筒和销等抗剪切件来承受横向载荷，这时，螺栓仅起一般联接作用，不受横向载荷，联接的强度应按键、套筒和销的强度条件进行计算。

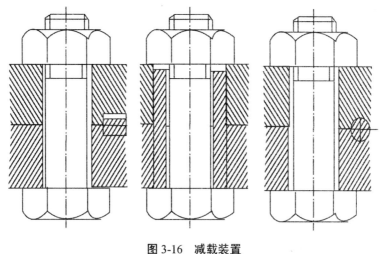

图 3-16 减载装置

③ 受剪螺栓联接

如图 3-17 所示，受剪螺栓通常是六角头铰制孔用螺栓，螺栓与螺栓孔多采用过盈配合或过渡配合。

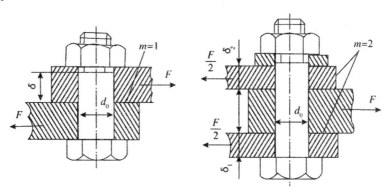

图 3-17 受横向载荷的铰制孔用螺栓

当联接承受横向载荷时，在联接的结合处螺栓横截面受剪切，螺栓杆和被联接件孔壁接触表面受挤压，螺栓的剪切强度条件和螺杆与孔壁接触表面的挤压强度条件分别为：

$$\sigma_p = \frac{F}{zd_0\delta} \leqslant \left[\sigma_p\right] \ (\text{N/mm}^2) \qquad (3\text{-}8)$$

$$\tau = \frac{F}{zm\pi d_0^2 / 4} \leqslant \left[\tau\right] \ (\text{N/mm}^2) \qquad (3\text{-}9)$$

式中，F 为横向载荷（N）；

z 为螺栓数目；

m 为螺栓受剪面数目；

d_0 为螺栓杆在剪切面处的直径（mm）；

δ 为螺栓杆与孔壁间接触受压的最小轴向长度（mm）；

$[\sigma_p]$ 为螺栓材料许用剪应力（N/mm²）；

$[\tau]$ 为螺杆或者被联接件材料的许用挤压应力（N/mm²），计算时取两者中的小值。

④ 受预紧力和轴向载荷作用的紧螺栓联接

图 3-18 所示为气缸的盖螺栓联接，设 z 个螺栓沿圆周均布，气缸内的气体压强为 p，则每个螺栓的工作载荷为：

$$Q_F = p \cdot \frac{\pi D^2}{4z} \qquad\qquad (3\text{-}10)$$

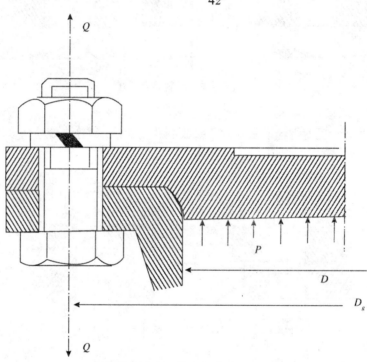

图 3-18 压力容器的螺栓联接

以上取其中的一个螺栓进行受力和变形分析。

图 3-19a 所示为螺栓没有拧紧时的情况，此时螺栓没有受力和变形。图 3-19b 所示为螺栓拧紧后只受预紧力 Q_0 作用时的情况，此时螺栓产生拉伸变形量 δ_1，而被联接件则产生压缩变形量 δ_2。图 3-19c 所示为螺栓受工作载荷作用后的情况，此时螺栓继续受拉伸，其拉伸变形量增大 $\Delta\delta$，即螺栓的总拉伸变形量达到 $\delta_1 + \Delta\delta$，这时，螺栓所受的总拉力为 Q；同时，根据变形协调条件，被联接件则因螺栓的伸长而回弹，即被压联接件的压缩变形量减少了 $\Delta\delta$，被联接件的残余压缩变形量为 $\delta_2 - \Delta\delta$，相对应的压力称为残余预紧力 Q_r。此时，螺栓受工作载荷和残余预紧力的共同作用，所以，螺栓的总拉伸载荷为

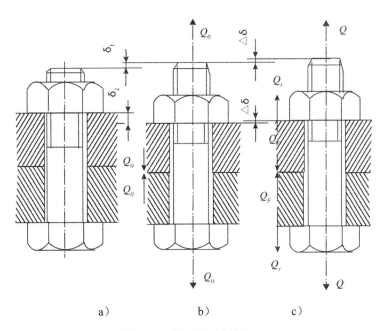

图 3-19 螺栓的受力和变形

$$Q = Q_F + Q_r \tag{3-11}$$

为了保证联接的紧密性，防止联接受工作载荷后接合面间出现缝隙，应使 $Q_r > 0$。对于有密封性要求的联接，取 $Q_r = (1.5 \sim 1.8) Q_F$。对于一般联接，工作载荷稳定时，取 $Q_r = (0.2 \sim 0.6) Q_F$。工作载荷有变化时，取 $Q_r = (0.6 \sim 1.0) Q_F$。

设计时，可先求出工作载荷 Q_F，再根据联接的工作要求确定残余预紧 Q_r，然后由式 (3-11) 计算出总拉伸载荷 Q。同时考虑扭矩产生的剪应力的影响，故螺栓的强度条件为

$$\frac{1.3Q}{\pi d_1^2 / 4} \leqslant [\sigma] \tag{3-12}$$

式中，Q 为螺栓总拉伸载荷（N），其他符号的含义与式 (3-4) 相同。

【知识扩展】

1. 联接的种类

机器由许多零部件所组成，这些零部件需要通过联接来实现机器的职能，因而联接是构成机器的重要环节。

联接种类很多，根据被联接件之间的相互关系可分为动联接和静联接两类。动联接是被联接件的相互位置在工作时可以按需要变化的联接，如轴与滑动轴承、变速器中齿轮与轴的联接等。静联接是被联接件之间的相互位置在工作时不能也不允许变化的联接，如蜗轮的齿圈与轮心、减速器中齿轮与轴的联接等。动联接的采用是由机器内部的运动规律决定的，而静联接的采用则是由于结构、制造、装配、运输、安装和维护等方面的要求决定的。"联接"一词通常多指静联接。

根据拆开时是否需要把联接件毁坏可分为可拆联接和不可拆联接。可拆联接有螺纹联

接、销联接、楔联接、键联接和花键联接等。采用可拆联接通常是因为结构、维护、制造、装配、运输和安装等的需要。不可拆联接有铆接、焊接和胶接等。采用不可拆联接通常是因为工艺上的要求。

根据传递载荷（力或力矩）的工作原理可分为摩擦联接和非摩擦联接两类。摩擦联接是靠联接中接合面间的摩擦来传递载荷，如过盈联接、弹性环联接等；非摩擦联接是直接通过联接中零件的各种变形来传递载荷，如平键联接等。有的联接既可做成摩擦的，也可做成非摩擦的，如螺纹联接等。也有的联接同时靠摩擦和变形来传递载荷，如斜键联接中的楔键联接等。

用以使被联接件始终处于紧固状态的联接件称为紧固件。如螺栓、螺钉、螺母、垫圈和铆钉等。紧固件多为标准件。采用紧固件联接通常不允许被联接件中有相对运动，一般用于联接需要有较大刚性或紧密性的场合，如气缸盖的螺栓联接等。

2. 联接的要求

设计联接时，要力求使联接件与被联接件的强度相等，从而使两者对各种可能的失效具有相等的抵抗力，这就是等强度设计。采用等强度设计，可以使联接中各零件潜存的承载能力都得到充分发挥。不过由于结构上、工艺上和经济上的原因，常常不能达到等强度设计。这时联接的强度由联接中最薄弱环节的强度决定。这一强度与被联接件强度的比值称为联接的强度系数。它表示被联接件因联接而削弱的程度，其比值一般在 0.6～1 之间。为提高这个比值，可采取局部加强的方法。另外，设计联接时还应根据联接的使用要求和工作条件，满足紧密性、刚性、相互固定和定心等方面的要求。

习 题

1. 螺纹主要有哪几种类型？
2. 螺栓、双头螺柱、螺钉、紧定螺钉分别应用于什么场合？
3. 螺纹联接防松的本质是什么？螺纹防松主要有哪几种方法？
4. 什么情况下使用铰制孔用螺栓？
5. 带式运输机的凸缘联轴器，用 4 个普通螺栓联接，$D_0 = 120$ mm，传递扭矩 $T = 180$ N·m，接合面摩擦系数为 $f = 0.16$，试计算螺栓的直径。
6. 单键联接时如果强度不够应采取什么措施？若采用双键，对平键和楔键而言，分别应该如何布置？
7. 平键和楔键的工作原理有何不同？
8. 设计套筒联轴器与轴联接用的平键。已知轴径 $d = 36$ mm，联轴器为铸铁材料，承受静载荷，套筒外径 $D = 100$ mm。要求画出联接的结构图，并计算联接传递的转矩。
9. 已知轴和带轮的材料分别为钢和铸铁，带轮与轴配合直径 $d = 40$ mm，轮毂长度 $l = 80$ mm，传递的功率为 $P = 10$ kW，转速 $n = 1000$ r/min，载荷性质为轻微冲击。
   （1）试选择带轮与轴联接用的 A 型普通平键；
   （2）按 1：1 比例绘制联接剖视图，并标注键的规格和键槽尺寸。

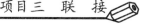

任务三 联轴器、离合器和制动器

【任务导入】

联轴器、离合器和制动器的功用是什么？联轴器、离合器和制动器有哪些类型？根据轴的工作情况如何对联轴器、离合器和制动器进行选用？

【理论知识】

一、联轴器的功用及分类

联轴器是用来联接两轴使其一同回转并传递运动和转矩的一种机械装置。在回转过程中，被联接的两轴不能分离，必须在机器停车时将联接拆卸后两轴才能分离。

用联轴器联接的两轴，由于制造和安装误差，受载后的变形以及温度变化等因素的影响，往往不能保证严格地对中，两轴间会产生一定程度的相对位移或偏斜，如图 3-20 所示。因此，联轴器除了能传递所需的转矩外，还应在一定程度上具有补偿两轴间偏移的性能。

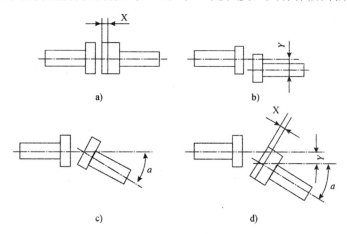

图 3-20 两轴间的相对偏移

a）轴向位移；b）径向位移；c）偏角位移；d）综合位移

按照有无补偿轴线偏移能力，可将联轴器分为刚性联轴器和挠性联轴器两大类型，如图 3-21 所示。

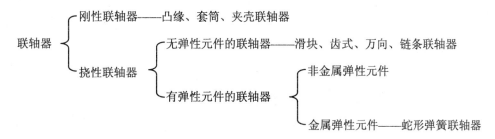

图 3-21 联轴器类型

二、常用联轴器

（一）刚性联轴器

刚性联轴器结构简单，制造方便，承载能力大，成本低，但没有补偿轴线偏移的能力，适用于载荷平稳、两轴对中良好的场合。

1. 凸缘联轴器（GY、GYD 型）

如图 3-22 所示，凸缘联轴器由两个带有凸缘的半联轴器 1、3，分别用键与两轴相联接，然后用螺栓组 2 将 1、3 联接在一起，从而将两轴联接在一起。GY 型由铰制孔用螺栓对中，拆装方便，传递转矩大；GYD 型采用普通螺栓联接，靠凸榫对中，制造成本低，但装拆时轴需做轴向转移。

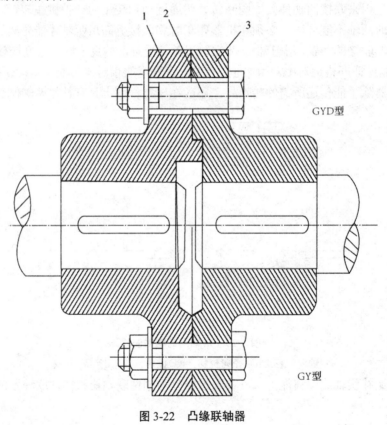

图 3-22　凸缘联轴器

1-半联轴器；2-螺栓组；3-半联轴器

2. 套筒联轴器（GT 型）

如图 3-23 所示，套筒联轴器利用套筒将两轴套接，然后用键、销将套筒和轴联接。其特点是径向尺寸小，可用于启动频繁的传动中。

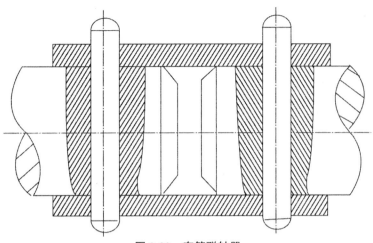

图 3-23　套筒联轴器

3．夹壳联轴器（GJ 型）

如图 3-24 所示，夹壳联轴器由两个轴向剖分的夹壳组成，利用螺栓组夹紧两个夹壳将两轴联接在一起，靠摩擦力传递转矩。其特点是装卸方便，常用于低速、载荷平稳的场合。

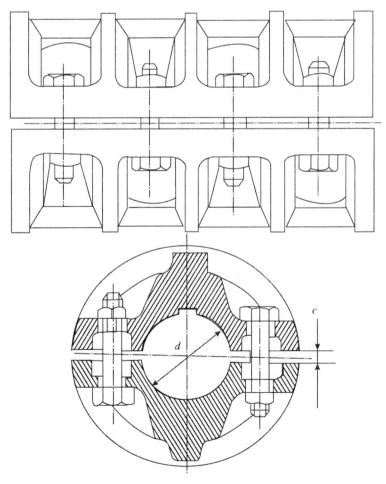

图 3-24　夹壳联轴器

（二）挠性联轴器

挠性联轴器具有补偿轴线偏移的能力，用于载荷和转速有变化及两轴线有偏移的场合。

1. 弹性套柱销联轴器（LT 型）

如图 3-25 所示，弹性套柱销联轴器的构造与凸缘联轴器相似，所不同的是用带有弹性套的柱销代替了螺栓，工作时用弹性套传递转矩。因此，可利用弹性套的变形补偿两轴间的偏移，缓和冲击和吸收振动。它制造简单，维修方便。适用于启动及换向频繁的高、中速的中、小转矩轴的联接。弹性套易磨损，为便于更换，要留有装拆柱销的空间尺寸 A。还要防止油类与弹性套接触。

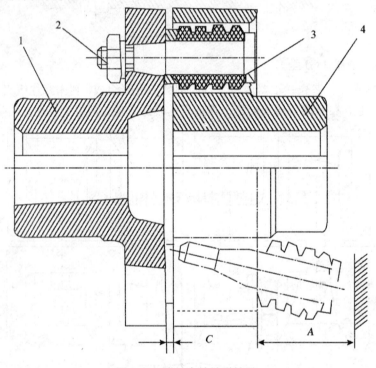

图 3-25 弹性套柱销联轴器

1、4—半联轴；2—柱销；3—弹性套

2. 滑块联轴器（WH 型）

如图 3-26 所示，滑块联轴器由两个带有一字凹槽的半联轴器 1、3 和带有十字图榫的中间滑块 2 组成，利用凸榫与凹槽相互嵌合并做相对移动补偿径向偏移。滑块联轴结构简单，径向尺寸小，但转动时滑块有较大的离心惯性力，适用于两轴径向偏移较大、转矩较大的低速无冲击的场合。

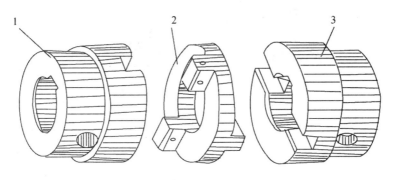

图 3-26 滑块联轴器

1—半联轴器；2—中间滑块；3—半联轴器

3．梅花形弹性联轴器

梅花形弹性联轴器如图 3-27 所示，其半联轴器与轴的配合孔可作成圆柱形或圆锥形。装配联轴器时将梅花形弹性件的花瓣部分夹紧在两半联轴器端面凸齿交错插进所形成的齿侧空间，以便在联轴器工作时起到缓冲减振的作用。弹性件可根据使用要求选用不同硬度的聚氨酯橡胶、铸型尼龙等材料制造。工作温度范围为 $-35 \sim +80℃$，短时工作温度可达 100℃，传递的公称转矩范围为 $16 \sim 25\,000\,N·m$。

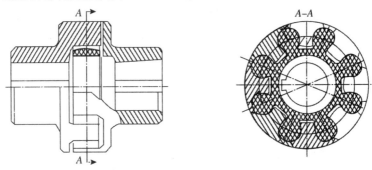

图 3-27 梅花形弹性联轴器

4．齿式联轴器（WC 型）

如图 3-28 所示，齿式联轴器由两个带外齿的半联轴器 2、4 分别与主、从动轴相联，两个具有内齿的外壳 1、3 用螺栓联接，利用内外齿啮合以实现两轴的联接。为补偿两轴的综合偏移，轮齿制成鼓形，且具有较大的侧隙和顶隙。齿式联轴器啮合齿数多，传递转矩大，具有良好的补偿综合偏移的能力，且外廓尺寸紧凑。但成本较高。齿式联轴器应用广泛，适用于高速、重载、启动频繁和经常正反转的场合。

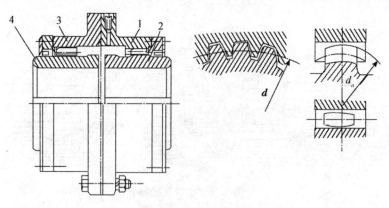

图 3-28　齿式联轴器

1—外壳；2—半联轴器；3—外壳；4—半联轴器

5．万向联轴器（WS 型）

如图 3-29 所示，万向联轴器由两个固定在轴端的主动叉 1 和从动叉 3 以及一个十字柱销 2 组成。由于叉形零件和销轴之间构成转动副，因而允许两轴之间有较大的角偏移。角偏移可达 35°～45°。对于图 3-29a 示的单个万向联轴器，主动叉 1 以等角速度 ω_1 回转时，从动叉 3 的角速度 ω_3 做周期性变化，引起动载荷。为使 $\omega_3=\omega_1$，可将万向联轴器成对使用，如图 3-29b 所示，且应满足两个条件：①主、从动轴与中间轴夹角相等，即 $\alpha_1=\alpha_3$；②中间轴两端的叉形零件应共面；主、从动轴与中间轴的轴线应共面。万向联轴器的特点是径向尺寸小，适用于联接夹角较大的两轴。

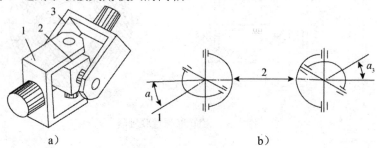

a）　　　　　　　　　　　　　　　　b）

图 3-29　万向联轴器

a）单个万向联轴器；b）双万向联轴器

1—主动叉；2—十字柱销；3—从动叉

6．链条联轴器（WZ 型）

如图 3-30 所示，链条联轴器有两个同齿数的链轮式半联轴器 1、3 和公共链条 2 组成，利用链条和链轮的啮合以实现两轴的联接，链条联轴器质量轻，维护方便，可补偿综合偏移，适用于高温、潮湿及多尘场合。但不宜用于高速和启动频繁及竖直轴间的联接。

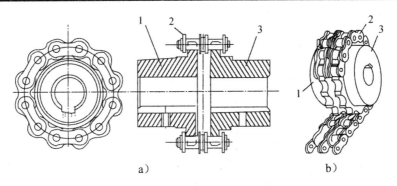

图 3-30 链条联轴器

a）单排滚子链联轴器；b）双排滚子链联轴器

1、3—链轮式半联轴器；2—公共链条

三、联轴器的选用

联轴器已经标准化，选用时根据工作条件选择合适的类型，然后根据转矩、轴径及转速选择型号。

（一）联轴器类型的选择

根据工作载荷的大小和性质、转速高低、两轴相对偏移的大小和形式、环境状况、使用寿命、装拆维护和经济性等方面的因素，选择合适的类型。例如，载荷平稳、两轴能精确对中、轴的刚度较大时可选用刚性凸缘联轴器；载荷不平稳，两轴对中困难，轴的刚度较差时，可选用弹性柱销联轴器；径向偏移较大、转速较低时可选用滑块联轴器；角偏移较大时，可选用万向联轴器。

（二）联轴器的型号选择

根据计算转矩、轴的直径和工作转速，确定联轴器的型号和相关尺寸。计算转矩 T_C 按下式计算

$$T_C = KT \tag{3-13}$$

式中，K 为工作情况系数，如表 3-7 所示；

T 为联轴器的名义转矩。

表 3-7 工作情况系数 K

工作机		原动机			
		电动机 汽轮机	内燃机		
分类	典型机械		四缸 及以上	二缸	单缸
转矩变化很小	发电机、小型通风机、小型水泵	1.3	1.5	1.8	2.2
转矩变化小	透平压缩机、木工机床、运输机	1.5	1.7	2.0	2.4
转矩变化中等	搅拌机、有飞轮压缩机、冲床	1.7	1.9	2.2	2.6
转矩变化和冲击载荷中等	织布机、水泥搅拌机、拖拉机	1.9	2.1	2.4	2.8

续表

转矩变化和冲击载荷大	造纸机、挖掘机、起重机、碎石机	2.3	2.5	2.8	3.2
转矩变化大有强烈冲击载荷	压延机、无活塞飞轮泵、重型轧机	3.1	3.3	3.6	4.0

确定型号时，应使计算转矩不超过联轴器的公称转矩，工作转速不超过许用转速。联轴器的轴孔形式、直径、长度及键槽形式与相联接两轴的相关参数协调一致。

【例 3-1】某离心式水泵与电动机用联轴器联接。已知电动机功率 $P=30$ kW，转速 $n=1\,470$ r/min；电动机外伸轴直径 $d_1=48$ mm，长 $L_1=84$ mm。试选择该联轴器的类型，确定型号，写出标记。

【解】（1）类型选择。离心式水泵载荷平稳，轴短，刚性大，其传递的转矩也较大。水泵和电动机通常共用一个底座，便于调整、找正，所以选凸缘联轴器。

（2）确定型号。

$$T=9.549\times10^6\times\frac{p}{n}=9.549\times10^6\times\frac{30}{1\,470}=194\,898\;(\text{N}\cdot\text{mm})$$

由表 3-7 查得工作情况系数 $K=1.3$，由式（3-13）得

$$T_C=KT=1.3\times194898=253367\;(\text{N}\cdot\text{mm})$$

查凸缘联轴器国家标准，选 GYD9 型有对中榫凸缘联轴器，其公称转矩为

$$T_n=400\times10^3\,\text{N}\cdot\text{mm}>T_C$$

两轴直径均与标准相符，故主动端选 Y 型轴孔，A 型键槽；从动端选 J_1 型轴孔，A 型键槽。许用转速 $[n]=6800$ r/min$>n$。

（3）标记 GYD9 联轴器 $\dfrac{48\times112}{J142\times84}$ GB5843—86。

四、离合器的功用和分类

离合器在机器运转中可将传动系统随时分离或接合。以满足机器变速、换向、空载启动、过载保护等方面的要求。离合器的要求有：接合平稳，分离迅速而彻底；调节和修理方便；外轮廓尺寸小；质量小；耐磨性好和有足够的散热能力；操纵方便省力。

离合器应当接合迅速、分离彻底、动作准确、调整方便。一般采用操纵离合与自动离合两种方式，其分类如图 3-31 所示。

离合器 { 自动式离合器：离心、超越、安全离合器等
操纵式离合器 { 嵌合式：牙嵌、转键、齿轮离合器
摩擦式：圆盘、圆锥、电磁摩擦式离合器 }

图 3-31　离合器类型

五、常用离合器

常用的离合器有牙嵌离合器、摩擦离合器、自动式离合器、离心离合器和定向离合器。

（一）牙嵌离合器

牙嵌离合器是利用特殊形状的牙、齿、键等相互嵌合来传递转矩的。

图 3-32 所示为牙嵌离合器，离合器左半部分 1 固定在主动轴上，右半部分 2 用导向平键或花键与从动轴构成动联接，并借助操纵机构做轴向移动，使 1、2 端面的爪牙嵌合或分离。为便于两轴对中，设有对中环 3。牙嵌离合器的牙形有三角形、矩形、梯形和锯齿形等。三角形牙（图 3-32a）易接合，强度低，用于轻载；矩形牙（图 3-32b）嵌入与脱开难，牙磨损后无法补偿；梯形牙（图 3-32c）强度高，牙磨损后能自动补偿，冲击小，应用广；锯齿形牙（图 3-32d）强度高，只能传递单向转矩，用于特定的工作条件处。牙数一般取 3～60。牙数多，离合容易但受载不均，因此转矩大时，牙数宜少；要求接合时间短时，牙数宜多。

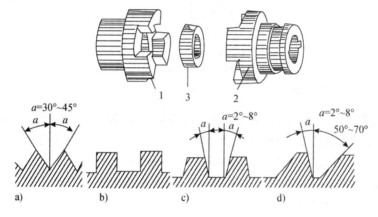

图 3-32　牙嵌离合器图

a）三角形牙；b）矩形牙；c）梯形牙；d）锯齿形牙

1—离合器左半部分；2—离合器右半部分；3—中环

牙嵌离合器结构简单，主、从动轴能同步回转，外形尺寸小，传递转矩大，在嵌合时有刚性冲击，适于在停机或低速时接合。

（二）摩擦离合器

摩擦离合器是在主动摩擦盘转动时，由主、从动盘的接触面间产生的摩擦力矩来传递转矩的，有单盘式和多盘式两种。图 3-33 所示为单盘摩擦离合器的简图。在主动轴 1 和从动轴 2 上，分别安装摩擦盘 3 和 4，操纵环 5 可以使摩擦盘 4 沿轴 2 移动。接合时以力 F 将盘 4 压在盘 3 上，主动轴上的转矩即由两盘接触面间产生的摩擦力矩传到从动轴上。设摩擦力的合力作用在平均半径 R 的圆周上，则可传递的最大转矩 T_{max} 为

$$T_{max}=fFR \tag{3-14}$$

式中，f 为摩擦系数。

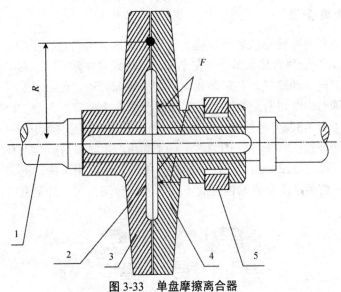

图 3-33　单盘摩擦离合器

1—主动轴；2—从动轴；3、4—摩擦盘；5—操纵还

　　图 3-34 为多盘摩擦离合器，它有两组摩擦盘：一组外摩擦盘 5（图 3-35a）以其外齿插入主动轴 1 上的外鼓轮 2 内缘的纵向槽中，盘的孔壁则不与任何零件接触，故盘 5 可与轴 1 一起转动，并可在轴向力推动下沿轴向移动；另一组内摩擦盘 6（图 3-35b）以其孔壁凹槽与从动轴 3 上的套筒 4 的凸齿相配合，而盘的外缘不与任何零件接触，故盘 6 可与轴 3 一起转动，也可在轴向力推动下做轴向移动。

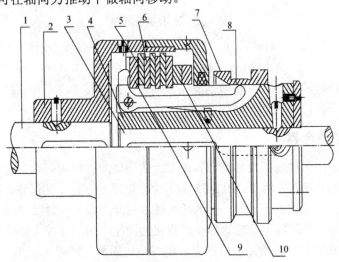

图 3-34　多盘摩擦离合器

1—主动轴；2—鼓轮；3—从动轴；4—套筒；5—外片；6—内片；
7—滑环；8—曲臂压杆；9—压板；10—调节螺母

　　另外，在套筒 4 上开有三个纵向槽，其中安置可绕销轴转动的曲臂压杆 8；当滑环 7 向左移动时，曲臂压杆 8 通过压板 9 将所有内、外摩擦盘压紧在调节螺母 10 上，离合器即进入接合状态。螺母 10 调节摩擦盘之间的压力。内摩擦盘也可作成碟形（图 3-35c），当承压时，可被压平而与外盘贴紧；松脱时，由于内盘的弹力作用可以迅速与外盘分离。

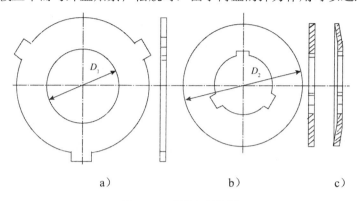

图 3-35　摩擦盘结构图

a）外摩擦盘；b）内摩擦盘；c）蝶形内摩擦盘

摩擦式离合器接合平稳，冲击与振动较小，有过载保护作用。但在离合过程中，主、从动轴不能同步回转，外形尺寸大。摩擦式离合器适用于在高速下接合而主、从动轴同步要求低的场合。

（三）自动式离合器

自动式离合器利用离心力、弹力限定所传递转矩的数值，自动控制离合。或者利用特殊的楔形效应，在正反转时自动控制离合。最常见的是牙嵌式安全离合器，如图 3-36 所示。

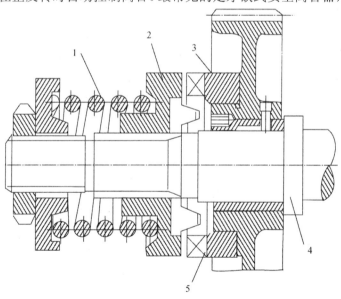

图 3-36　牙嵌式安全离合器

1—弹簧；2、3—离合器；4—从动轴；5—牙面；6—螺母

端面带牙的离合器左半部分 2 和右半部分 3，靠弹簧 1 嵌合压紧以传递转矩。当从动轴 4 上的载荷过大时，牙面 5 上产生的轴向分力将超过弹簧的压力，而迫使离合器发生跳跃式的滑动，使从动轴 4 自动停转。调节螺母 6 可改变弹簧压力，从而改变离合器传递转矩的大小。

（四）离心离合器

图 3-37 所示为发动机上的离心离合器。当发动机启动后达到一定转速时，在离心惯性力的作用下，与主动轴相联接的闸瓦 2 克服了弹簧 1 的拉力，与装在从动轴上的离合器盘 3 的内表面相接触，带动从动轴自动进入转动状态，可避免启动过载。

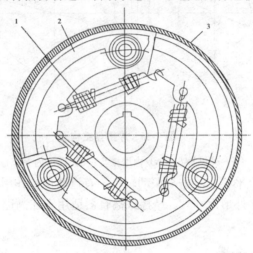

图 3-37 离心离合器

1—弹簧；2—闸瓦；3—离合器盘

（五）定向离合器

如图 3-38 所示，定向离合器的星轮 1 与主动轴相连接并做顺时针回转时，滚柱 3 受摩擦力作用向狭窄部位被楔紧，外环 2 随星轮 1 同向回转，离合器接合。星轮 1 逆时针回转时，滚柱 3 滚向宽敞部位，外环 2 不与星轮 1 同转，离合器自动分离。

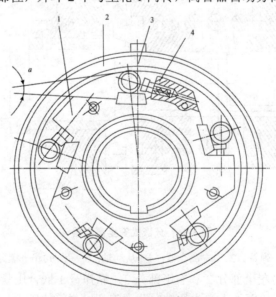

图 3-38 定向离合器

1—星轮；2—外环；3—滚柱；4—弹簧

当星轮 1 与外环 2 均按顺时针方向做同向回转时，根据相对运动原理，若星轮 1 转速大于外环 2 转速，则离合器处于接合状态；如星轮 1 转速小于外环 2 转速，则离合器处于分离状态，因此这种离合器又称为超越离合器。滚柱一般为 3～8 个。弹簧 4 起均载作用。定向离合器常用于汽车、机床等的传动装置中。

六、制动器

制动器是用来降低机械的运转速度或停止机械的运转，保证机器正常安全工作的重要部件，在提升机构中还可以用来支持重物。机械制动器是利用摩擦副中产生的摩擦力来工作的。制动器按摩擦副元件的结构形状可分为块式、带式、蹄式和盘式 4 种。按制动系统的驱动方式可分为手动式、电磁铁式、液压式、液压—电磁式几种。

此外，按工作状态又可分为常闭式和常开式。常闭式制动器常处于抱闸状态，只有施加外力才能使其松闸解除制动作用，常用于提升机构中。常开式制动器常处于松闸状态，需要时才抱闸制动，大多数车辆中的制动器即为常开式制动器，为了减少制动转矩，减小制动器的结构尺寸，常将制动器安装在机械的高速轴上。为了防止断轴时发生严重事故，提升机构（如矿井卷扬机）的低速轴上也应安装安全制动器。在对安全挂有高度要求的场合，必须装设两个制动器，其中每一个都应能安全可靠地工作。

对制动器的基本要求是：足够大的制动转矩，松闸和抱闸动作迅速，制动平稳，工作可靠，耐磨性和散热性好，结构简单，调整和维修方便。

制动器的类型较多，有些已标准化和系列化，其选用可以查阅相关的机械设计手册。这里仅对带式制动器、块式制动器和盘式制动器予以简单介绍，详细的设计计算及选用需参阅有关手册和资料。

（一）块式制动器

块式制动器是一种较常见的制动器，各种形式的块式制动器的区别主要在于制动杠杆系统和操纵系统不同。一般多为常闭式，利用弹簧与重锤合闸，利用电磁铁或人力操纵松闸。图 3-39 所示的块式制动器是电磁操纵的，其制动是依靠闸块与制动轮间的摩擦力来实现制动的。通电时，由电磁线圈 1 的吸力吸住衔铁 2，再通过一套杠杆使闸块 5 松开，机器便能自由运转；制动动时则切断电流，线圈 1 断电，失去磁力释放衔铁 2，依靠弹簧力并通过杠杆使闸块 5 抱紧制动轮 6，实现制动。这种制动器也可设计成在通电时起制动作用，即常开式；但为安全起见，一般设计成断电时制动，即常闭式。

块式制动器结构简单可靠，散热性好，调整制动块与制动轮的退距方便。但用电磁铁驱动时冲击大、噪声大、启动电流大、寿命较短，单位时间内接电次数不能多。用液压电磁铁驱动时可克服以上缺点，但其中硅整流管和时间继电器易发生故障，且价格较贵。块式制动器主要用于制动转矩不大、工作频繁及空间较大的场合。块式制动器已标准化，可根据手册选用。

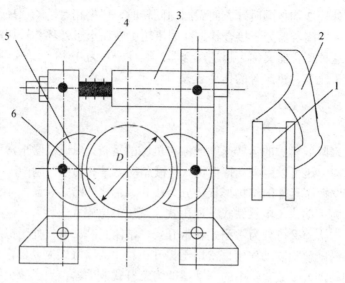

图 3-39　块式制动器

1—线圈；2—衔铁；3—杠杆；4—弹簧；5—闸块；6—制动轮

（二）带式制动器

带式制动器的结构形式有简单式、差动式和综合式三种，其中综合式可用于双向制动。

简单带式制动器如图 3-40 所示，主要由制动轮、制动带、制动杠杆和重锤组成。在重锤的重力作用下，制动带抱紧在制动轮上，处于制动状态，用电磁铁实现松闸。为了增加摩擦力，在制动钢带的内表面铆有制动衬片（石棉带或木块等）。

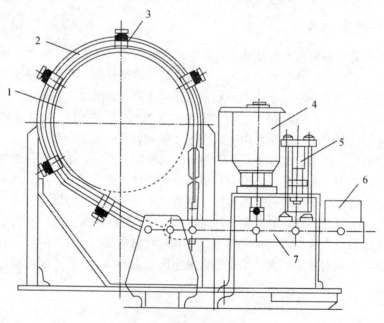

图 3-40　简单带式制动器

1—制动轮；2—制动带；3—卡爪；4—电磁铁；5—缓冲器；6—重锤；7—制动杠杠

此外，为了防止制动带从制动轮上滑脱，可以将制动轮制成具有轮缘的结构（见图 3-41a），但更多的是采用卡爪来挡住制动带（见图 3-41b）。

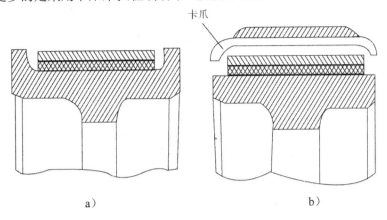

图 3-41 带式制动器的制动轮与制动带

a）具有轮缘的带式制动器；b）用卡爪挡住制动带

带式制动器结构简单，尺寸紧凑，制动转矩大，但制动带磨损不均匀，散热性差，对制动轮轴有较大压力。带式制动器常用于起重机械中。

（三）内涨蹄式制动器

内涨蹄式制动器有双蹄、多蹄和软管多蹄等形式，其中双蹄式应用较广。图 3-42 所示为内涨双蹄式制动器简图。左、右两制动蹄分别通过两支承销与制动底板联接，制动鼓与需制动的轴相联接。当压力油进入液压缸时，推动左、右两个活塞分别向左、右移动，带动两制动蹄压紧在制动鼓的内表面上，实现抱闸制动。油路卸压后，弹簧弹力使两制动蹄与制动鼓分开，制动器处于松闸状态。内涨蹄式制动器结构紧凑，散热好，密封容易，广泛用于各种车辆和安装空间受到限制的场合。

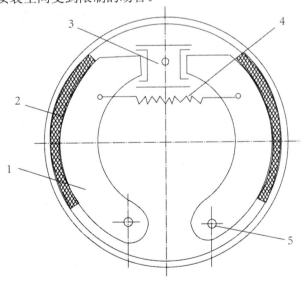

图 3-42 内涨双蹄式制动器

1—制动蹄；2—制动鼓；3—液压缸；4—弹簧；5—支承销

习 题

1. 简述联接的分类和主要联接形式。

2. 联轴器和离合器的功用是什么？二者有何区别？

3. 常用的联轴器和离合器有哪些类型？它们的特点和应用场合是什么？列举你所知的实例。

4. 试举出几种日常所见的制动器实例。

5. 两轴轴线偏移是如何产生的？其形式有哪些？

6. 凸缘联轴器两种对中方法的特点是什么？

7. 为使主动轴角速度 ω_1 等于从动轴角速度 ω_3，双万向联轴器应满足哪些条件？

8. 查阅国家标准，解释下列标记的联轴器：

（1）GY5 联轴器 45×84GB5843—86；

（2）LT4 $\dfrac{J_1 B20 \times 52}{J_1 B22 \times 38}$ GB4323—84；

（3）LH5 联轴器 $J70 \times 107$GB5014—85；

9. 多片式圆盘摩擦离合器的内摩擦片与哪根轴同转？若将其制成碟形有什么效果？

10. 嵌合式离合器与牙嵌式安全离合器有何区别？

11. 为什么离合器的操纵环必须安装在与从动轴相联的半离合器上？

12. 试分析自行车飞轮应用了哪种离合器工作原理？何时接合？何时分离？

13. 电动机与油泵之间用弹性套柱销联轴器相联，传递功率 $P = 14 \text{ kW}$，转速 $n = 960 \text{ r/mm}$，两轴直径均为 35 mm，试确定联轴器型号。

14. 减速器输出轴与卷扬机滚筒以联轴器相联接。已知传递功率 $P = 5 \text{ kW}$，转速 $n = 60 \text{ r/irnin}$，主动蜂轴径 $d_1 = 65 \text{ rnrn}$，从动端轴径 $d_2 = 70 \text{ mm}$，试选择联轴器的型号。

项目四　轴与轴承

【教学提示】

传动零件必须借助其他零部件的支持才能传递运动与动力。这种起支持作用的零部件称为支承零部件。支承零部件主要有轴和轴承。汽车上的支承零部件也是很重要的，只有弄清各种轴与轴承的结构和原理，才能掌握各种轴与轴承的使用、维修、保养方法。因此在教学中应尽量突出结构和维护使用知识的教学，培养学生对各种轴与轴承的应用维护技能。

【教学要求】

要求学生了解各种轴与轴承的结构和类型；掌握各种轴与轴承的基本术语；重点掌握轴的设计和选用方法；了解各种轴承的相关标准；熟悉各种轴承的主要性能指标。

【教学目标】

➢ 认识各种类型的轴、滚动轴承和滑动轴承；
➢ 掌握轴、滚动轴承和滑动轴承的结构和特性；
➢ 掌握轴、轴承的设计计算方法；
➢ 了解润滑和密封装置的分类、特点和选择。

【教学重点】

➢ 轴、滚动轴承和滑动轴承的特点和结构类型；
➢ 轴、滚动轴承滑动轴承的的设计和选用方法。

【教学难点】

轴的设计计算方法。

【教学过程】

轴、轴承的概念→轴和轴承的结构、类型→轴和轴承的设计和选用方法。

任务一　轴

【任务导入】

汽车上哪些部分有轴？是什么类型的轴？轴上零件的周向和轴向定位方式有哪些？各适用什么场合？

【理论知识】

一、轴的类型

根据承受载荷的不同,轴可分为转轴、传动轴和心轴3种。转轴既承受转矩又承受弯矩,如图 4-1 所示的减速箱转轴。传动轴主要承受转矩,不承受或承受很小的弯矩,如汽车的传动轴(图 4-2)通过两个万向联轴器与发动机转轴和汽车后桥相连,传递转矩。心轴只承受弯矩而不传递转矩。心轴又可分为固定心轴(图 4-3)和转动心轴(图 4-4)。

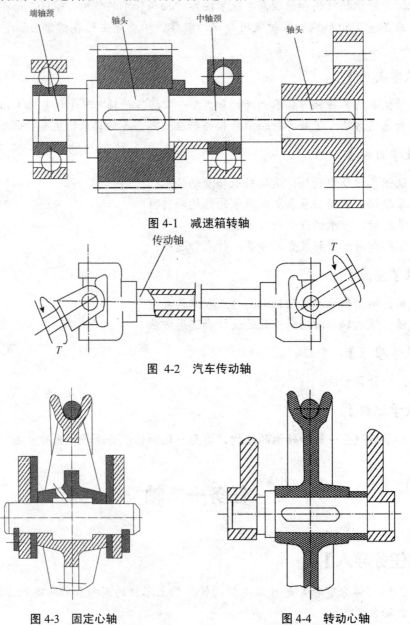

图 4-1　减速箱转轴

图 4-2　汽车传动轴

图 4-3　固定心轴　　　　　图 4-4　转动心轴

按轴线的形状轴可分为：直轴（图 4-1～图 4-4）、曲轴（图 4-5）和挠性轴（图 4-6）。

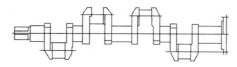

图 4-5　曲轴

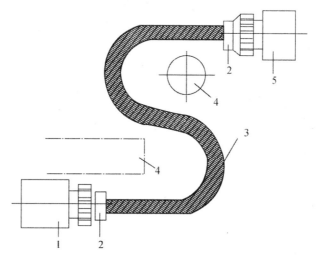

图 4-6　挠性轴

1—动力装置；2—接头；3—加有外层保护套的挠性轴；4—其他设备；5—被驱动装置

曲轴常用于往复式机械中，如发动机等。挠性钢丝轴通常是由几层紧贴在一起的钢丝层构成的，可以把转矩和运动灵活地传到任何位置。挠性轴常用于振捣器和医疗设备中。另外，为减轻轴的质量，还可以将轴制成空心的形式，如图 4-7 所示。

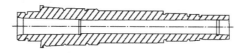

图 4-7　空心轴

轴的设计，主要是根据工作要求并考虑制造工艺等因素，选用合适的材料，进行结构设计，经过强度和刚度计算，定出轴的结构形状和尺寸。高速时还要考虑振动稳定性。

二、轴的材料

在轴的设计中，首先要选择合适的材料。轴的材料常采用碳素钢和合金钢。

碳素钢有 35、45、50 等优质中碳钢。它们具有较高的综合机械性能，因此应用较多，特别是 45 号钢应用最为广泛。为了改善碳素钢的机械性能，应进行正火或调质处理。不重要或受力较小的轴，可采用 Q237，Q275 等普通碳素钢。

合金钢具有较高的机械性能，但价格较贵，多用于有特殊要求的轴。例如采用滑动轴承的高速轴，常用 20Cr、20CrMnTi 等低碳合金钢，经渗碳淬火后可提高轴颈耐磨性；汽轮发电机转子轴在高温、高速和重载条件下工作，必须具有良好的高温机械性能，常采用27Cr2Mo1V、38CrMoA1A 等合金结构钢。值得注意的是：钢材的种类和热处理对其弹性模量的影响甚小，因此如欲采用合金钢或通过热处理来提高轴的刚度，并无实效。此外，合金钢对应力集中的敏感性较高，因此设计合金钢轴时，更应从结构上避免或减小应力集中，并减小其表面粗糙度。

轴的毛坯一般用圆钢或锻件。有时也可采用铸钢或球墨铸铁。例如，用球墨铸铁制造曲轴、凸轮轴，具有成本低廉、吸振性较好，对应力集中的敏感性较低，强度较好等优点。适合制造结构形状复杂的轴。

表 4-1 所示为轴的常用材料及其主要机械性能。

表 4-1 轴的常用材料及其主要机械性能

材料及 热处理	毛坯直径 /mm	硬度 /HB	强度极限 σ_b	屈服极限 σ_s	弯曲疲劳极限 σ_{-1}	应用说明
			/MPa			
Q235			440	240	200	用于不重要或载荷不大的轴
35 正火	≤100	149～187	520	270	250	塑性好和强度适中可做一般曲轴、转轴等
45 正火	≤100	170～217	600	300	275	用于较重要的轴，应用最为广泛
45 调质	≤200	217～255	650	360	300	
40Cr 调质	25		1 000	800	500	用于载荷较大，而无很大冲击的重要的轴
	≤100	241～286	750	550	350	
	>100～300	241～266	700	550	340	
40MnB 调质	25		1 000	800	485	性能接近于 40Cr，用于重要的轴
	≤200	241～286	750	500	335	
35CrMo 调质	≤100	207～269	750	550	390	用于受重载荷的轴
20Cr 渗碳淬火回火	15	表面 HRC56～62	850	550	375	用于要求强度、韧性及耐磨性均较高的轴
	—		650	400	280	
QT400－100	—	156～197	400	300	145	结构复杂的轴
QT600－2	—	197～269	600	200	215	结构复杂的轴

三、轴的结构设计

轴的结构设计就是使轴的各部分具有合理的形状和尺寸。其主要要求：①满足制造安装要求，轴应便于加工，轴上零件要方便装拆；②满足零件定位要求，轴和轴上零件有准确的工作位置，各零件要牢固而可靠地相对固定；③满足结构工艺性要求，使加工方便和节省材料；④满足强度要求，尽量减少应力集中等。下面结合图4-8所示的单级齿轮减速器的高速轴，逐项讨论这些要求。

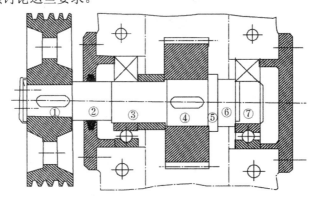

图 4-8　轴的结构

（一）制造安装要求

为了方便轴上零件的装拆，常将轴做作阶梯形。对于一般剖分式箱体中的轴，它的直径从轴端逐渐向中间增大。如图4-8所示，可依次将齿轮、套筒、左端滚动轴承、轴承盖和带轮从轴的左端装拆，另一滚动轴承从右端装拆。为使轴上零件易于安装，轴端及各轴段的端部应有倒角。

轴上磨削的轴段，应有砂轮越程槽（图4-8中⑥与⑦的交界处）；车制螺纹的轴段，应有退刀槽。在满足使用要求的情况下，轴的形状和尺寸应力求简单，以便于加工。

（二）零件轴向和周向定位

1．轴上零件的轴向定位和固定

阶梯轴上截面变化处叫轴肩，利用轴肩和轴环进行轴向定位，其结构简单、可靠，并能承受较大轴向力。在图4-8中，①、②间的轴肩使带轮定位；轴环⑤使齿轮在轴上定位；⑥、⑦间的轴肩使右端滚动轴承定位。

有些零件依靠套筒定位。在图4-8中左端滚动轴承采用套筒③定位。套筒定位结构简单，可靠，但不适合高转速情况。

无法采用套筒或套筒太长时，可采用圆螺母加以固定，如图4-9所示。圆螺母定位可靠，并能承受较大轴向力。

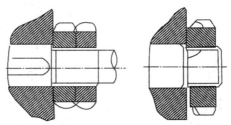

图4-9　圆螺母定位

在轴端部可以用圆锥面定位（图 4-10），圆锥面定位的轴和轮毂之间无径向间隙、装拆方便，能承受冲击，但锥面加工较为麻烦。

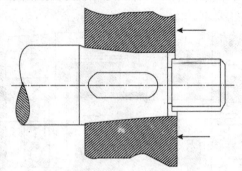

图 4-10　圆锥面定位

图 4-11 和图 4-12 中的挡圈和弹性挡圈定位结构简单、紧凑，能承受较小的轴向力，但可靠性差，可在不太重要的场合使用。图 4-13 所示为轴端挡圈定位，它适用于轴端，可承受剧烈的振动和冲击载荷。

圆锥销也可以用作轴向定位，它结构简单，用于受力不大且同时需要轴向定位和固定的场合，如图 4-14 所示。

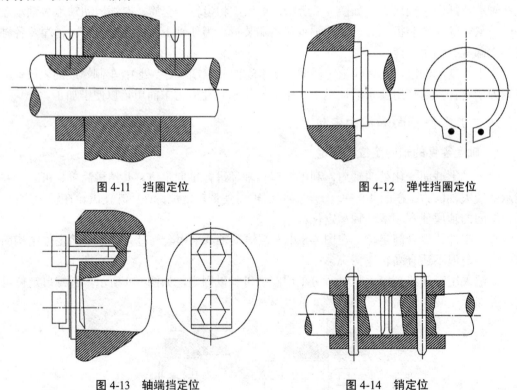

图 4-11　挡圈定位　　　　　　　　　　　　图 4-12　弹性挡圈定位

图 4-13　轴端挡定位　　　　　　　　　　　图 4-14　销定位

2. 轴上零件的周向固定

轴上零件周向固定的目的是使其能同轴一起转动并传递转矩。轴上零件的周向固定，大多采用键、花键或过盈配合等联接形式。

（三）结构工艺性要求

轴的形状，从满足强度和节省材料考虑，最好是等强度的抛物线回转体。但这种形状的轴既不便于加工，也不便于轴上零件的固定；从加工考虑，最好是直径不变的光轴，但光轴不利于轴上零件的装拆和定位。由于阶梯轴接近于等强度，而且便于加工和轴上零件的定位和装拆，所以实际上轴的形状多呈阶梯形。为了能选用合适的圆钢和减少切削加工量，阶梯轴各轴段的直径不宜相差太大，一般取 5～10 mm。

为了保证轴上零件紧靠定位面（轴肩），轴肩的圆角半径 r 必须小于相配零件的倒角 C_1 或圆角半径 R，轴肩高 h 必须大于 C_1 或 R（图 4-15）。

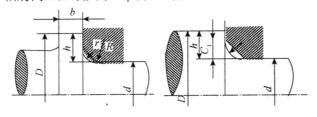

图 4-15　轴肩的圆角和倒角

在采用套筒、螺母、轴端挡圈做轴向固定时，应把装零件的轴段长度做得比零件轮毂短 2～3 mm，以确保套筒、螺母或轴端挡圈能靠紧零件端面。

为了便于切削加工，一根轴上的圆角应尽可能取相同的半径，退刀槽取相同的宽度，倒角尺寸相同；一根轴上各键槽应开在轴的同一母线上，若开有键槽的轴段直径相差不大时，尽可能采用相同宽度的键槽（图 4-16），以减少换刀的次数；需要磨削的轴段，应留有砂轮越程槽（图 4-17a），以便磨削时砂轮可以磨到轴肩的端部；需切削螺纹的轴段，应留有退刀槽，以保证螺纹牙均能达到预期的高度（图 4-17b）。为了便于加工和检验，轴的直径应取圆整值；与滚动轴承相配合的轴颈直径应符合滚动轴承内径标准；有螺纹的轴段直径应符合螺纹标准直径。为了便于装配，轴端应加工出倒角（一般为 45°），以免装配时把轴上零件的孔壁擦伤（图 4-17c）；过盈配合零件装入端常加工出导向锥面（图 4-17d），以便零件能较顺利地压入。

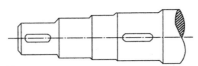

图 4-16　键槽应在同一母线上

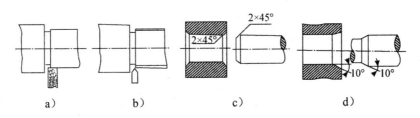

图 4-17　越程槽、退刀槽、倒角和锥面

（四）强度要求

在零件截面发生变化处会产生应力集中现象，从而消弱材料的强度。因此，进行结构设计时，应尽量减小应力集中。特别是合金钢材料对应力集中比较敏感，应当特别注意。在阶梯轴的截面尺寸变化处应采用圆角过渡，且圆角半径不宜过小。另外，设计时尽量不要在轴上开横孔、切口或凹槽，必须开横孔时，须将孔边倒圆。在重要轴的结构中，可采用卸载槽 B（图 4-18a）、过渡肩环（图 4-18b）或凹切圆角（图 418c）增大轴肩圆角半径，以减小局部应力。在轮毂上作出卸载槽 B（图 4-18d），也能减小过盈配合处的局部应力。

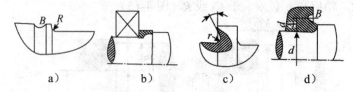

图 4-18　减小应力集中的措施

a）卸载槽 B；b）过渡肩环；c）凹切圆角；d）在轮毂上做出卸载槽 B

当轴上零件与轴为过盈配合时，可采用如图 4-19 所示的各种结构，以减轻轴在零件配合处的应力集中。

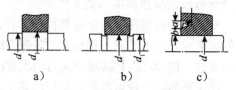

图 4-19　几种轴与轮毂的过盈配合方法

a）增大配合处轴径；b）在配合边缘开卸载槽；c）在轮毂上开卸载槽

此外，结构设计时，还可以用改善受力情况、改变轴上零件位置等措施以提高轴的强度。例如，在图 4-20 所示的起重机卷筒的两种不同方案中，图 4-20a 的结构是大齿轮和卷筒联成一体，转矩经大齿轮直接传给卷筒。这样，卷筒轴只受弯矩而不传递转矩，起重同样载荷 Q 时，轴的直径可小于图 4-20b 的结构。

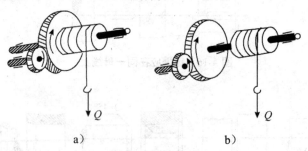

图 4-20　起重机卷筒

再如，当动力需从两个轮输出时，为了减小轴上的载荷，尽量将输入轮置在中间。在图 4-21a 中，当输入转矩为 T_1+T_2 而 $T_1>T_2$ 时，轴的最大转矩为 T_1；而在图 4-21b 中，轴的最大转矩为 T_1+T_2。

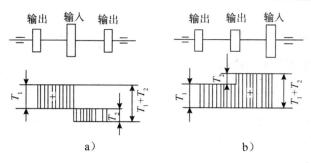

图 4-21 轴上零件的两种布置方案

如图 4-22 所示的车轮轴，如把轴毂配合面分为两段（图 4-22b），可以减小轴的弯矩，从而提高其强度和刚度；把转动的心轴（图 4-22a）改成不转动的心轴（图 4-22b），可使轴不承受交变应力。

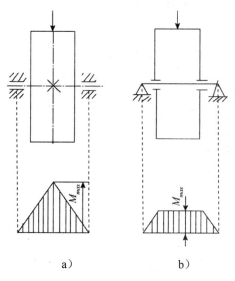

图 4-22 两种不同结构产生的轴弯矩

a）转动的心轴；b）不转动的心轴

【技能知识】

1. 轴的强度计算

轴的强度计算应根据轴的承载情况，采用相应的计算方法。常见的轴的强度计算有以下两种。

（1）按扭转强度估算最小轴径。对于传递转矩的圆截面轴，其强度条件为：

$$\tau = \frac{T}{W_T} = \frac{9.55 \times 10^6 P}{0.2 d^3 n} \leqslant [\tau] \quad (\text{MPa}) \tag{4-1}$$

式中，τ 为转矩 T（N·mm）在轴上产生的剪应力；

$[\tau]$ 为材料的许用剪切应力（MPa）；

W_T 为抗扭截面系数（mm^3），对圆截轴 $W_T = \dfrac{\pi d^3}{16} \approx 0.2d^3$；

P 为轴所传递的功率（kW）；

n 为轴的转速（r/min）；

d 为轴的直径（mm）。

对丁既传递转矩又承受弯矩的轴，也可用式（4-1）初步估算轴的直径；但必须把轴的许用剪切应力$[\tau]$适当降低（见表4-2），以补偿弯矩对轴的影响。将降低后的许用应力代入上式，并改写为设计公式

$$d \geqslant \sqrt[3]{\frac{9.55 \times 10^6}{0.2[\tau]}} \sqrt[3]{\frac{p}{n}} \geqslant A\sqrt[3]{\frac{p}{n}} \quad (mm) \tag{4-2}$$

式中，A 为由轴的材料和承载情况确定的常数，如表 4-2 所示。应用式（4-2）求出的 d 值作为轴最细处的直径。

表 4-2　常用材料的 $[\tau]$ 值和 A 值

轴的材料	Q235，20	Q275，35	45	40C_r，35 SiMn
$[\tau]$（MPa）	12～20	20～30	30～40	40～52
C	160～135	135～118	118～107	107～98

注：当作用在轴上的弯矩比传递的转矩小或只传递转矩时，C 取较小值；否则取较大值。

此外，也可采用经验公式来估算轴的直径。例如在一般减速器中，高速输入轴的直径可按与其相连的电动机轴的直径 D 估算，$d = (0.8 \sim 1.2)D$；各级低速轴的轴径可按同级齿轮中心距 a 估算，$d = (0.3 \sim 0.4)a$。

（2）按弯扭组合强度计算。图 4-23 所示为一单级圆柱齿轮减速器设计草图，图 4-23 中各符号表示有关的长度尺寸。显然当零件在草图上布置妥当后，外载荷和支反力的作用位置即可确定。由此可作轴的受力分析及绘制弯矩图和转矩图。这时就可按弯扭合成强度计算轴径。

对于一般钢制的轴，可用第三强度理论求出危险截面的当量应力σ_e，其强度条件为

$$\sigma_e = \sqrt{\sigma^2_b + 4\tau^2} \leqslant [\sigma_b] \tag{4-3}$$

式中，σ_b 为危险截面上弯矩 M 产生的弯曲应力。对于直径为 d 的圆轴

$$\sigma_b = \frac{M}{W} = \frac{M}{\pi d^3 / 32} \approx \frac{M}{0.1d^3}$$

$$\tau = \frac{T}{W_T} = \frac{T}{2W}$$

其中，W，W_T 为轴的抗弯和抗扭截面系数。将σ_b和τ值代入式(4-3)，得

$$\sigma_e = \sqrt{\left(\frac{M}{W}\right)^2 + 4\left(\frac{T}{2W}\right)^2} = \frac{1}{W}\sqrt{M^2 + T^2} \leqslant [\sigma_b] \qquad (4\text{-}4)$$

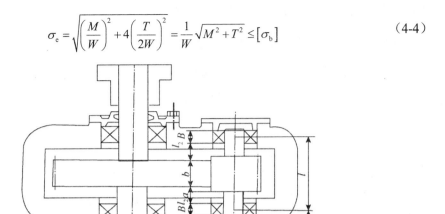

图 4-23　单级齿轮减速器设计草图

由于一般转轴的 σ_b 为对称循环变应力，而 τ 的循环特性往往与 σ_b 不同，为了考虑两者循环特性不同的影响，对式（4-4）中的转矩 T 乘以折合系数 α，即

$$\sigma_e = \frac{M_e}{W} = \frac{1}{0.1d^3}\sqrt{M^2 + (\alpha T)^2} \leqslant [\sigma_{-1b}] \qquad (4\text{-}5)$$

式中，M_e 为当量弯矩，$M_e = \sqrt{M^2 + (\alpha T)^2}$；

α 为根据转矩性质而定的校正系数。对不变的转矩 $\alpha \approx 0.3$；当转矩脉动变化时，$\alpha \approx 0.6$；对于频繁正反转的轴，τ 可看为对称循环变应力，$\alpha = 1$。

若转矩的变化规律不清楚，一般也按脉动循环处理。$[\sigma_{-1b}]$、$[\sigma_{0b}]$ 和 $[\sigma_{+1b}]$ 分别为对称循环、脉动循环及静应力状态下的许用弯曲应力，如表 4-3 所示。

表 4-3　轴的许用弯曲应力

材料	σ_B	$[\sigma_{+1b}]$	$[\sigma_{0b}]$	$[\sigma_{-1b}]$
	MPa			
碳素钢	400	130	70	40
	500	170	75	45
	600	200	95	55
	700	230	110	65
合金钢	800	270	130	75
	900	300`	140	80
	1 000	330	150	90
铸钢	400	100	50	30
	500	120	70	40

通常外载荷不是作用在同一平面内，这时应先将这些力分解到水平面和垂直面内，并

求出各面的支反力，再绘出水平面弯矩 M_H 图、垂直面弯矩 M_V 图和合成弯矩 M 图，

$M = \sqrt{M_H^2 + M_V^2}$；绘出转矩 T 图；最后由公式 $M_e = \sqrt{M^2 + (\alpha T)^2}$ 绘出当量弯矩图。

计算轴的直径时，式（4-5）可写成

$$d \geqslant \sqrt[3]{\frac{M_e}{0.1[\sigma_{-1b}]}} \quad (\text{mm}) \tag{4-6}$$

式中，M_e 的单位为 N·mm；$[\sigma_{-1b}]$ 的单位为 MPa。

若该截面有键槽，可将计算出的轴径加大 4%。若有两个键槽时，轴颈应增大 7% 左右。计算出的轴径还应与结构设计中初步确定的轴径相比较，若初步确定的直径较小，说明强度不够，结构设计要进行修改；若计算出的轴径较小，除非相差很大，一般就以结构设计的轴径为准。

对于一般用途的轴，按上述方法设计计算即可。对于重要的轴，尚须做进一步的强度校核，其计算方法可查阅有关参考书。

【例 4—1】如图 4-24 所示，已知作用在带轮 D 上转矩 $T = 78100$ N，斜齿轮 C 的压力角 $\alpha_n = 20°$，螺旋角 $\beta = 9°41'46''$，分度圆直径 $d = 58.333$ mm，带轮上的压力 $Q = 1147$ N，其他尺寸如图 4-24a 所示，试计算该轴危险截面的直径。

【解】（1）计算作用在轴上的力

齿轮受力分析

圆周力：
$$F_t = \frac{2T}{d} = \frac{2 \times 78\,100}{58.333} = 2\,678 \quad (\text{N})$$

径向力：
$$F_r = \frac{F_t \tan \alpha_n}{\cos \beta} = \frac{2\,678 \times \tan 20°}{\cos 9°41'46''} = 988.8 \quad (\text{N})$$

轴向力
$$F_a = F_t \tan \beta = 2\,678 \times \tan 9°41'46'' = 457.6 \quad (\text{N})$$

（2）计算支座反力

水平面：
$$R_{AH} = R_{BH} = \frac{F_t}{2} = \frac{2\,678}{2} = 1\,339 \quad (\text{N})$$

垂直面：
$$\sum M_B = 0$$
$$R_{AV} \times 132 - F_r \times 66 - F_a \times \frac{d}{2} - Q(97 + 132) = 0$$
$$R_{AV} = 2\,585 (\text{N})$$
$$\sum F = 0$$
$$R_{BV} = R_{AV} - Q - F_r = 2\,585 - 1\,147 - 988.8 = 449.2 (\text{N})$$

（3）作弯矩图

水平面弯矩

$$M_{CH} = -R_{BH} \times 66 = -1\,339 \times 66 \approx -88\,370 \text{（N·mm）}$$

垂直面弯矩

$$M_{AV} = -Q \times 97 = -1\,147 \times 97 \approx -111\,300 \text{（N·mm）}$$

$$M_{CV1} = -Q(97 + 66) + R_{AV} \times 66 = -1\,147 \times 163 + 2\,585 \times 66 \approx -16\,350 \text{（N·mm）}$$

$$M_{CV2} = -R_{BV} \times 66 = -449.2 \times 66 \approx -29\,650 \text{（N·mm）}$$

合成弯矩

$$M_A = M_{AV} = 111\,300 \text{（N·mm）}$$

$$M_{C1} = \sqrt{M_{CH}^2 + M_{CV1}^2} = \sqrt{88\,370^2 + 16\,350^2} \approx 89\,870 \text{（N·mm）}$$

$$M_{C2} = \sqrt{M_{CH}^2 + M_{CV2}^2} = \sqrt{88\,370^2 + 29\,650^2} \approx 93\,210 \text{（N·mm）}$$

（4）作转矩图

$$T_1 = 78\,100 \text{（N·mm）}$$

（5）作当量弯矩图

当扭剪应力为脉动循环变应力时，取系数 $\alpha = 0.6$，则

$$M_{caD} = \sqrt{M_D^2 + (aT_1)^2} = \sqrt{0^2 + (0.6 \times 78\,100)^2} \approx 46\,860 \text{（N·mm）}$$

$$M_{caA} = \sqrt{M_A^2 + (aT_1)^2} = \sqrt{111\,300^2 + (0.6 \times 78\,100)^2} \approx 120\,762.4 \text{（N·mm）}$$

$$M_{caC1} = \sqrt{M_{C1}^2 + (aT_1)^2} = \sqrt{89\,870^2 + (0.6 \times 78\,100)^2} \approx 101\,353.2 \text{（N·mm）}$$

$$M_{caC2} = M_{C2} = 93\,210 \text{（N·mm）}$$

（6）最大弯矩

由当量弯矩图可见，A 处的当量弯矩最大，为

$$M_e = 120\,762.4 \text{（N·mm）}$$

（7）计算危险截面处直径

轴的材料选用 45 号钢，调质处理，由表 4-1 查得 $\sigma_B = 650$ MPa，由表 4-3 查得许用弯曲应力 $[\sigma_{-1b}] = 60$ MPa，则

$$d \geq \sqrt[3]{\frac{M_e}{0.1[\sigma_{-1b}]}} = \sqrt[3]{\frac{120\,762.4}{0.1 \times 60}} = 27.2 \text{（mm）}$$

考虑到键槽对轴的削弱，将直径增大 4%，故

$$d = 1.04 \times 27.2 = 29 \text{（mm）}$$

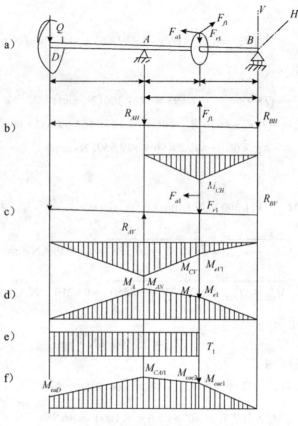

图 4-24　轴受力图

2. 轴的刚度计算

轴受弯矩作用会产生弯曲变形（图 4-25），受转矩作用会产生扭转变形（图 4-26）。如果轴的刚度不够，就会影响轴的正常工作。例如电机转子轴的挠度过大，会改变转子与定子的间隙而影响电机的性能。又如机床主轴的刚度不够，将影响加工精度。

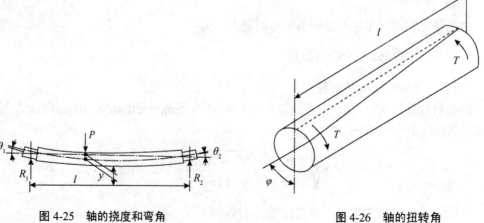

图 4-25　轴的挠度和弯角　　　　　　　　图 4-26　轴的扭转角

因此，为了使轴不致因刚度不够而失效，设计时必须根据轴的工作条件限制其变形量，即

挠度：$y \leqslant [y]$

偏转角：$\theta \leqslant [\theta]$　　　　　　　　　　　　　　　　　　　　　　　　　　　（4-7）

扭转角：$\varphi \leqslant [\varphi]$

式中，$[y]$、$[\theta]$和$[\varphi]$分别为许用挠度、许用偏转角和许用扭转角，其值见表4-4。

表 4-4　轴的许用挠度[y]、许用偏转角[θ]和许用扭转角[φ]

变形种类	适用场合	许用值	变形种类	适用场合	许用值
挠度 y/mm	一般用途的轴	$(0.0003 \sim 0.0005)\,l$	偏转角 θ/rad	滑动轴承	$\leqslant 0.001$
	刚度要求较高的轴	$\leqslant 0.0002l$		径向球轴承	$\leqslant 0.05$
	感应电机轴	$\leqslant 0.1\varDelta$		调心球轴承	$\leqslant 0.05$
	安装齿轮的轴	$(0.01 \sim 0.05)\,m_n$		圆柱滚子轴承	$\leqslant 0.0025$
	安装蜗轮的轴	$(0.02 \sim 0.05)\,m_t$		圆锥滚子轴承	$\leqslant 0.0016$
	L—支承间跨距； $\varDelta$—电机定子与转子间的气隙； m_n—齿轮法面模数； m_t—蜗轮端面模数。			安装齿轮处的截面	$\leqslant 0.001 \sim 0.002$
			每米长的扭转角 φ (°/m)	一般传动	$0.5 \sim 1$
				较精密的传动	$0.25 \sim 0.5$
				重要传动	< 0.25

（1）弯曲变形计算。计算轴在弯矩作用下所产生的挠度 y 和偏转角 θ 的方法很多。在材料力学课程中已介绍过两种：①按挠曲线的近似微分方程式积分求解；②变形能法。对于等直径轴，用前一种方法较简便，对于阶梯轴，用后一种方法较适宜。

（2）扭转变形的计算。等直径的轴受转矩 T 作用时，其扭转角 φ 可按材料力学中的扭转变形公式求出，即

$$\phi = \frac{Tl}{GI_p} \quad （\text{rad}）\tag{4-8}$$

式中，T 为转矩（N·mm）；

　　　　l 为轴受转矩作用的长度（mm）；

　　　　G 为材料的切变模量（MPa）；

　　　　d 为轴径（mm）；

　　　　I_p 为轴截面的极惯性矩。

$$I_p = \frac{\pi d^4}{32} \quad （\text{mm}^4）$$

对阶梯轴，其扭转角φ的计算式为

$$\phi = \frac{1}{G}\sum_{i=1}^{n}\frac{T_i l_i}{I_{pi}} \quad (\text{rad}) \tag{4-9}$$

式中，T_i、l_i、I_{pi} 分别为阶梯轴第 i 段上所传递的转矩、长度和极惯性矩，单位同式（4-8）。

【例 4-2】一钢制等直径轴，传递的转矩 $T = 4\,000$ N·m。已知轴的许用剪切应力 $[\tau] = 40$ MPa，轴的长度 $l = 1\,700$ mm，轴在全上的扭转角 φ 不得超过 1°，钢的切变模量 $G = 8\times10^4$ MPa，试求该轴的直径。

【解】（1）按强度要求，应使

$$\tau = \frac{T}{W_T} = \frac{T}{0.2d^3} \leq [\tau]$$

故轴的直径

$$d \geq \sqrt[3]{\frac{T}{0.2[\tau]}} = \sqrt[3]{\frac{400\times10^3}{0.2\times40}} = 79.4 \quad (\text{mm})$$

（2）按扭转钢度要求，应使

$$\varphi = \frac{Tl}{GI_p} = \frac{32Tl}{G\pi d^4} \leqslant [\varphi]$$

按题意 $l = 1700$ mm，在轴的全长上，$[\varphi] = 1° = \dfrac{\pi}{180}$ rad。故

$$d \geq \sqrt[4]{\frac{32Tl}{\pi G[\varphi]}} = \sqrt[4]{\frac{32\times4\,000\times10^3\times1\,700}{\pi\times8\times10^4\times\dfrac{\pi}{180}}} = 83.9 \quad (\text{mm})$$

圆整后可取 $d = 85$ mm。

轴的设计与轴系的设计要同时进行，一般先进行轴系的初步设计，继而进行轴的结构设计、强度校核。

【例 4-3】图 4-26 所示为输送机传动装置，由电动机 1、带传动 2、齿轮减速器 3、联轴器 4、滚筒 5 等组成，其中齿轮减速器 3 低速轴的转速 $n = 140$ r/min，传递功率 $P = 5$ kW，轴上齿轮的参数为 $z_1 = 58$，$m_n = 3$ mm，$\beta = 11°17'13''$，左旋，齿宽 $b = 70$ mm。电动机 1 的转向如图 4-26 所示。试设计该低速轴。

【解】（1）选择轴的材料，确定许用应力。普通用途、中小功率减速器，选用 45 钢，正火处理。查表 4-1，取 $\sigma_b = 600$ MPa。查表 4-3 得 $[\sigma_b] = 55$ MPa。

（2）按扭转强度，初估轴的最小直径 b。由表 4-2 查得 $A = 110$，按式 4-2 得

$$d \geq A\sqrt[3]{\frac{P}{n}} = 110\sqrt[3]{\frac{5}{140}} = 36.2 \quad (\text{mm})$$

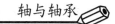

轴的伸出端安装联轴器，考虑补偿轴的可能位移，选用弹性柱销联轴器。由转速 n 和转矩 $T_C = KT = 1.5 \times 9.549 \times 106 \times 5/140 = 511\ 554$（N·mm），查 GB5014—85 用 LH3 弹性柱销联轴器，标准孔径 $d_1 = 38$ mm。

（3）确定齿轮和轴承的润滑。计算齿轮圆周速度：

$$v = \frac{\pi dn}{60 \times 1\ 000} = \frac{\pi m_n zn}{60 \times 1\ 000 coa\beta} = \frac{\pi \times 3 \times 58 \times 140}{60 \times 1\ 000 coa 11°17'13''} = 1.3 \quad (\text{m/s})$$

齿轮采用油浴润滑，轴承采用脂润滑。

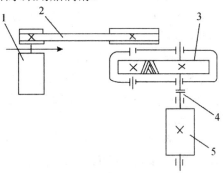

图 4-26　输送机传动装置

1—电动机；2—带传动；3—齿轮减速器；4—联轴器；5—滚筒

（3）轴系初步设计。根据轴系结构分析要点，结合后述尺寸确定，按比例绘制轴系结构图，如图 4-27 所示。斜齿轮传动有轴向力，采用角接触球轴承。采用凸缘式轴承盖实现轴系两端单向固定。联轴器右端用轴肩定位和固定，左端用轴端挡圈固定，依靠 C 型普通平键联接，实现周向固定。齿轮右端由轴环定位固定，左端由套筒固定用 A 型普通平链联接实现周向固定。为防止滑脂流失，采用挡油板内部密封。

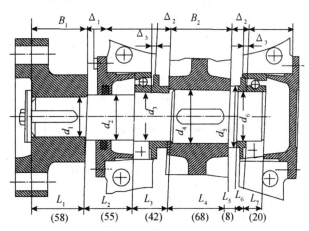

图 4-27　轴系结构草图

绘图时，结合尺寸的确定，首先画出齿轮轮毂位置，然后考虑轮齿端面到箱体内壁的距离 Δ_2 确定箱体内壁的位置，选择轴承并确定轴承位置。根据分箱面螺栓联接的布置，设计轴的外伸部分。

（4）轴的结构设计主要内容。

① 径向尺寸确定。从轴段 $d_1 = 38$ mm 开始，逐段选取相邻轴段的直径，如图 4-27 所示，d_2 起定位固定作用，定位轴肩高度 h_{min} 可在（0.07～0.1）d 范围内经验选取，故 $d_2 = d_1 + 2h \geqslant 38$ mm×（1+2×0.07）= 43.32 mm，该直径处将安装密封毡圈，标准直径应取 $d_2 = 45$ mm，d_3 与轴承内径相配合，为便于轴承安装，故取 $d_3 = 50$ mm，选定轴承型号为 7210C；d_4 与齿轮孔径相配合，为了便于装配，按标准尺寸，取 $d_4 = 53$ mm；d_5 起定位作用，由 $h =$（0.07～0.1）$d =$（0.07～0.1）×53 mm = 3.71～5.3 mm，取 $h = 4$ mm，则 $d_5 = d_4 + 2h = 53$ mm + 2×4 mm = 61 mm，d_6 与轴承配合，故 $d_6 = d_3 = 50$ mm。

② 轴向尺寸的确定。与传动零件（如齿轮、带轮、联轴器等）相配合的轴段长度，一般略小于传动零件的轮毂宽度。题中锻造齿轮轮毂宽度 $B_2 =$（1.2～1.5）$d_4 =$（1.2～1.5）×53 mm = 63.6～79.5 mm，取 $B_2 = b = 70$ mm，取轴段 $L_4 = 68$ mm；联轴器 LH3 的 J 型轴孔 $B_1 = 60$ mm，取轴段长 $L_1 = 58$ mm，取挡油板宽为 12 mm，轴承宽度 L_2 为 20 mm，与轴承相配合的轴段长度 $L_6 + L_7 = 32$ mm。

其他轴段的长度与箱体等设计有关，可由齿轮开始向两侧逐步确定。一般情况下，齿轮截面与箱壁的距离 Δ_2 取 10～15 mm；轴承端面与箱体内壁的距离 Δ_3 与轴承的润滑有关，油润滑时 $\Delta_3 = 3$～5 mm，油润滑时 $\Delta_3 = 5$～10 mm，本题取 $\Delta_3 = 5$ mm；分箱面宽度与分箱面的联接螺栓的装拆情况有关，对于常用的 M16 普通螺栓，分箱面宽 $l = 55$～65 mm。考滤轴承盖螺钉至联轴器距离 $\Delta_1 = 10$～15 mm，初步取 $L_2 = 55$ mm。由图 4-27 可见，$L_3 = 2 + \Delta_2 + \Delta_3 + 20 =$（2+15+5+20）mm = 42 mm，轴环宽度 $L_5 = 8$ mm。两轴承中心间的跨距 $L = 130$ mm。

（5）轴的强度校核

① 计算齿轮受力

分度圆直径：$$d = \frac{m_n z}{\cos \beta} = \frac{3 \times 58}{\cos 11°17'13''} = 177.43 \text{（mm）}$$

转矩：$$T = 9.549 \times 10^6 \frac{P}{n} = (9.549 \times 10^6 \frac{5}{140}) = 341\,036 \text{（N·mm）}$$

齿轮切向力：$$F_t = 2T / d = (\frac{2 \times 341\,036}{177.43}) = 3\,844 \text{（N）}$$

齿轮径向力：$$F_r = F_t \tan \alpha / coa\beta = 3\,844 \tan 20° / \cos 11°17'13'' = 1\,427 \text{（N）}$$

齿轮轴向力：$$F_x = F_t \tan \beta = 3\,844 \tan 11°17'13'' = 767 \text{（N）}$$

② 绘制轴的受力简图，如图 4-28a 所示。

③ 计算支承反力，如图 4-28b 和图 4-28d 所示。

水平平面：$$F_{HI} = \frac{F_x d / 2 + 65 F_r}{130}$$

$$= \left(\frac{767 \times 177.43 / 2 + 65 \times 1\,427}{130} \right) \text{N} = 1\,237 \text{(N)}$$

$$F_{HII} = F_{r1} - F_{HI} = (1\,427 - 1\,237) \text{N} = 190 \text{N}$$

垂直平面：

$$F_{vI} = F_{vII} = F_t / 2 = (3\,844 / 2) = 1\,922 \ （N）$$

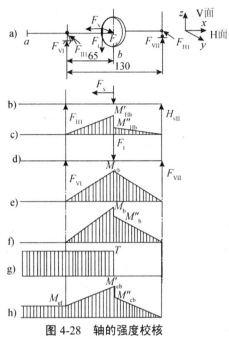

图 4-28　轴的强度校核

绘制弯矩图。水平平面弯矩图（图 4-28c）。

b 截面：

$$M'_{Hb} = 65F_{HI} = \left(65 \times 1\,237\right)$$

$$= 80\,405 \ （N \cdot mm）$$

$$M''_{Hb} = M'_{Hb} = F_x d / 2 = (80\,405 - 767 \times 177.43 / 2) = 12\,361 \ （N \cdot mm）$$

垂直平面弯矩图（见图 4-28e）

$$M_{vb} = 65F_{vI} = \left(65 \times 1\,922\right) = 124\,930 \ （N \cdot mm）$$

合成弯矩图（见图 4-28f）

$$M'_b = \sqrt{M'^2_{Hb} + M^2_{vb}} = \sqrt{80\,405^2 + 124\,930^2} = 148\,568 \ （N \cdot mm）$$

$$M''_b = \sqrt{M''^2_{Hb} + M^2_{vb}} = \sqrt{12\,361^2 + 124\,930^2} = 125\,540 \ （N \cdot mm）$$

绘制转矩图（图 4-28g）。

转矩 $T = 341\,036$（N · mm）

绘制当量弯矩图（图 4-28h）。单向运转，转矩为脉动循环，$\alpha = 0.6$

$$\alpha T = (0.6 \times 341\,036) = 204\,622 \ （N \cdot mm）$$

b 截面：

$$M'_{eb} = \sqrt{M'^2_b + (\alpha T)^2} = \sqrt{148\ 568^2 + 204\ 622^2}\ \text{N} \cdot \text{mm} = 252\ 868\text{N} \cdot \text{mm}$$

$$M^*_{eb} = \sqrt{M''^2_b + (\alpha T)^2_{vb}} = \sqrt{125\ 540^2 + 0}\ \text{N} \cdot \text{mm} = 125\ 540\text{N} \cdot \text{mm}$$

a 截面和 I 截面： $M_e = M_{eI} = \alpha T = 204\ 622$ （N·mm）

分别校核 a 和 b 截面：

$$d_a = \sqrt[3]{\frac{M_{ea}}{0.1[\sigma_b]}} = \left(\sqrt[3]{\frac{204\ 622}{0.1 \times 55}}\right)^2 \doteq 33.38 \quad (\text{mm})$$

$$d_b = \sqrt[3]{\frac{M_{eb}}{0.1[\sigma_b]}} = \left(\sqrt[3]{\frac{252\ 868}{0.1 \times 55}}\right)^2 \doteq 35.82 \quad (\text{mm})$$

考虑键槽，$d_a = 105\% \times 33.38\ \text{mm} = 35\ \text{mm}$，$d_b = 105\% \times 35.382\ \text{mm} = 37.6\text{mm}$。实际直径分别为 38 mm 和 53 mm，强度足够。如所选轴承和键联接等经计算后确认寿命和强度均能满足，则该轴的结构设计无修改。

（6）绘制轴的零件工作图，如图 4-29 所示。

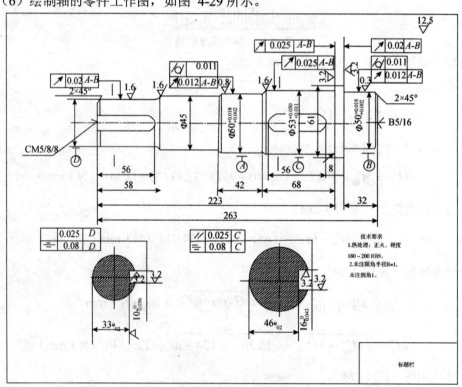

图 4-29　轴的工作图

①上各轴段直径的尺寸公差：对配合轴段直径（如轴承、齿轮、联轴器等），可根据配合性质决定；对非配合轴段轴径（如 d_2 及 d_5 两段直径），为未注公差。

②各轴段长度尺寸公差通常均为未注公差。

③为保证主要工作轴段的同轴度及配合轴段的圆柱度，一般用易于测量的圆柱度和径向圆跳动两项形位公差综合表示。

习　题

1．轴有哪些类型，各有何特点？请各举 2～3 个实例。

2．转轴所受弯曲应力的性质如何？其所受扭转应力的性质又怎样考虑？

3．轴的常用材料有那些？应如何选用？

4．在齿轮减速器中，为什么低速轴的直径要比高速轴粗得多？

5．转轴设计时为什么不能先按弯扭合成强度计算，然后再进行结构设计，而必须按初估直径、结构设计、弯扭合成强度验算 3 个步骤来进行？

6．轴上零件的周向和轴向定位方式有哪些？各适用什么场合？

7．已知一传动轴传递的功率为 40 kW，转速 $n=1\,000$ r/min，如果轴上的剪切应力不许超过 40 MPa，求该轴的直径.

8．已知一传动轴直径 $d=35$ mm，转速 $n=1\,450$ r/min，如果轴上的剪切应力不许超过 55MPa，问该轴能传递多少功率？

9．已知一转轴在直径 $d=55$ mm 处受不变的转矩 $T=15\times10^3$ N·m 和弯矩 $M=7\times10^3$ N·m，轴的材料为 45 号钢调质处理，问该轴能否满足强度要求？

10．一钢制等直径轴，只传递转矩，许用剪切应力 $[\tau]=50$ MPa。长度为 1 800 mm，要求轴每米长的扭转角 φ 不超过 0.5°，试求该轴的直径。

任务二　滚动轴承

【任务导入】

汽车、农机、日常生活工具中有哪些滚动轴承？是什么类型的滚动轴承、各有何特点？滚动轴承的主要失效形式是什么？应怎样采取相应的设计准则？

【理论知识】

一、滚动轴承的结构

滚动轴承一般是由内圈、外圈、滚动体和保持架组成（图 4-30）。通常内圈随轴颈转动，外圈装在机座或零件的轴承孔内固定不动。内外圈都制有滚道，当内外圈相对旋转时，滚动体将沿滚道滚动。保持架的作用是把滚动体沿滚道均匀地隔开，如图 4-31 所示。

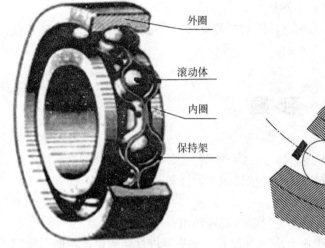

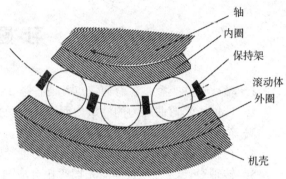

| 图 4-30　滚动轴承结构 | 图 4-31　滚动轴承运动 |

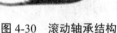

　　滚动体与内外圈的材料应具有高的硬度和接触疲劳强度、良好的耐磨性和冲击韧性。一般用含铬合金钢制造，经热处理后硬度可达 61～65HRC，工作表面须经磨削和抛光。保持架一般用低碳钢板冲压制成，高速轴承多采用有色金属或塑料保持架。

　　与滑动轴承相比，滚动轴承具有摩擦阻力小，起动灵敏、效率高、润滑简便和易于互换等优点，所以获得广泛应用。它的缺点是抗冲击能力较差，高速时出现噪声，工作寿命也不及液体摩擦的滑动轴承。由于滚动轴承已经标准化，并由轴承厂大批生产。所以，使用者的任务主要是熟悉标准、正确选用。

　　图 4-32 所示为不同形状的滚动体，按滚动体形状滚动轴承可分为球轴承和滚子轴承。滚子又分为长圆柱滚子、短圆柱滚子、螺旋滚子、圆锥滚子、球面滚子和滚针等。

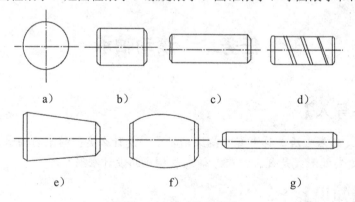

图 4-32　滚动体的形状

a）球；b）短圆柱滚子；c）长圆柱滚子；d）螺旋滚子 e）圆锥滚子；f）球面滚子；g）滚针

二、滚动轴承的类型

　　滚动轴承常用的类型和特性，如表 4-5 所示。

表 4-5　滚动轴承的主要类型和特性

轴承名称、类型及代号	结构简图承载方向	尺寸系列代号	组合代号	极限转速 n_c	允许角偏差 θ	特性与应用
双列角接触球轴承（0）		32 33	32 33	中		主要承受径向负荷和双向的轴向负荷，比角接触球轴承具有较大的承载能力，与双联角接触球轴承比较，在同样负荷作用下能使轴在轴向更紧密地固定
调心球轴承1或（1）		(0) 2 22 (0) 3 23	12 22 13 23	中	2～3°	主要承受径向负荷，可承受少量的双向轴向负荷。外圈滚道为球面，具有自动调心性能。适用于多支点轴、弯曲刚度小的轴以及难于精确对中的支承
推力调心滚子轴承2		92 93 94	292 293 294		2～3°	可承受很大的轴向负荷和一定的径向负荷，滚子为鼓形，外圈滚道为球面，能自动调心。转速可比推力球轴承高。常用于水轮机轴和起重机转盘等
调心滚子轴承2		13 22 23 30 31 32 40 41	213 222 223 230 231 232 240 241	中	0.5～2°	主要承受径向负荷，其承载能力比调心球轴承约大1倍，也能承受少量的双向轴向负荷。外圈滚道为球面，具有调心性能，适用于多支点轴、弯曲刚度小的轴及难于精确对中的支承
圆锥滚子轴承3		02 03 13 20 22 23 29 30 31 32	302 303 313 3203 22 323 329 330 331 332	中	2′	能承受较大的径向负荷和单向的轴向负荷，极限转速较低。内外圈可分离，轴承游隙可在安装时调整。通常成对使用，对称安装。适用于转速不太高，轴的刚性较好的场合

轴承类型	图			极限转速	允许偏斜	说明
双列深沟球轴承 4		（2）2 （2）3	42 43	中		主要承受径向负荷，也能承受一定的双向轴向负荷。它比深沟球轴承具有较大的承载能力
推力球轴承 5		11 12 13 14	511 512 513 514	低	不允许	推力球轴承的套圈与滚动体可分离，单向推力球轴承只能承受单向轴向负荷，两个圈的内孔不一样大，内孔较小的与轴配合，内孔较大的与机座固定。双向推力球轴承可以承受双向轴向负荷，中间圈与轴配合，另两个圈为松圈。高速时，由于离心力大，寿命较低。常用于轴向负荷大、转速不高场合
		22 23 24	522 523 524	低	不允许	
深沟球轴承 6 或（16）		17 37 18 19 （0）0 （1）0 （0）2 （0）3 （0）4	617 637 618 619 160 60 62 63 64	高	8'~16'	主要承受径向负荷，也可同时承受少量双向轴向负荷，工作时内外圈轴线允许偏斜。摩擦阻力小，极限转速高，结构简单，价格便宜，应用最广泛。但承受冲击载荷能力较差，适用于高速场合。在高速时可代替推力球轴承
角接触球轴承 7		19 （1）0 （0）2 （0）3 （0）4	719 70 72 73 74	较高	2'~3'	能同时承受径向负荷与单向的轴向负荷，公称接触角 α 有 15°、25°、40° 三种，α 越大，轴向承载能力也越大。成对使用，对称安装，极限转速较高。适用于转速较高，同时承受径向和轴向负荷场合
推力圆柱滚子轴承 8		11 12	811 812	低	不允许	能承受很大的单向轴向负荷，但不能承受径向负荷。它比推力球轴承载能力要大，套圈也分紧圈与松圈。极限转速很低，适用于低速重载场合

圆柱滚子轴承 N	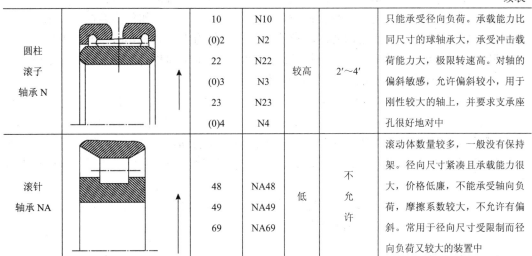	10 (0)2 22 (0)3 23 (0)4	N10 N2 N22 N3 N23 N4	较高	2′～4′	只能承受径向负荷。承载能力比同尺寸的球轴承大，承受冲击载荷能力大，极限转速高。对轴的偏斜敏感，允许偏斜较小，用于刚性较大的轴上，并要求支承座孔很好地对中
滚针轴承 NA		48 49 69	NA48 NA49 NA69	低	不允许	滚动体数量较多，一般没有保持架。径向尺寸紧凑且承载能力很大，价格低廉，不能承受轴向负荷，摩擦系数较大，不允许有偏斜。常用于径向尺寸受限制而径向负荷又较大的装置中

由于结构的不同，各类轴承的使用性能如下：

（1）承载能力。在同样外形尺寸下，滚子轴承的承载能力为球轴承的 1.5～3 倍。所以，在载荷较大或有冲击载荷时宜采用滚子轴承。但当轴承内径 $d \leqslant 20$ mm 时，滚子轴承和球轴承的承载能力已相差不多，而球轴承的价格一般低于滚子轴承，故可优先选用球轴承。

（2）公称接触角 α。公称接触角是滚动轴承的一个主要参数，轴承的受力分析和承载能力等与接触角有关。表 4-6 所示为各类轴承的公称接触角。

表 4-6　各类球轴承的公称接触角

轴承类型	径向轴承		推力轴承	
	径向接触	向心角接触	推力角接触	轴向接触
公称接触角 α	$\alpha = 0°$	$0° < \alpha \leqslant 45°$	$45° < \alpha < 90°$	$\alpha = 90°$
图例				

滚动体与外圈接触处的法线与轴承径向平面（垂直于轴承轴心线的平面）之间的夹角称为公称接触角。公称接触角越大，轴承承受轴向载荷的能力也越大。

滚动轴承按其承受载荷的方向或公称接触角的不同，可分为：

① 径向轴承，主要用于承受径向载荷，其公称接触角从 0° 到 45°；

② 推力轴承，主要用于承受轴向载荷，其公称接触角从 45° 到 90°（见表 4-6）。

由于接触角的存在，角接触轴承可同时承受径向载荷和轴向载荷。公称接触角小的，如角接触向心轴承，主要用于承受径向载荷；公称接触角大的，如角接触推力轴承，主要用于承受轴向载荷。径向接触向心球轴承的公称接触角为零（见表4-6），但由于滚动体与滚道间留有微量间隙，受轴向载荷时轴承内外圈间将产生轴向相对位移，实际上形成一个不大的接触角，所以它也能承受一定的轴向载荷。

（3）极限转速 n_c。滚动轴承转速过高会使摩擦面间产生高温，润滑失效，从而导致滚动体回火或胶合破坏。轴承在一定载荷和润滑条件下，允许的最高转速称为极限转速，其具体数值见有关手册。各类轴承极限转速的比较，见表 4-5。如果轴承极限转速不能满足要求，可采取提高轴承精度、适当加大间隙、改善润滑和冷却条件、选用青铜保持架等措施。

（4）角偏差 θ。轴承由于安装误差或轴的变形等都会引起内外圈中心线发生相对倾斜。其倾斜角称为角偏差。各类轴承的允许角偏差如表 4-5 所示。

三、滚动轴承的代号

滚动轴承的类型很多，而各类轴承又有不同的结构、尺寸、精度和技术要求，为便于组织生产和选用，应规定滚动轴承的代号。滚动轴承的代号表示方法如图 4-33 所示。

图 4-33　滚动轴承代号的表示方法

（1）内径尺寸代号：右起第一、二位数字表示内径尺寸，表示方法如表 4-7 所示。

表 4-7　轴承内径尺寸代号

内径尺寸	代号表示	举例	
		代号	内径
10	00		
12	01	6200	10
15	02		
17	03		
20～480（5 的倍数）	内径/5 的商	23208	40
22、28、32 及 500 以上	/内径	230/500	500
		62/22	22

（2）尺寸系列代号：右起第三、四位表示尺寸系列（第四位为 0 时可不写出）。为了适应不同承载能力的需要，同一内径尺寸的轴承，可使用不同大小的滚动体，因而使轴承的外径和宽度也随着改变。这种内径相同而外径或宽度不同的变化称为尺寸系列，如表 4-8

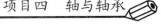

所示。

（3）类型代号：右起第五位表示轴承类型，其代号如表 4-5 所示。代号为 0 时不写出。

（4）前置代号：成套轴承分部件，如表 4-9 所示。

（5）后置代号：内部结构、尺寸、公差等，其顺序见表 4-9，常见的轴承内部结构代号和公差等级如表 4-10 和 4-11 所示。

表 4-8　向心轴承、推力轴承尺寸系列代号表示法

直径系列代号	向心轴承							推力轴承			
	宽度系列代号							高度系列代号			
	窄 0	正常 1	宽 2	特宽 3	特宽 4	特宽 5	特宽 6	特低 7	低 9	正常 1	正常 2
	尺寸系列代号										
超特轻 7	—	17	—	37	—	—	—	—	—	—	—
超轻 8	08	18	28	38	48	58	68	—	—	—	—
超轻 9	09	19	29	39	49	59	69	—	—	—	—
特轻 0	00	10	20	30	40	50	60	70	90	10	—
特轻 1	01	11	21	31	41	51	61	71	91	11	—
轻 2	02	12	22	32	42	52	62	72	92	12	22
中 3	03	13	23	33	—	—	63	73	93	13	23
重 4	04	—	24	—	—	—	—	74	94	14	24

表 4-9　轴承代号排列

前置代号	基本代号	后置代号							
		1	2	3	4	5	6	7	8
成套轴承分部件	基本代号	内部结构	密封与防尘套圈变型	保持架及其材料	轴承材料	公差等级	游隙	配置	其他

表 4-10　轴承内部结构代号

代号	含义	示例
C	角接触球轴承公称接触角 $\alpha = 15°$	7005C
	调心滚子轴承 C 型	23122C
AC	角接触球轴承公称接触角 $\alpha = 25°$	7210AC
B	角接触球轴承公称接触角 $\alpha = 40°$	7210B
	圆锥滚子轴承接触角加大	32310B
E	加强型	N207E

表 4-11　轴承公差等级代号

代号	含义	示例
/P0	公差等级符合标准规定的 0 级（可省略不标注）	6205
/P6	公差等级符合标准规定的 6 级	6205/P6
/P6X	公差等级符合标准规定的 6X 级	6205/P6X
/P5	公差等级符合标准规定的 5 级	6205/P5
/P4	公差等级符合标准规定的 4 级	6205/P4
/P2	公差等级符合标准规定的 2 级	6205/P2

【例 4-4】试说明轴承代号 6203/P4 和 7312C 的意义。

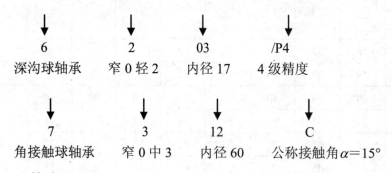

6	2	03	/P4
深沟球轴承	窄 0 轻 2	内径 17	4 级精度

7	3	12	C
角接触球轴承	窄 0 中 3	内径 60	公称接触角 $\alpha = 15°$

【技能知识】

1. 滚动轴承的失效形式

（1）滚动体受力。滚动轴承在通过轴心线的轴向载荷（中心轴向载荷）F_a 作用下，可认为各滚动体所承受载荷是相等的。当轴承受纯径向载荷 F_r 作用时（图 4-30），由于各接触点上存在弹性变形，使内圈沿 F_r 方向下移一距离 δ，上半圈滚动体不承受载荷，而下半圈各滚动体承受不同的载荷。处于 F_r 作用线最下位置的滚动体受载最大（Q），而远离作用线的各滚动体，其受载就逐渐减小。对于 $\alpha = 0°$ 的向心轴承可以导出

$$Q = \frac{5F_r}{z}$$

式中，z 为轴承的滚动体的总数。

（2）滚动轴承的失效形式。滚动轴承的失效形式主要有以下两种：

① 疲劳破坏。如图 4-34 所示，在工作过程中，滚动体和内外圈不断地接触，滚动体与滚道受变应力作用，可近似地看作是脉动循环。在载荷的反复作用下，首先在表面下一定深度处产生疲劳裂纹，继而扩展到接触表面，形成疲劳点蚀，致使轴承不能正常工作。通常，疲劳点蚀是滚动轴承的主要失效形式。

② 塑性变形。当轴承转速很低或间歇摆动时，一般不会产生疲劳损坏。而很大的静载荷或冲击载荷会使轴承滚道和滚动体接触处产生塑性变形，使滚道表面形成变形凹坑。从而使轴承在运转中产生剧烈振动和噪声，无法正常工作。

此外，使用维护和保养不当或密封润滑不良也能引起轴承早期磨损、胶合、内外圈

和保持架破损等失效形式。

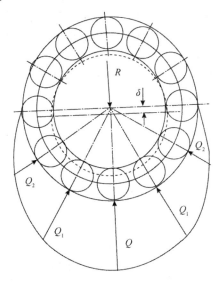

图 4-34　滚动体受力分布

2．滚动轴承的寿命计算

（1）轴承寿命。轴承的外圈或滚动体的材料首次出现疲劳点蚀前，一个套圈相对于另一个套圈的转数，称为轴承的寿命。寿命还可以用在恒定转速下的运转小时数来表示。

对于一组同一型号的轴承，由于材料、热处理和工艺等很多随机因素的影响，即使在相同条件下运转，寿命也不一样，有的甚至相差几十倍。因此对一个具体轴承，很难预知其确切的寿命。但大量的轴承寿命试验表明，轴承的可靠性与寿命之间有如图 4-35 所示的关系。可靠性常用可靠度 R 度量。一组相同轴承能达到或超过规定寿命的百分率，称为轴承寿命的可靠度。如图 4-35 所示，当寿命 L 为 1（10^6 转）时，可靠度 R 为 90%。

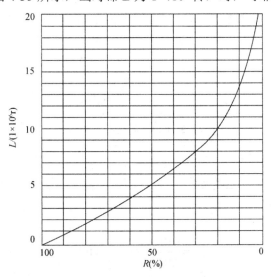

图 4-35　轴承寿命曲线

一组同一型号轴承在相同条件下运转，其可靠度为90%时，能达到或超过的寿命称为额定寿命，单位为百万转（10^6转）。换言之，即90%的轴承在发生疲劳点蚀前能达到或超过的寿命，称为额定寿命。对单个轴承来讲，能够达到或超过此寿命的概率为90%。

（2）额定动载荷及寿命计算

大量试验表明：对于相同型号的轴承，在不同载荷 F_1，F_2，F_3，...作用下，若轴承的额定寿命分别为 L_1，L_2，L_3，$\cdots$（10^6转），则它们之间有如下的关系

$$L_1 F_1^\varepsilon = L_2 F_2^\varepsilon = L_3 F_3^\varepsilon = \cdots = 常数 \tag{4-10}$$

在寿命 $L=10^6$ 转（可靠度为90%）时，轴承能承受的载荷为额定动载荷，用 C 表示。式（4-10）可写为

$$LF^\varepsilon = 10^6 C^\varepsilon$$

或

$$L = 10^6 \times \left(\frac{C}{F}\right)^\varepsilon \quad (10^6 r) \tag{4-11}$$

式中，ε 为寿命指数，对球轴承 $\varepsilon=3$，滚子轴承 $\varepsilon = \dfrac{10}{3}$。

实际计算时，用小时表示轴承寿命比较方便，上式可改写为

$$L_h = \frac{10^6}{60n}\left(\frac{C}{F}\right)^\varepsilon \quad (h) \tag{4-12}$$

式中，n 为轴承的转速（r/min）。

考虑到轴承工作温度高于100℃时，轴承的额定动载荷 C 有所降低，故引进温度系数 f_T，对 C 值予以修正，f_T 可查表4-12。考虑到很多机械在工作中有冲击、振动、使轴承寿命降低，为此又引进载荷系数 f_F，对载荷 F 值进行修正，f_F 可查表4-13。

表 4-12　温度系数 f_T

轴承工作温度℃	100	125	150	200	250	300
温度系数 f_T	1	0.95	0.90	0.80	0.70	0.60

表 4-13　载荷系数 f_F

载荷性质	无冲击或轻微冲击	中等冲击	强烈冲击
f_F	1.0～1.2	1.2～1.8	1.8～3.0

修正后的寿命计算式可写为

$$L_h = \frac{10^6}{60n}\left(\frac{f_T C}{f_P F}\right)^\varepsilon \quad (h) \tag{4-13}$$

当已知载荷和所需寿命时，应选的轴承额定动载荷可按下式计算

$$C = \frac{f_{\mathrm{P}}F}{f_{\mathrm{T}}}\left(\frac{60n}{10^6}L_{\mathrm{h}}\right)^{1/\varepsilon} \quad (\text{N}) \tag{4-14}$$

式（4-13）、式（4-14）是设计计算时经常用到的轴承寿命计算式，由此可迅速确定轴承的寿命或尺寸型号。各类机器中轴承预期寿命 L_{h} 的参考值，列于表 4-14 中。

表 4-14　轴承预期寿命 L_h 参考值

使用场合	L$_{\mathrm{h}}$（h）
不经常使用的仪器和设备	500
短时间或间断使用，中断时不致引起严重后果	4 000～8 000
间断使用，中断引起严重后果	8 000～12 000
每天 8h 工作的机械	12 000～20 000
24h 连续工作的机械	40 000～60 000

【例 4-5】 试求 N207 轴承允许的最大径向载荷。已知工作转速 $n=200$ r/min、工作温度 $t<100$ ℃、载荷平稳、寿命 $L_{\mathrm{h}}=10000$ h。

【解】 对向心轴承，由式（4-13）可得载荷为

$$F = \frac{f_{\mathrm{T}}}{f_{\mathrm{P}}}C\left(\frac{10^6}{60nL_{\mathrm{h}}}\right)^{1/\varepsilon} \tag{4-15}$$

由机械设计手册查得圆柱滚子轴承 N207 的径向额定动载荷 $C=27\,200$ N；因 $t<100$°C，由表 4-12 查得 $f_{\mathrm{T}}=1$，因载荷平稳，由表 4-13 查得 $f_{\mathrm{F}}=1$，对滚子轴承取 $\varepsilon=10/3$。将以上有关数据代入式（4-15），得

$$F = 27\,200\left(\frac{10^6}{60\times200\times10^4}\right)^{3/10} = 6\,469 \quad (\text{N})$$

故在规定的条件下，N207 轴承可承受的载荷为 6469（N）。

（3）当量动载荷的计算。滚动轴承的额定动载荷是在一定条件下确定的。对向心轴承是指承受纯径向载荷；对推力轴承是指承受轴向载荷。如果作用在轴承上的实际载荷与上述条件不一样，必须将实际载荷换算为和上述条件相同的载荷后，才能和额定动载荷进行比较。换算后的载荷是一种假定的载荷，称为当量动载荷。径向和轴向载荷分别用 R 和 A 表示。

对于向心轴承，径向当量动载荷 P 与实际载荷 R、A 的关系式为

$$P = XR + YA \tag{4-16}$$

式中，X 为径向系数；Y 为轴向系数，可分别按 $A/R>e$ 或 $A/R\le e$ 两种情况，由表 4-15 查出。参数 e 反映了轴向载荷对轴承承载能力的影响，其值与轴承类型和 A/C_0 有关，C_0 是轴承的径向额定静载荷。

径向轴承只承受径向载荷时，其当量动载荷为

$$P = R \qquad (4\text{-}17)$$

推力轴承只能承受轴向载荷，因此其当量动载荷为

$$P = A \qquad (4\text{-}18)$$

表 4-15　向心轴承当量动载荷的 X、Y 值

轴承类型		A/C0	e	$A/R>e$		$A/R \leqslant e$	
				X	Y	X	Y
深沟球轴承	60000	0.014	0.19		2.30		
		0.028	0.22		1.99		
		0.056	0.26		1.71		
		0.084	0.28		1.55		
		0.11	0.30	0.56	1.45	1	0
		0.17	0.34		1.31		
		0.28	0.38		1.15		
		0.42	0.42		1.04		
		0.56	0.44		1.00		
角接触球轴承	70000AC（$\alpha=25°$）	—	0.68	0.41	0.87	1	0
	70000B（$\alpha=40°$）	—	1.14	0.35	0.57	1	0
角接触球轴承	70000C（$\alpha=15°$）	0.015	0.38		1.47		
		0.029	0.40		1.40		
		0.058	0.43		1.30		
		0.087	0.46		1.23		
		0.12	0.47	0.44	1.19	1	0
		0.17	0.50		1.12		
		0.29	0.55		1.02		
		0.44	0.56		1.00		
		0.58	0.56		1.00		
圆锥滚子轴承 30000		—	$1.5\tan\alpha$	0.4	$0.4\mathrm{ctan}\alpha$	1	0
调心球轴承 10000		—	$1.5\tan\alpha$	0.65	$0.65\mathrm{ctan}\alpha$	1	0

（4）角接触球轴承和圆锥滚子轴承的轴向载荷计算。角接触球轴承和圆锥滚子的结构特点是在滚动体和滚道接触处存在着接触角 α。当它承受径向载荷 R 时，作用在承载区内第 i 个滚动体上的法向力 Q_i 可分解为径向分力 R_i 和轴向分力 S_i。各滚动体上所受轴向分力的和即为轴承的内部轴向力 S（见图 4-36a 中的 S_1 和 S_2）。轴承的内部轴向力可以按表 4-16 计算。

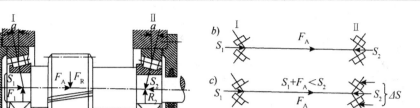

图 4-36　圆锥滚子轴承的受力

表 4-16　角接触球轴承和圆锥滚子轴承内部轴向力

轴承类型	角 接 触 球 轴 承			圆锥滚子轴承
	70000C 型（$\alpha=150°$）	70000AC 型（$\alpha=25°$）	70000B 型（$\alpha=40°$）	
内部轴向力 S	0.5R	0.7R	1.1R	R/2Y*

注：*Y 是 $A/R>e$ 时的轴向系数，参见表 4-15。

为了使轴承内部轴向力得到平衡，通常角接触球轴承和圆锥滚子轴承都是成对使用的。在计算轴承所受轴向力 A 时，除了考虑外部轴向力 F_A 的作用外，还应将由径向载荷 R 产生的内部轴向力 S_1 和 S_2 考虑进去（图 4-36b）。

首先按表 4-16 求得轴承内部轴向力 S_1 和 S_2。如图 4-36c 所示，当 $F_A+S_1>S_2$，由于轴不能向右移动，轴承 II 承受的轴向力显然是 $A_2=F_A+S_1$。若如图 4-36d 所示，$S_2>F_A+S_1$，则轴承 II 的轴向力是 $A_2=S_2$。因此轴承 II 的轴向载荷必然是下列两值中的较大者。

$$A_2 = S_2$$
$$A_2 = F_A + S_1 \tag{4-19}$$

用同样的方法分析，可得轴承 I 的轴向力是下列两值中的较大者

$$A_1 = S_1$$
$$A_1 = S_2 - F_A \tag{4-20}$$

当轴向外力 F_A 与图 4-36 所示方向相反时，F_A 应取负值，其他计算步骤相同。

（5）滚动轴承的额定静载荷。为限制滚动轴承在过载和冲击载荷下产生的永久变形，应按静载荷做校核计算。按静载荷进行校核的公式如下：

$$\frac{C_{0r}}{P_{0r}} \geqslant S_0 \text{ 或 } \frac{C_{0a}}{P_{0a}} \geqslant S_0 \tag{4-21}$$

式中，S_0 为静载荷安全系数；

　　　C 为额定静载荷；

　　　P 为当量静载荷；

　　　下标 0 为静载荷；

　　　下标 r 为径向载荷；

下标 a 为轴向载荷。

【例 4-6】一机械传动装置，采用一对角接触球轴承，并暂定轴承型号为 7307AC。已知轴承载荷 $R_1 = 1\ 200$ N，$R_2 = 2\ 050$ N，$F_A = 880$ N，转速 $n = 5\ 000$ r/min，运转中受中等冲击，预期寿命 $L_h = 2\ 000$ h，试问所选轴承型号是否恰当？

【解】(1) 先计算轴承 1、2 的轴向力 A_1、A_2。由表 4-16 可知 70000AC 型轴承的内部轴向力为

$$S_1 = 0.7A_1 = 0.7 \times 1\ 200 = 840(N)$$
$$S_2 = 0.7A_2 = 0.7 \times 2\ 050 = 1435(N)$$

因为

$$S_1 + F_A = 840 + 880 = 1\ 720\ N > S_2$$

所以

$$A_2 = S_1 + F_A = 1720\ （N）$$

而

$$A_1 = S_1 = 840\ （N）$$

(2) 计算轴承 1、2 的当量动载荷。由表 4-15 查得 70000AC 型轴承 $e = 0.68$，而

$$\frac{A_1}{R_1} = \frac{840}{1\ 200} = 0.7 > 0.68\ ,\quad \frac{A_2}{R_2} = \frac{1\ 720}{2\ 050} = 0.84 > 0.68$$

查表 4-15 可得 $X_1 = 0.41$、$Y_1 = 0.87$；$X_2 = 0.41$、$Y_2 = 0.87$。故径向当量动载荷为

$$P_1 = 0.41 \times 1\ 200 + 0.87 \times 840 = 1\ 222.8(N)$$
$$P_2 = 0.41R_2 + 0.85A_2 \approx 2\ 302.5(N)$$

(3) 计算所需的径向额定动载荷 C。因两端选择同样尺寸的轴承，而 $P_2 > P_1$，故应以轴承 2 的径向当量动载荷 P_2 为计算依据。工作温度正常，查表 4-12 得 $f_T = 1$；按中等冲击载荷，查表 4-13 得 $f_F = 1.5$。

$$C_2 = \frac{f_P P_2}{f_T}\left(\frac{60n}{10^6}L_h\right)^{1/3} = \frac{1.5 \times 2\ 302.5}{1}\left(\frac{60 \times 5\ 000}{10^6} \times 2\ 000\right)^{1/3} \approx 29\ 130.05\ （N）$$

(4) 由机械设计手册查得 7307AC 轴承的径向额定动载荷 $C = 32800$ N。因为 $C_2 < C$，故所选 7307AC 轴承合适。

【知识扩展】

1. 滚动轴承的组合设计

为保证轴承在机器中能正常工作，除合理选择轴承类型、尺寸外，还应正确进行轴承的组合设计，处理好轴承与其周围零件之间的关系。也就是要解决轴承的轴向位置固定、轴承与其他零件的配合、间隙调整、装拆和润滑密封等一系列问题。

(1) 轴承的固定。① 双支点单向固定。如图 4-37 所示，使轴的两个支点中每一个支点都能限制轴的单向移动，两个支点合起来就限制了轴的双向移动。它适用于工作温度变

化不大的短轴，考虑到轴因受热而伸长，在轴承盖与外圈端面之间应留出热补偿间隙（见图 4-37 b）。

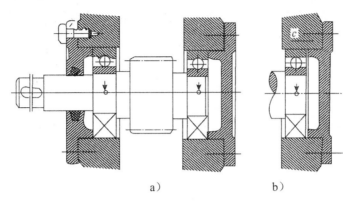

图 4-37 双支点单向固定

② 单支点双向固定。这种变化适用于温度变化较大的长轴，如图 4-38 所示，在两个支点中使一个支点能限制轴的双向移动，另一个支点则可做轴向移动。可作轴向移动的支承称为游动支承，它不承受轴向载荷。图 4-38a 右轴承外圈未完全固定，可以有一定的游动量；图 4-38b 采用的圆柱滚子轴承，其滚子和轴承的外圈之间可以发生轴向游动。

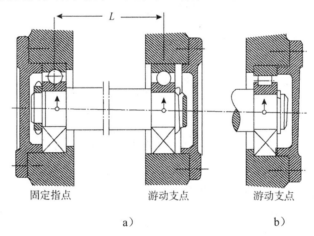

固定指点   游动支点   游动支点

a)   b)

图 4.38 单支点双向固定

（2）轴承组合的调整

① 轴承的调整。轴承的调整包括轴承间隙调整和轴承位置调整。轴承间隙的调整是通过调整垫片厚度、调整螺钉和套筒等方法完成的。轴承组合位置调整是使轴上的零件（如齿轮、带轮等）具有准确的工作位置。

图 4-39 通过调整轴承端盖与机座间垫片厚度实现轴承间隙的调整。

图 4-40 所示为调整螺钉。利用调整螺钉对轴承外圈的压盖进行调整以实现轴承的间隙调整。调整完毕之后，用螺母锁紧防松。

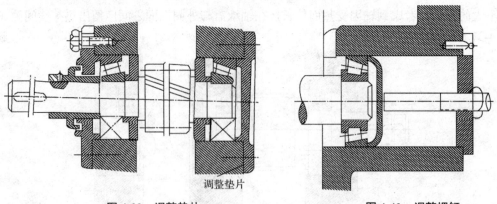

调整垫片

图 4-39   调整垫片   图 4-40   调整螺钉

图 4-41 所示为调整套筒。整个圆锥齿轮轴系安装在调整套筒中,然后再安装在机座上。通过垫片 1 调整套筒与机座的相对位置,实现对锥齿轮轴轴向位置的调整。通过垫片 2 调整轴承的间隙。

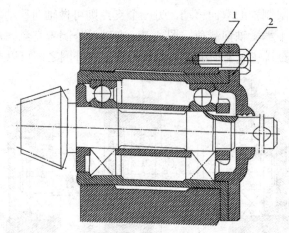

图 4-41   调整套筒

② 轴承的预紧。对某些可调游隙式轴承,在安装时给予一定的轴向预紧力,使内外圈产生相对位移,因而消除了游隙,并在套圈和滚动体接触处产生了弹性预变形,借此提高轴的旋转精度和刚度,称为轴承的预紧。图 4-42 所示为通过外圈压紧预紧,利用夹紧一对圆锥滚子轴承的外圈而将轴承预紧。通过弹簧预紧,如图 4-43 所示,在一对轴承间加入弹簧,可以得到稳定的预紧力。

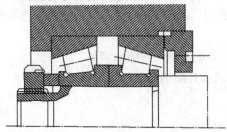   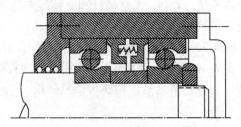

图 4-42   外圈压紧预紧   图 4-43   稳定的预紧力

图 4-44 所示为用不同长度的套筒预紧。两轴承之间加入不同长度的套筒实现预紧。预紧力可以由两个套筒的长度差加以控制。

图 4-45 所示为利用磨窄套圈预紧。夹紧一对磨窄了外圈的轴承实现预紧。反装时可磨窄轴承的内圈。这种特制的成对安装的角接触球轴承可由生产厂选配组合成套提供。并可在滚动轴承样本中查到不同型号成对安装的角接触球轴承的轻、中、重 3 个系列预紧载荷值及相应的内外圈磨窄量。

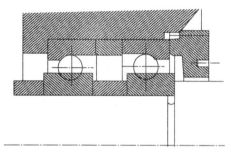

图 4-44　不同长度的套筒预紧　　　　　图 4-45　磨窄套圈预紧

图 4-46 所示为滚动轴承内圈轴向紧固常用方法。

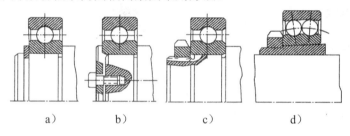

a)　　　　b)　　　　c)　　　　d)

图 4-46　内圈轴向紧固常用方法

a）弹性挡圈和轴肩；b）轴端端盖和轴肩；c）圆螺母和轴肩；d）圆螺母和止推垫圈

图 4-47 所示为出了滚动轴承外圈轴向紧固常用方法。

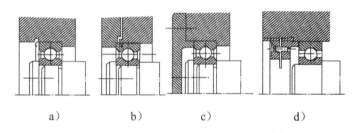

a)　　　　b)　　　　c)　　　　d)

图 4-47　外圈轴向紧固常用方法

a）弹性挡圈紧固；b）止动环紧固；c）端盖紧固；d）螺纹环紧固

（3）滚动轴承的配合。由于滚动轴承是标准件，选择配合时就把它作为基准件。因此，轴承内圈与轴的配合采用基孔制，轴承外圈与轴承座孔的配合则采用基轴制。

选择配合时，应考虑载荷的方向、大小和性质，以及轴承类型、转速和使用条件等因素。当外载荷方向不变时，转动套圈应比固定套圈的配合紧一些。一般情况下是内圈随轴一起转动、外圈固定不转，故内圈常取具有过盈的过渡配合；外圈常取较松的过渡配合。

当轴承做游动支承时，外圈应取保证有间隙的配合。

（4）轴承的装拆。设计轴承组合时，应考虑怎样有利于轴承装拆，以便在装拆过程中不致损坏轴承和其他零件。滚动轴承的装拆以压力法最常用，此外还有温差法、液压配合法等。温差法是将轴承放进烘箱或热油中，使轴承的内圈受热膨胀，然后即可将轴承顺利装在轴上。液压配合法是通过将压力油打入环形油槽拆卸轴承。

图 4-48 和图 4-49 所示分别为轴承内圈和外圈压装，通过压轴承内外圈，将轴承压装到轴上或轮毂孔中。

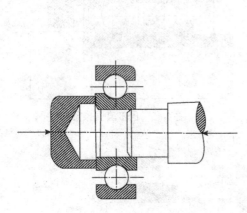

图 4-48　轴承内圈压装

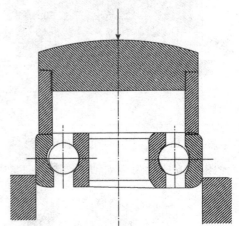

图 4-49　轴承外圈压装

图 4-50 用轴承拆卸器拆卸轴承。在设计中应预留拆卸空间。另外应注意：从轴上拆卸时，应卡住轴承的内圈。从座孔中拆卸轴承时，应用反向爪拆卸轴承的外圈。

当轴不太重时，可以用压力法拆卸轴承，如图 4-51 所示。注意采用该方法时，不可只垫轴承的外圈，以免损坏轴承。

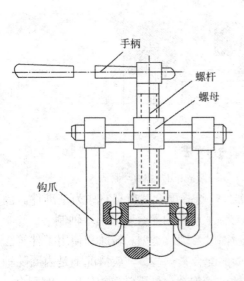

图 4-50　钩爪拆卸器

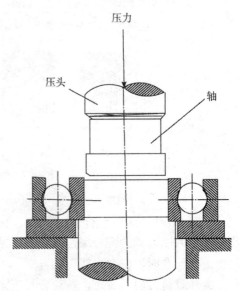

图 4-51　垫平轴承压拆轴承

图 4-52 所示为利用在开口圆锥紧定套上的轴承支撑结构装拆轴承。安装轴承时，将圆螺母上紧。在圆螺母沿轴向将轴承压紧在圆锥套上的同时，还在径向压迫圆锥套的开口处使其紧固在轴上。拆卸时，松开螺母使开口处复原，从而很容易将圆锥套与轴分开。图 4-53 所示为利用具有环形油槽的轴颈拆卸轴承。为了轴承的拆卸方便在轴颈上开出环形槽。在拆卸轴承时，将高压油从油路入口打入。在压力油的作用下轴承的内圈撑大，轴颈压缩，实现拆卸。在拆卸时，高压油还可以起到润滑作用。

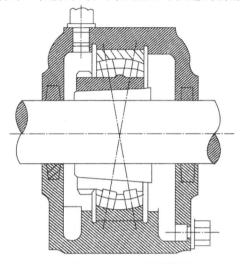

图 4-52　开口圆锥结构

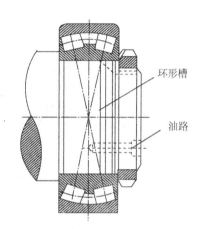

环形槽

油路

图 4-53　环形油槽

2. 滚动轴承的润滑和密封

润滑和密封对滚动轴承的使用寿命有重要意义。润滑的主要目的是减小摩擦与磨损。滚动接触部位形成油膜时，还有吸收振动、降低工作温度等作用。密封的目的是防止灰尘、水分等进入轴承，并阻止润滑剂的流失。

（1）滚动轴承的润滑。滚动轴承的润滑剂可以是润滑脂、润滑油或固体润滑剂。一般情况下，轴承采用润滑脂润滑，但在轴承附近已经具有润滑油源时（如变速箱内本来就有润滑齿轮的油），也可采用润滑油润滑。具体选择可按速度因数 dn 值来定。d 代表轴承内径（mm）；n 代表轴承转速（r/min），dn 值间接地反映了轴颈的圆周速度，当 $dn<(1.5\sim2)\times10^5$ mm·r/min 时，一般滚动轴承可采用润滑脂润滑，超过这一范围宜采用润滑油润滑。

脂润滑因润滑脂不易流失，故便于密封和维护，且一次充填润滑脂可运转较长时间。油润滑的优点是比脂润滑摩擦阻力小，并能散热，主要用于高速或工作温度较高的轴承。

润滑油的黏度可按轴承的速度因数 dn 和工作温度 t 来确定。油量不宜过多，如果采用浸油润滑则油面高度不超过最低滚动体的中心，以免产生过大的搅油损耗和热量。高速轴承通常采用滴油或喷雾方法润滑。

（2）滚动轴承的密封。滚动轴承密封方法的选择与润滑的种类、工作环境、温度、密封表面的圆周速度有关。密封方法可分两大类：接触式密封和非接触式密封。它们的密封形式、适用范围和性能可查阅表 4-17。

表 4-17 滚动轴承的密封方法

密封方法	图例	说明
接触式密封	毛毡圈密封	在轴承盖上开出梯形槽，将矩形剖面的毛毡圈，放置在梯形槽中与轴接触，对轴产生一定的压力进行密封。这种密封结构简单，但摩擦较严重，主要用于 $v<4\sim5$ m/s 脂润滑场合
	密封圈密封 a）　　　　b）	在轴承盖中放置密封圈，密封圈用皮革、耐油橡胶等材料制成，有的带金属骨架，有的没有骨架。密封圈与轴紧密接触而起密封作用。图a）密封唇朝里，目的是防漏油，图b）密封唇朝外，目的是防灰尘、杂质进入
非接触式密封	间隙密封	在轴与轴承盖的通孔壁间留 0.1～0.3 mm 的极窄缝隙，并在轴承盖上车出沟槽，在槽内填满油脂，以起密封作用。这种形式结构简单，多用于 $v<5\sim6$ m/s 的场合
非接触式密封	迷宫式密封 a）　　　　b）	将旋转的和固定的密封零件间的间隙制成迷宫（曲路）形式，缝隙间填入润滑脂以加强润滑效果。这种方法对脂润滑和油润滑都很有效，尤其适用于环境较脏的场合。图a）为径向曲路，径向间隙δ不大于 0.1～0.2 mm；图b）为轴向曲路，因考虑到轴受热后会伸长，间隙应取大些，$\delta=1.5\sim2$ mm
组合密封	毛毡加木工密封	把毛毡和迷宫组合一起密封，可充分发挥各自优点，提高密封效果，多用于密封要求较高的场合

习　题

1. 滚动轴承主要类型有哪几种？各有何特点？试画出它们的结构简图。

2. 说明下列型号轴承的类型、尺寸、系列、结构特点及精度等级：32210E，52411/P5，61805，7312AC，NU2204E。

3. 选择滚动轴承应考虑哪些因素？试举出 1～2 个实例说明。

4. 滚动轴承的主要失效形式是什么？应怎样采取相应的设计准则？

5. 试按滚动轴承寿命计算公式分析：

（1）转速一定的 7207C 轴承，其额定动载荷从 C 增为 $2C$ 时，寿命是否增加 1 倍？

（2）转速一定的 7207C 轴承，当量动载荷从 P 增为 $2P$ 时，寿命是否由 L_h 下降为 $L_h/2$？

（3）当量动载荷一定的 7207C 轴承，当工作转速由 n 增为 $2n$ 时，其寿命有何变化？

6. 选择下列正确答案。滚动轴承的额定寿命是指一批相同的轴承，在相同的条件下运转，当其中_____的轴承发生疲劳点蚀时所达到的寿命。

　　A. 1%　　　　B. 5%　　　　C. 10%　　　D. 50%

7. 一矿山机械的转轴，两端用 6313 深沟球轴承.每个轴承受径向载荷 $R=5\ 400$ N，轴的轴向载荷 $A=2\ 650$ N，轴的转速 $n=1\ 250$ r/min，运转中有轻微冲击，预期寿命 $L_h=5\ 000$ h，问是否适用？

8. 根据工作条件，某机械传动装置中轴的两端各采用一深沟球轴承，轴颈直径 $d=35$ mm，转速 $n=1\ 460$ r/min，每个轴承受径向负荷 $R=2\ 500$ N，常温下工作，负荷平稳，预期寿命 $L_h=8\ 000$ h，试选择轴承的型号。

9. 一深沟球轴承 6 304 承受径向力 $R=4$ kN，载荷平稳；转速 $n=960$ r/min，室温下工作，试求该轴承的额定寿命，并说明能达到或超过此寿命的概率。若载荷改为 $R=2$ kN 时，轴承的额定寿命是多少？

任务三　滑动轴承

【任务导入】

汽车、农机、日常生活工具中有哪些滑动轴承？滑动轴承的结构特点、功用、主要失效形式是什么？

【理论知识】

一、滑动轴承的摩擦状态

润滑的目的是在摩擦表面之间形成低剪切强度的润滑膜，用它来减少摩擦阻力和降低材料磨损，润滑膜可以是由液体或气体组成的流体膜或者固体膜，根据润滑膜的形成原理和特征，润滑状态可以分为：①流体动压润滑；②流体静压润滑；③弹性流体动压润滑；④边界润滑；⑤干摩擦状态等五种基本类型。表 4-18 列出了各种润滑状态的基本特征。

表 4-18　各种润滑状态的基本特征

润滑状态	典型膜厚	润滑膜形成方式	应用
流体动压润滑	$1 \sim 100 \mu m$	由摩擦表面的相对运动所产生的动压效应形成流体润滑膜	中高速下的面接触摩擦副，如滑动轴承
液体静压润滑	$1 \sim 100 \mu m$	通过外部压力将流体送到摩擦表面，强制形成润滑膜	低速或无速度下的面接触摩擦副，如滑动轴承、导轨等
弹性流体动压润滑	$0.1 \sim 1 \mu m$	与流体动压润滑相同	中高速下点线接触摩擦副，如齿轮、滚动轴承等
薄膜润滑	$10 \sim 100 nm$	与流体动压润滑相同	低速下的点线接触高精度摩擦副，如精密仪器上的滚动轴承等
边界润滑	$1 \sim 50 nm$	润滑油中的成分与金属表面产生物理或化学作用而形成润滑膜	低速重载条件下的摩擦低副
干摩擦	$1 \sim 10 nm$	表面氧化膜、气体吸附膜	无润滑或自润滑的摩擦副

各种润滑状态所形成的润滑膜厚度不同，如图 4-54 所示。但是单纯由润滑膜的厚度还不能准确地判断润滑状态，尚须与表面粗糙度进行对比。表 4-18 所示为润滑膜厚度与粗糙度的数量级。只有当润滑膜厚度足以超过两表面的粗糙峰高度时，才有可能完全避免峰点接触而实现全膜流体润滑。对于实际机械中的摩擦副，通常总是几种润滑状态同时存在，统称为混合润滑状态。

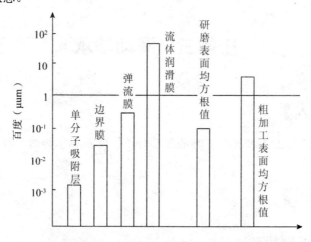

图 4-54　润滑膜厚度与粗糙度高度

根据润滑膜厚度鉴别润滑状态的办法虽然是可靠的，但由于测量上的困难，往往不便采用。另外，也可以用摩擦系数值作为判断各种润滑状态的依据。表 4-19 所示为摩擦系数的典型数值。

表 4-19　不同摩擦润滑状态下的摩擦系数

摩擦润滑状态	摩擦系数	摩擦润滑状态	摩擦系数
滚动轴承的滚动摩擦	0.01~0.001	圆柱在平面上纯滚动摩擦	0.001~0.00001
液体动压润滑	0.01~0.001	液体静压润滑	001~0.0000001（与设计参数有关）
矿物油湿润金属表面的边界润滑	0.1~50.3	有添加剂的油润滑，配对材料为钢—钢或尼龙—钢	0.05~0.10
		有添加剂的油润滑，配对材料为尼龙—尼龙	0.10~0.20
石墨、二硫化钼润滑	0.06~0.20	铅膜润滑	0.08~0.20
黄铜—黄铜或青铜—青铜干摩擦	0.8~1.5	铜铅合金—钢或巴氏合金—钢干摩擦	0.15~0.3
橡胶—其他材料干摩擦	0.6~0.9	聚四氟乙烯—其他材料干摩擦	0.04~0.12

二、滑动轴承的结构形式

滑动轴承按照承受载荷的方向主要分为：径向滑动轴承，又称向心滑动轴承，主要承受径向载荷，止推滑动轴承，只能承受轴向载荷。

（一）径向滑动轴承

图 4-55 所示为整体式径向滑动轴承。

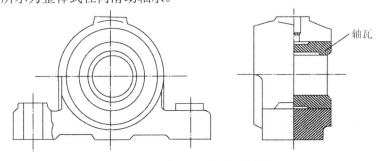

图 4-55　整体式径向滑动轴承

图 4-56 所示为一种普通的剖分式轴承，由轴承盖、轴承座、剖分轴瓦和联接螺栓等组成。轴承中直接支承轴颈的零件是轴瓦。为了安装时容易对中，在轴承盖与轴承座的剖分面上作出阶梯形的榫口。轴承盖应当适度压紧轴瓦，使轴瓦不能在轴承孔中转动。轴承盖上制有螺纹孔，以便安装油杯或油管。

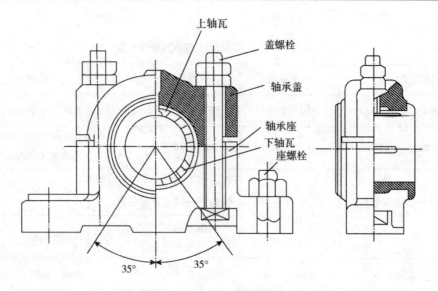

图 4-56　剖分式径向滑动轴承

当载荷垂直向下或略有偏斜时，轴承剖分面常为水平方向。若载荷方向有较大偏斜时，则轴承的剖分面也斜着布置（通常倾斜 45°），使剖分平面垂直于或接近垂直于载荷方向，如图 4-57 所示。

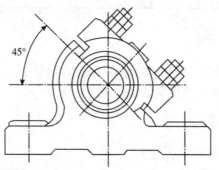

图 4-57　斜开径向轴承

径向滑动轴承的类型很多，例如尚有轴承间隙可调节的滑动轴承（图 4-58）、轴瓦外表面为球面的自位轴承（图 4-59）等。

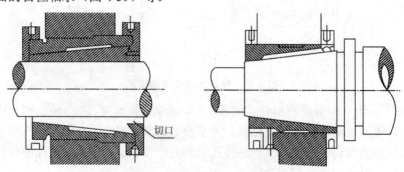

图 4-58　间隙可调滑动轴承

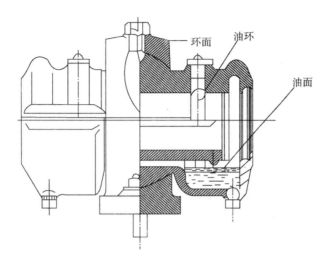

图 4-59 自位轴承

轴瓦是滑动轴承中的重要零件。径向滑动轴承的轴瓦内孔为圆柱形。若载荷方向向下，则下轴瓦为承载区，上轴瓦为非承载区。润滑油应由非承载区引入，所以在顶部开进油孔。在轴瓦内表面，以进油口为中心沿纵向、斜向或横向开有油沟，以利于润滑油均布在整个轴颈上。油沟的形式很多，如图 4-60 所示。一般油沟离端面保持一定距离，防止润滑油从端部大量流失。

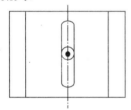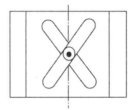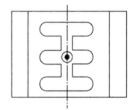

图 4-60 轴瓦上的油沟

图 4-61 所示为润滑油从两侧导入的结构，常用于大型的液体润滑滑动轴承中。一侧油进入后被旋转着的轴颈带入楔形间隙中形成动压油膜，另一侧油进入后覆盖在轴颈上半部，起着冷却作用，最后油从轴承的两端泄出。图 4-62 所示的轴瓦两侧面镗有油室，这种结构可以使润滑油顺利地进入轴瓦轴颈的间隙。

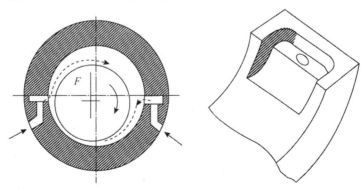

图 4-61 轴瓦上的润滑油导入结构

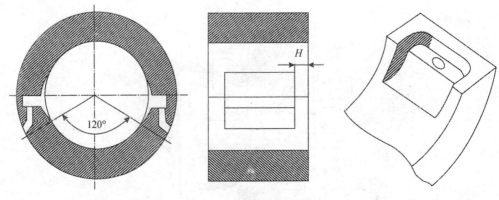

图 4-62　轴瓦上的油槽

　　轴瓦宽度与轴颈直径之比 B/d 称为宽径比，它是径向滑动轴承中的重要参数之一。对于液体摩擦的滑动轴承，常取 $B/d＝0.5～1$，对于非液体摩擦的滑动轴承，常取 $B/d＝0.8～1.5$，有时可以更大些。

（二）止推滑动轴承

　　轴上的轴向力应采用止推轴承来承受。止推面可以利用轴的端面，或在轴的中段作出凸肩或装上止推圆盘，如图 4-63 所示。

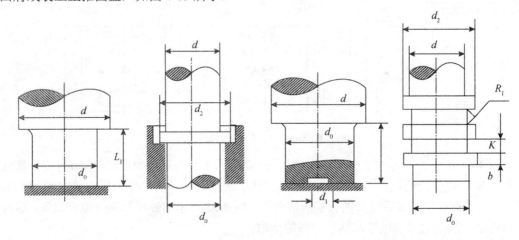

图 4-63　固定瓦止推轴承

　　也可以沿轴承止推面按一块块扇形面积开出楔形，如图 4-64 所示为固定瓦动压止推轴承，其楔形的倾斜角固定不变，在楔形顶部留出平台，用来承受停车后的轴向载荷。图 4-64a 只能承受单向载荷，图 4-64b 可承受双向载荷。

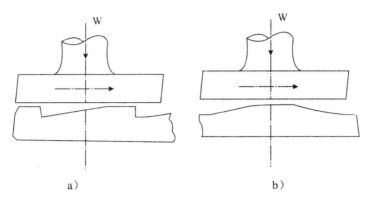

图 4-64　固定瓦动压止推轴承

a）只能承受单向载荷；b）可承受双向载荷

图 4-65 所示为可倾式止推轴承，其扇形瓦块的倾斜角能随载荷的改变而自行调整，因此性能较为优越。图 4-65a 由铰支调节瓦块倾角，图 4-65b 则靠瓦块的弹性变形来调节。可倾瓦的块数一般为 6～12，图 4-66 为扇形块的放大图。

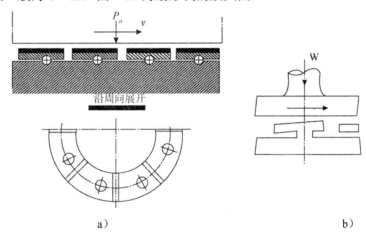

图 4-65　可倾瓦止推轴承

a）由铰支调节瓦块倾角；b）靠瓦块的弹性变形来调节

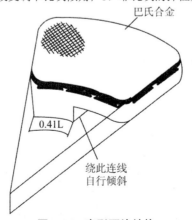

图 4-66　扇形瓦块结构

三、轴瓦和轴承衬

根据轴承的工作情况，要求轴瓦材料具备以下性能：①摩擦系数小；②导热性好，热膨胀系数小；③耐磨、耐蚀、抗胶合能力强；④要有足够的机械强度和可塑性。

能同时满足上述要求的材料是很难找的，但应根据具体情况满足主要实用要求。较常见的是做成双层金属的轴瓦，以便性能上取长补短。在工艺上可以用浇铸或压合方法，将薄层材料粘附在轴瓦基体上，粘附上去的薄层材料通常称为轴承衬。

（一）常用的轴瓦和轴承衬材料

常用的轴瓦和轴承衬材料有下列几种。

1. 轴承合金（又称白合金、巴氏合金）

轴承合金有锡锑轴承合金和铅锑轴承合金两大类。锡锑轴承合金的摩擦系数小，抗胶合性能良好，对油的吸附性强，耐蚀性好，是优良的轴承材料，常用于高速、重载的轴承。但价格贵且机械强度较差，因此只能作为轴承衬材料而浇铸在钢、铸铁（图 4-67a 和图 4-67b）或青铜轴瓦上（见图 4-67c）。用青铜作为轴瓦基体是取其导热性良好。这种轴承合金在 110℃ 开始软化，为了安全，在设计运行时常将温度控制得比 110℃ 低 30～40℃。

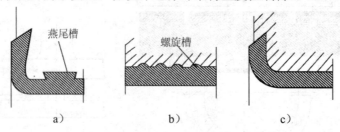

图 4-67　轴承合金的浇铸方法

铅锑轴承合金的各方面性能与锡锑轴承合金相近，但这种材料较脆，不宜承受较大的冲击载荷。一般用于中速、中载的轴承。

2. 青铜

青铜的强度高，承载能力大，耐磨性与导热性都优于轴承合金。它可以在较高的温度（250℃）下工作。但它可塑性差，不易跑合，与之相配的轴颈必须淬硬。青铜可以单独做成轴瓦。为了节省有色金属，也可将青铜浇铸在钢或铸铁轴瓦内壁上。用作轴瓦材料的青铜，主要有锡磷青铜、锡锌铅青铜和铝铁青铜。在一般情况下，它们分别用于中速重载、中速中载和低速重载的轴承上。

3. 具有特殊性能的轴承材料

用粉末冶金法（经制粉、成型、烧结等工艺）做成的轴承，具有多孔性组织，孔隙内可以储存润滑油，常称为含油轴承。运转时，轴瓦温度升高，由于油的膨胀系数比金属大，因而自动进入滑动表面以润滑轴承。含油轴承加一次油可以使用较长时间，常用于加油不方便的场合。

在不重要的或低速轻载的轴承中，也常采用灰铸铁或耐磨铸铁作为轴瓦材料。

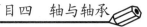

橡胶轴承具有较大的弹性，能减轻振动使运转平稳，可以用水润滑，常用于潜水泵、砂石清洗机、钻机等有泥沙的场合。

塑料轴承具有摩擦系数低，可塑性、跑合性良好，耐磨，耐蚀，可以用水、油及化学溶液润滑等优点。但它的导热性差，膨胀系数较大，容易变形。为改善此缺陷，可将薄层塑料作为轴承衬材料黏附在金属轴瓦上使用。

表 4-20 所示为常用轴瓦及轴承衬材料的$[p]$、$[pv]$等数据。

表 4-20　常用轴瓦及轴承衬材料的性能

材料及其代号	$[p]$/MPa		$[pv]$/(MPa.m/s)	HBS		最高工作温度/°C	轴颈硬度
				金属型	砂型		
铸锡锑轴承合金 ZSnSb11Cu6	平稳	25	20	27		150	150 HBS
	冲击	20	15				
铸铅锑轴承合金 ZPbSb16Sn16Cu2	15		10	30		150	150 HBS
铸锡磷青铜 ZCuSn10P1	15		15	90	80	280	45 HRC
铸锡锌铅青铜 ZCuSn5Pb5Zn5	8		10	65	60	280	45 HRC
铸铝青铜 ZCuAl10Fe3	15		12	110	100	280	45 HRC

注：　$[pv]$值为非液体摩擦下的许用值。

（二）润滑剂

轴承润滑的目的在于降低摩擦功耗，减少磨损，同时还起到冷却、吸振、防锈等作用，轴承能否正常工作，和选用润滑剂正确与否有很大关系。

润滑剂分为：①液体润滑剂—润滑油；②半固体润滑剂—润滑脂；③固体润滑剂等。

在润滑性能上润滑油一般比润滑脂好，应用最广。但润滑脂具有不易流失等优点而被广泛使用。固体润滑剂只在特殊场合下使用，目前正在逐步扩大使用范围。

（三）润滑装置

为了获得良好的润滑效果，需要正确选择润滑方法和相应的润滑装置。利用油泵供应压力油进行强制润滑是重要机械的主要润滑方式。此外，还有不少装置实现简易润滑。

图 4-68 所示为用手工向轴承加油的油孔和注油杯，是小型、低速或间歇润滑机器部件的一种常见润滑方式。注油杯的弹簧和钢球可防止灰尘等进入轴承。

图 4-69 所示为润滑脂用的油杯，定期旋转杯盖，使空腔体积减小而将润滑脂注入轴承内，它只能间歇润滑。

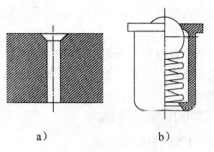

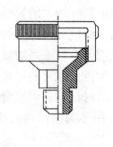

a）	b）

图 4-68　为油孔及注油杯　　　　　　　　图 4-69　润滑脂杯

a）油孔；b）注油杯

图 4-70 是针阀式油杯。油杯接头与轴承进油孔相连。手柄平放时，阻塞针杆因弹簧的推压而堵住底部油孔。直立手柄时针杆被提起，油孔敞开，于是润滑油自动滴到轴颈上。在针阀油杯的上端面开有小孔，供补充润滑油用，平时由片弹簧遮盖。观察孔可以查看供油状况。调节螺母用来调节针杆下端油口大小以控制供油量。

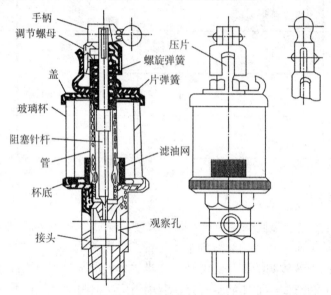

图 4-70　针阀式油杯

图 4-71 所示为油芯式油杯。它依靠毛线或棉纱的毛细管作用，将油杯中的润滑油滴入轴承。供油是自动且连续的，但不能调节给油量，油杯中油面高时给油多，油面低时供油少，停车时仍在继续给油，直到流完为止。

图 4-72 对轴承采用了飞溅润滑方式。它是利用齿轮、曲轴等转动零件，将润滑油由油池泼溅到轴承中进行润滑。采用飞溅润滑时，转动零件的圆周速度应在 5～13m/s 范围内。它常用于减速器和内燃机曲轴箱中的轴承润滑。

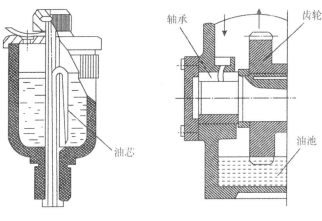

图 4-71　油芯式油杯　　　　　　图 4-72　飞溅润滑

图 4-73 的轴承采用的是油环润滑。在轴颈上套一油环，油环下部浸入油池中，当轴颈旋转时，摩擦力带动油环旋转，把油引入轴承。当油环浸在油池内的深度约为直径的 1/4 时，供油量已足以维持液体润滑状态的需要。此法常用于大型电机的滑动轴承中。

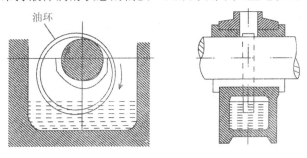

图 4-73　油环润滑

最完善的供油方法是利用油泵循环给油，给油量充足，供油压力只须 $5×10^4N/m^2$，在油的循环系统中常配置过滤器、冷却器。还可以设置油压控制开关，当管路内油压下降时可以报警，或启动辅助油泵，或指令主机停车。所以这种供油方法安全可靠，但设备费用较高，常用于高速且精密的重要机器中。

【技能知识】非液体摩擦滑动轴承的计算

非液体摩擦滑动轴承可用润滑油，也可用润滑脂润滑。在润滑油、润滑脂中加入少量鳞片状石墨或二硫化钼粉末，有助于形成更坚韧的边界油膜，且可填平粗糙表面而减少磨损。但这类轴承不能完全排除磨损。

维持边界油膜不遭破裂，是非液体摩擦滑动轴承的设计依据。由于边界油膜的强度和破裂温度受多种因素影响而十分复杂，尚未完全被人们掌握。因此目前采用的计算方法是间接的、条件性的。实践证明，若能限制压强 $p≤[p]$，压强与轴颈线速度的乘积 $pv≤[pv]$，那么轴承是能够很好地工作的。

1．径向轴承

（1）轴承的压强 p。限制轴承压强 p，以保证润滑油不被过大的压力所挤出，因而轴

瓦不致产生过度的磨损。即

$$p = \frac{F}{Bd} \leqslant [p] \quad \text{(MPa)} \tag{4-22}$$

式中，F 为轴承径向载荷（N）；

    B 为轴瓦宽度（mm）；

    d 为轴颈直径（mm）；

    $[p]$ 为轴瓦材料的许用压强（MPa）（表 4-20）。

（2）轴承的 pv 值。pv 值简略地表征轴承的发热因素，它与摩擦功率损耗成正比。pv 值越高，轴承温升越高，容易引起边界油膜的破裂。pv 值的验算式为

$$pv = \frac{F}{Bd} \frac{\pi dn}{60 \times 1\,000} = \frac{Fn}{19\,100B} \leqslant [pv] \quad \text{(MPa} \cdot \text{m/s)} \tag{4-23}$$

式中，n 为轴的转速（r/min）；

    $[pv]$ 为轴瓦材料的许用值（MPa·m/s）（表 4-20）。

2. 止推轴承

$$p = \frac{F}{\frac{\pi}{4}\left(d_2^2 - d_1^2\right)} \leqslant [p] \quad \text{(MPa)} \tag{4-24}$$

$$pv_m \leqslant [pv] \quad \text{(MPa} \cdot \text{m/s)} \tag{4-25}$$

式中，止推环的平均速度 $v_m = \dfrac{\pi d_m n}{60 \times 1\,000}$，平均直径 $d_m = \dfrac{d_1 + d_2}{2}$。

止推轴承的许用压强为：未淬火钢对铸铁 $[p] = 2.0 \sim 2.5$ MPa；对青铜 $[p] = 4 \sim 6$ MPa；对巴氏合金 $[p] = 5 \sim 6$ MPa。淬火钢对青铜 $[p] = 7.5 \sim 8$ MPa；对巴氏合金 $[p] = 8 \sim 9$ MPa；对淬火钢 $[p] = 12 \sim 15$ MPa。$[pv] = 1 \sim 2.5$ MPa·m/s。

【例 4-6】试按非液体摩擦状态设计图 4-74 所示的滑动轴承。$W = 20$ kN，轴承内轴颈转速为 $n = 20$ r/min，轴颈直径 $d = 60$ mm。

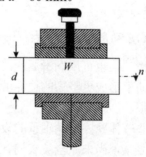

图 4-74　滑动轴承

【解】（1）选取轴承材料。用铸锡锌铅青铜（ZcuSn₅Pb₅Zn₅），查表 4-20 得：$[p] = 8$ MPa，$[pv] = 10$（MPa·m/s）

（2）取宽径比 $B/d = 1$，则

$$B = 1 \times 60 = 60 \quad \text{(mm)}$$

（3）计算压强 p

$$p = \frac{W}{Bd} = \frac{20\,000}{60 \times 60} = 5.55 \quad (\text{MPa})$$

（4）计算速度 v

$$v = \frac{\pi d n}{60\,000} = \frac{3.14 \times 60 \times 20}{60\,000} = 0.0628 \quad (\text{m/s})$$

（5）计算 p_v 值

$$pv = 5.55 \times 0.0628 = 0.35 \quad (\text{MPa} \cdot \text{m/s})$$

（6）验算并选取润滑剂

因为 $p <$ $[p]$，$pv \leqslant [pv]$

因此，该轴承的功率损耗条件满足。

由于速度很低采用脂润滑，用油杯加脂，如图 4-66 所示。

【知识扩展】

液体摩擦是滑动轴承中的理想摩擦状态,根据摩擦面油膜的形成原理,可把液体摩擦滑动轴承分为动压轴承和静压轴承。

1. 液体动压轴承

两个做相对运动物体的摩擦表面，可借助于相对速度而产生的黏性流体膜将两摩擦表面完全隔开，由液体膜产生的压力来平衡外载荷称为液体动力润滑。

动压油膜的形成过程可以通过图 4-75 描述。图 4-75a 表示轴处于静止状态，轴颈位于轴承孔最下方的位置，两表面形成楔形间隙；图 4-75b 是当轴开始转动时，由于油的黏性而被带进楔形间隙。随着转速的增大、轴颈表面的圆周速度增大、带入楔形间隙内的油量也逐渐加多，由于油具有一定的黏度和不可压缩性，从而在楔形间隙内产生一定的压力，形成一个压力区（见图 4-75c）。随着压力的继续增高，楔形间隙中压力逐渐加大，当压力能够克服外载荷 F 时，就会将轴浮起，这时轴承处于流体动力润滑状态，油膜产生的压力与外载荷 F 平衡（见图 4-75d）。

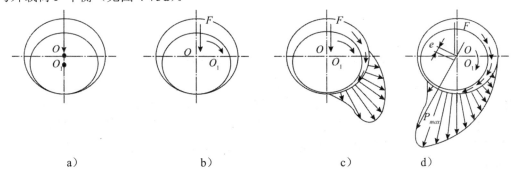

a)　　　　　　b)　　　　　　c)　　　　　　d)

图 4-75　动压油膜的形成过程

液体动压轴承内的摩擦阻力仅为液体的内部摩擦阻力，所以其摩擦系数达到最小值。

综上所述，形成液体动压油膜需要具备以下条件：

（1）轴颈和轴瓦工作表面间必须有一个收敛的楔形间隙 。

（2）轴颈和轴瓦工作表面间必须有一定的相对速度，且它们的运动方向必须使润滑剂从大口流入，从小口流出。

（3）要有一定黏度的润滑剂，且供应要充分。

2．液体静压轴承

静压轴承是依靠一套给油装置，将高压油压入轴承的间隙中，强制形成油膜，保证轴承在液体摩擦状态下工作。油膜的形成与相对滑动速度无关，承载能力主要取决于油泵的给油压力，因此静压轴承在高速、低速、轻载、重载下都能胜任工作。在起动、停止和正常运转时期内，轴与轴承之间均无直接接触，理论上轴瓦没有磨损，寿命长，可以长时期保持精度。而且正由于任何时期内轴承间隙中均有一层压力油膜，故对轴和轴瓦的制造精度可适当放低，对轴瓦的材料要求也较低。如果设计良好，可以达到很高的旋转精度。但静压轴承需要附加一套繁杂的给油装置。所以应用不如动压轴承普遍。一般用于低速、重载或要求高精度的机械装备中，如精密机床、重型机器等。

静压轴承在轴瓦内表面上开有几个（通常是 4 个）对称的油腔，各油腔的尺寸一般是相同的。每个油腔四周都有适当宽度的封油面，称为油台，而油腔之间用回油槽隔开如图 4-76 所示。

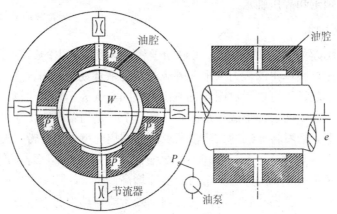

图 4-76　静压轴承

应当注意在外油路中必须配有节流器。工作时，若无外载荷（不计轴的自重）作用，轴颈浮在轴承的中心位置，各油腔内压力相等，亦即油泵压力 p_s 通过节流器降压变为 p，且 $p=p_1=p_3$。当轴颈受载荷 W 后，轴颈向下产生位移，此时下油腔 3 四周油台与轴颈之间的间隙减小，流出的油量亦随之减少，根据管道内各截面上流量相等的连续性原理，流经节流器的流量亦减少，在节流器中产生的压降亦减小，供油压力 p_s 是不变的，因而 p_3 必然增大。在上油腔 1 处则反之，间隙增大，回油畅通而 p_1 降低，上下油腔产生的压力差与外载荷平衡。

习 题

1．滑动轴承的摩擦状况有哪几种？它们有何本质差别？

2．径向滑动轴承的主要结构形式有哪几种？各有何特点？

3．非液体摩擦滑动轴承的主要失效形式是什么，试从下面选择正确答案？

　A．点蚀　　　B．胶合　　　C．磨损　　　D．塑性变形

4．常用轴瓦材料有哪些，适用于何处？为什么有的轴瓦上浇铸一层减磨金属作轴承衬使用？

5．形成滑动轴承动压油膜润滑要具备什么条件？

6．选择下列正确答案。液体滑动轴承的动压油膜是在一个收敛间隙、充分供油和一定＿＿＿＿条件下形成的。

　A．相对速度　　　　B．外载　　　C．外界油压　　　D．温度

7．校核铸件清理滚筒上的一对滑动轴承，已知装载量加自重为 18000 N，转速为 40 r/min，两端轴颈的直径为 120 mm，轴瓦材料为锡青铜 ZCuSn10P1，，用润滑脂润滑。

8．验算一非液体摩擦的滑动轴承，已知轴转速 $n＝65$ r/min，轴直径 $d＝85$ mm，轴承宽度 $B＝8~5mm$，径向载荷 $R＝70$ kN，轴的材料为 45 号钢。

9．一起重用滑动轴承，轴颈直径 $d＝70$ mm，轴瓦工作宽度 $B＝70$ mm，径向载荷 $R＝3~000~0N$，轴的转速 $n＝200$ r/min，试选择合适的润滑剂和润滑方法。

10．已知一支承起重机卷筒的非液体摩擦的滑动轴承所受的径向载荷 $R＝25~000$ N，轴颈直径 $d＝90$ mm，宽径比 $B/d＝1$，轴颈转速 $n＝8$ r/min，试选择该滑动轴承的材料。

附　录　常用滚动轴承参数

深沟球轴承（摘自 GB/T276—93）

标记示例：

滚动轴承 6308

GB/T176—93

6000 型

轴承代号	尺寸/mm			轴承代号	尺寸/mm		
代号	d	D	B	代号	d	D	B
6008		68	15	61815		95	10
6208		80	18	61915		105	16
6308		90	23	16015		115	13
6408		110	27	6015		115	20
61809		58	7	6215		130	25
16009		75	10	6315		160	37

轴承代号	尺寸/mm			轴承代号	尺寸/mm			轴承代号	尺寸/mm			轴承代号	尺寸/mm		
代号	d	D	B	代号	D	D	B	代号	d	D	B	代号	d	D	B
61800		19	5	61804		32	7	6009		75	16	6415		190	45
61900		22	6	61904		37	8	6209		85	19	61816		100	10
6000		26	8	16004		42	9	6309		100	25	61916		110	16
6200		30	9	6004		42	12	6409		120	29	16016		125	14
6300		35	11	6204		47	14	61810	45	65	7	6016	75	125	22
61801		21	5	6304		52	15	61910	50	72	12	6216	80	140	26
61901		24	6	6404		72	19	16010	55	80	10	6316	85	170	39
16001		288	7	61805		37	7	6010	55	80	16	6416	85	200	48
6001		28	8	61905		42	9	6210	60	90	20	61817	90	110	13
6201	10	32	10	16005	20	47	8	6310	65	110	27	61917	95	120	18
6301	12	37	12	6005	25	47	12	6410	70	130	31	16017	100	130	14
61802	15	24	5	6205	30	52	15	61811		72	9	6017	105	130	22
61902	17	28	7	6305	35	62	17	16011		90	1	6217		150	28
16002		32	8	6405	40	80	21	6011		90	18	6317		180	41
6002		32	9	61806		42	7	6211		100	21	6417		210	52
6202		35	11	61906		47	9	6311		120	29	61918		125	18
6302		42	13	16006		55	11	6411		140	33	16018		140	16
61803		26	5	6006		55	13	61812		78	10	6018		140	24
61903		30	7	6206		62	16	61912		85	13	6218		160	30
16003		35	8	6306		72	19	16012		95	11	6318		190	43
6003		35	10	6406		90	23	6012		95	18	6418		225	54
6203		40	12	61807		47	7	6212		110	22	61819		120	13

代号	D	B	代号	D	B	代号	D	B	代号		D	B
6303	47	14	61907	55	10	6312	130	31	16019		145	16
6403	62	17	16007	62	9	6412	150	35	6019		145	15
			6007	62	14	61913	90	13	6219		170	28
			6207	72	17	16013	100	11	6319		200	45
			6307	80	21	6013	100	18	61920		140	20
			6407	100	25	6213	120	23	16020		150	16
			61808	52	7	6313	120	33	6020		150	24
			61908	62	12	6413	160	37	6220		180	34
			16008	68	9	61814	90	10	6320		215	47
						16014	110	13	6420		250	58
						6014	110	20	61812		130	13
						6214	125	24	16020		160	18
						6314	150	35	6021		160	26
						6414	180	42	6221		190	36
									6321		225	49

圆锥滚子轴承（摘自 GB/T297－93）

标记示例:

圆锥滚子轴承 30209

GB/T297—93

30000 型

轴承代号	尺寸/mm				
	d	D	T	B	C
31313		140	36	33	23
32313		140	51	48	39
32914		100	20	19	16
32014		110	25	24	20
30214		125	26.25	24	21
32214		125	33.25	31	27
30314	70	150	38	35	30
31314	75	150	38	35	25
32314	80	150	54	51	42
32015	85	115	25	24	20
30215	90	130	27.25	22	22
32215		130	33.25	31	27
30315		160	40	37	31
31315		160	40	37	26
32315		160	58	55	45
32016		125	29	27	23
30216		140	28.25	26	22

轴承代号	尺寸/mm					轴承代号	尺寸/mm				
	d	D	T	B	C		d	D	T	B	C
30204		47	15.25	14	12	32909		68	15	14	12
30304	20	52	16.25	15	13	32009	45	75	20	19	16
32304		52	25.25	21	18	30209	50	85	20.75	19	16
30205	25	52	16.25	15	13	32209	55	85	24.75	23	19
30305	30	62	18.25	17	15	30309	60	100	27.75	25	22
31305	35	62	18.25	17	13	31309	65	100	27.75	25	28
32305	40	62	25.25	24	20	32309		100	38.25	36	30
30206		62	17.25	16	14	32910		72	15	14	12

代号	D	T			代号		D	T			代号		D	T		
32206	62	21.25	20	17	32010		80	20	19	16	32216		140	35.25	33	28
30306	72	20.75	19	16	30210		90	21.75	20	17	30316		170	42.5	39	33
31306	72	20.75	19	14	32210		90	24.75	23	19	31316		170	42.5	39	27
32306	72	28.75	27	23	30310		110	29.25	27	23	32316		170	61.5	58	48
32007	62	18	17	15	31310		110	29.25	27	19	32917		120	23	22	29
30207	72	18.25	17	15	32310		110	42.25	40	33	30217		130	29	27	23
32207	72	24.25	23	29	32011		90	23	22	19	32017		150	30.5	28	24
30307	80	22.75	21	18	30211		100	22.75	21	18	32217		150	38.5	36	30
31307	80	22.75	21	15	32211		100	26.75	25	21	30317		180	44.5	41	34
32307	80	21.75	31	25	30311		120	31.5	29	25	31317		180	44.5	41	28
32908	62	15	40	12	31311		120	31.5	29	21	32317		180	63.5	60	49
32008	68	19	18	16	32311		120	45.5	43	35	32918		125	23	22	19
30208	80	19.75	18	16	32912		85	17	16	14	32018		140	32	30	26
32208	80	24.75	23	19	32012		92	23	22	19	30218		160	32.5	30	26
30308	90	25.25	23	20	30212		110	23.75	22	19	32218		160	42.5	40	34
31308	90	25.25	23	17	62212		110	29.75	28	24	30318		190	46.5	43	36
32308	90	25.25	33	27	30312		130	33.5	31	26	31318		190	46.5	43	30
					31311		130	33.5	31	22	32318		190	67.5	64	53
					32311		130	48.5	16	37						
					30213		100	23	22	19						
					30213		120	24.75	23	20						
					32213		120	32.75	31	27						
					30313		140	36	33	28						

单向推力球轴承（摘自 GB/T301—92）

标记示例:

滚动轴承 51205

GB/T301—93

50000 型

轴承代号	尺寸/mm			
	d	D	T	d1/mm
51118	90	120	22	92
51218	100	135	35	93
51318	110	155	50	93
51418	120	190	77	93
51120	130	135	25	102
51220	140	150	38	103
51320	150	170	55	103
51420	160	210	85	104
51122		145	25	112

轴承代号	尺寸/mm				轴承代号	尺寸/mm			
	d	D	T	d1/mm		d	D	T	d1/mm
51104	20	35	10	21	51111	55	78	16	57

51204	25	40	14	22	51211	60	90	25	57	51222		160	38	13
51304	30	47	18	22	51311	65	105	35	57	51322		190	63	113
51105	35	42	11	26	51411	70	120	48	57	51422		230	95	113
51205	40	47	15	27	51112	75	85	17	62	51124		155	25	122
51305	45	52	18	27	51212	80	95	26	62	51224		170	39	123
51405	50	60	24	27	51312	85	110	35	62	51324		210	70	123
51106		47	11	32	51412		130	51	62	51126		170	30	132
51206		52	16	32	51113		90	17	67	51226		190	45	133
51306		60	21	32	51213		100	27	67	51326		225	75	134
61406		70	28	32	51313		115	36	67	51426		270	110	134
51107		52	12	37	51413		130	56	68	51128		180	31	142
51207		62	18	37	51114		95	18	72	51228		200	46	143
51307		68	24	37	51214		105	27	72	51328		240	80	144
51407		80	32	37	51314		125	40	72	51428		280	112	144
51108		60	13	42	51414		150	60	73	51130		190	31	152
51208		68	19	42	51115		100	19	77	51230		215	50	152
51308		78	26	42	51215		110	27	77	51330		250	80	154
51408		90	36	42	51315		135	44	77	51430		300	120	154
51109		65	14	47	51415		160	65	78	51132		200	31	162
51209		73	20	47	51116		105	19	82	51232		225	51	163
51309		85	28	47	51216		115	28	82	51332		270	87	164
51409		100	39	47	51316		140	44	82					
51110		70	14	52	51416		170	68	83					
51210		78	22	52	51117		110	19	87					
51310		95	31	52	51217		125	31	88					
51410		110	43	52	51317		150	49	88					
					51417		180	72	88					

参考文献

[1] 王宏臣. 机械设计基础[M]. 北京：机械工业出版社，2015.

[2] 罗玉福，翟旭军. 机械设计基础[[M]. 北京：北京航空航天大学出版社，2015.

[3] 邵刚. 机械设计基础[M]. 3 版. 北京：电子工业出版社，2013.

[4] 李威，等. 机械设计基础 [M]. 2 版. 北京：机械工业出版社，2015.

[5] 陈霖，甘露萍. 机械设计基础[M]. 北京：人民邮电出版社，2014.

[6] 傅燕鸣. 机械设计（基础）课程设计教程[M]. 上海：上海科学技术出版社，2012.

[7] 杨阳. 机械设计基础[M]. 重庆：重庆大学出版社，2016.

[8] 郭仁生. 机械设计基础 [M]. 4 版. 北京：清华大学出版社，2014.

[9] 王莉静. 机械设计基础[M]. 武汉：华中科技大学出版社，2016.

[10] 周家泽. 机械基础 [M]. 3 版. 西安：西安电子科技大学出版社，2014.

[11] 王婷，李萌，陈友伟. 机械基础[M]. 北京：兵器工业出版社，2015.